第一性原理热力学的材料设计

First-principles Theromodynamics for Materials Design

刘士余 著

北京
冶金工业出版社
2024

内容提要

本书主要介绍第一性原理热力学方法的理论基础及其在各种材料研究中的应用。具体包括利用第一性原理和吉布斯/朗道热力学相结合方法分析的金属间化合物及其合金复合材料氧化、金属化合物的表面碳化，以及高熵陶瓷和太阳能电池材料、弛豫铁电体和无铅压电陶瓷材料与非常规超导体材料的微观机理。

本书可供从事计算凝聚态物理和材料计算与设计的教师、科研人员、研究生、本科生阅读和参考。

图书在版编目（CIP）数据

第一性原理热力学的材料设计／刘士余著. —北京：冶金工业出版社，2024．7. — ISBN 978-7-5024-9920-4

Ⅰ．TB3

中国国家版本馆 CIP 数据核字第 2024PJ8897 号

第一性原理热力学的材料设计

出版发行	冶金工业出版社		电　话	（010）64027926
地　址	北京市东城区嵩祝院北巷 39 号		邮　编	100009
网　址	www.mip1953.com		电子信箱	service@mip1953.com

责任编辑　李泓璇　　美术编辑　彭子赫　　版式设计　郑小利
责任校对　郑　娟　　责任印制　窦　唯

北京建宏印刷有限公司印刷
2024 年 7 月第 1 版，2024 年 7 月第 1 次印刷
710mm×1000mm　1/16；18 印张；351 千字；275 页
定价 89.00 元

投稿电话　（010）64027932　投稿信箱　tougao@cnmip.com.cn
营销中心电话　（010）64044283
冶金工业出版社天猫旗舰店　yjgycbs.tmall.com
（本书如有印装质量问题，本社营销中心负责退换）

前　言

　　现代计算材料学的趋势是将第一性原理计算与经典理论方法（如热力学理论等）相结合来揭示材料的微观机理，进而实现新材料的高性能化设计。第一性原理与热力学计算相结合可以预测材料的组分、结构与性能，设计具有特定性能的新材料，也可以模拟实验无法实现的工作。当前，应用第一性原理与热力学相结合可以计算和预测材料的物理性能、探索材料的微观本质，进而达到预期的设计，已经逐渐成为材料科学的一个重要研究方向。

　　目前，国内还没有系统地介绍"第一性原理热力学的材料设计"的相关书籍，有鉴于此，作者将多年来在材料的第一性原理与热力学方面的研究经验，以及对其微观机理的认识进行系统地整理形成本书。

　　本书从电子和原子尺度阐明材料的微观机理，系统介绍了基于第一性原理和吉布斯/朗道热力学的材料设计。全书共分20章。第1章概括介绍了计算材料学的研究背景；第2章介绍了第一性原理和热力学理论；第3~10章介绍了金属间化合物及其合金复合材料氧化与金属化合物碳化的第一性原理热力学研究；第11~14章介绍了高熵陶瓷和太阳能电池的第一性原理热力学研究；第15~17章介绍了弛豫铁电体和无铅压电陶瓷的第一性原理与朗道热力学研究；第18~20章介绍了非常规超导体的第一性原理与朗道热力学研究。本书重点介绍第一性原理热力学方法的基础理论及其在各种材料研究中的应用，可为金属间化合物及其合金复合材料氧化、高熵陶瓷、太阳能电池、弛豫铁电体和非常规超导体材料的超高性能化设计提供理论基础。目前，国内外在该方面的研究还相当有限，因此本书具有一定的应用价值。

由于作者能力和知识水平有限，书中不妥之处，敬请读者批评指正。

刘士余
2024 年 1 月

目　　录

1　绪论 ··· 1
  1.1　概述 ··· 1
  1.2　材料计算理论简介 ··· 2
  1.3　本书的主要内容和结构安排 ······································· 3
  参考文献 ··· 4

2　第一性原理和热力学理论 ·· 6
  2.1　基于密度泛函的第一性原理理论 ··································· 6
    2.1.1　多粒子系的薛定谔方程 ······································· 6
    2.1.2　Hohenberg-Kohn 定理 ······································· 7
    2.1.3　Kohn-Sham 方程 ·· 9
    2.1.4　交换相关能泛函 ··· 10
    2.1.5　基态总能量 ··· 13
    2.1.6　第一性原理软件 ··· 13
  2.2　吉布斯热力学和朗道热力学理论 ··································· 14
    2.2.1　吉布斯热力学自由能的化学势理论 ·························· 14
    2.2.2　吉布斯混合热力学理论 ······································· 14
    2.2.3　朗道—德文希尔的铁电热力学理论 ·························· 15
    2.2.4　朗道二级相变的热力学理论 ·································· 15
  2.3　本章小结 ··· 16
  参考文献 ··· 16

3　金属间化合物 TiAl 表面氧化的第一性原理热力学研究 ················ 19
  3.1　计算方法与模型 ··· 20
  3.2　干净 TiAl(111) 表面的自偏析 ····································· 22
    3.2.1　干净 TiAl(111) 表面的缺陷形成能 ·························· 22
    3.2.2　干净 TiAl(111) 表面的热力学稳定性 ······················· 22

3.3 表面自偏析对 TiAl(111) 表面氧吸附的影响 ………………………… 23
 3.3.1 结合能计算 ………………………………………………… 23
 3.3.2 热力学稳定性分析 ………………………………………… 27
 3.3.3 原子结构分析 ……………………………………………… 29
 3.3.4 投影态密度分析 …………………………………………… 31
3.4 本章小结 …………………………………………………………… 33
参考文献 ………………………………………………………………… 34

4 金属间化合物 Ti$_3$Al 表面氧化的第一性原理热力学研究 …………… 37

4.1 计算方法与模型 …………………………………………………… 37
4.2 干净 Ti$_3$Al(0001) 表面热力学稳定性分析 ……………………… 40
4.3 Ti$_3$Al(0001) 表面氧吸附的结合能计算 ………………………… 41
4.4 Ti$_3$Al(0001) 表面氧化的第一性原理热力学相图 ……………… 42
4.5 Ti$_3$Al(0001) 表面氧吸附的投影态密度计算 …………………… 44
4.6 本章小结 …………………………………………………………… 45
参考文献 ………………………………………………………………… 46

5 金属间化合物表面氧化的第一性原理热力学研究 ……………………… 49

5.1 计算方法与模型 …………………………………………………… 49
5.2 金属间化合物干净表面热力学稳定性分析 ……………………… 51
5.3 热力学稳定性及完全选择性氧化分析 …………………………… 52
5.4 热力学稳定性及部分选择性氧化分析 …………………………… 53
5.5 热力学微观氧化机制 ……………………………………………… 55
5.6 本章小结 …………………………………………………………… 56
参考文献 ………………………………………………………………… 56

6 Si 偏析对 TiAl 表面氧化影响的第一性原理热力学研究 ……………… 59

6.1 计算方法和模型 …………………………………………………… 59
6.2 研究结果及讨论 …………………………………………………… 61
 6.2.1 表面偏析能分析 …………………………………………… 61
 6.2.2 氧的结合能计算 …………………………………………… 62
 6.2.3 原子结构分析 ……………………………………………… 64
 6.2.4 投影态密度分析 …………………………………………… 66
6.3 本章小结 …………………………………………………………… 68

参考文献 …… 68

7 二元和三元合金表面氧化的第一性原理热力学研究 …… 71
7.1 计算方法与模型 …… 72
7.2 Nb-X（110）合金干净表面性质 …… 74
7.3 结合能计算 …… 76
7.4 二元合金表面氧化的热力学相图分析 …… 78
7.5 三元合金氧化的热力学框架 …… 81
7.6 本章小结 …… 82
参考文献 …… 82

8 双相复合材料 Nb/Nb$_5$Si$_3$ 氧化的第一性原理热力学研究 …… 86
8.1 计算方法与模型 …… 86
8.2 复合材料 Nb/Nb$_5$Si$_3$ 干净表面性质 …… 89
8.3 复合材料 Nb/Nb$_5$Si$_3$ 选择性氧化分析 …… 91
8.4 Nb/Nb$_5$Si$_3$ 亚表面氧化与内氧化分析 …… 95
8.5 复合材料 Nb/Nb$_5$Si$_3$ 界面溶解氧分析 …… 96
8.6 两相复合材料氧化的热力学框架 …… 98
8.7 本章小结 …… 99
参考文献 …… 100

9 Al 对复合材料 Nb/Nb$_5$Si$_3$ 氧化影响的第一性原理热力学研究 …… 103
9.1 计算方法与模型 …… 103
9.2 研究结果及讨论 …… 104
  9.2.1 表面偏析能及稳定性分析 …… 104
  9.2.2 氧的结合能计算 …… 106
  9.2.3 原子结构分析 …… 108
  9.2.4 投影态密度分析 …… 110
9.3 本章小结 …… 113
参考文献 …… 114

10 BC$_3$ 单层在 NbB$_2$（0001）上的稳定性和电子性质的第一性原理热力学研究 …… 115
10.1 计算方法与模型 …… 116
10.2 研究结果及讨论 …… 118

10.3 本章小结 …… 122
参考文献 …… 122

11 高熵四元金属二硼化物的相图和力学性能第一性原理热力学研究 …… 125
11.1 计算方法与模型 …… 126
11.2 研究结果及讨论 …… 127
    11.2.1 能量学和混溶性 …… 127
    11.2.2 几何结构 …… 130
    11.2.3 力学性能和熔点 …… 130
11.3 本章小结 …… 134
参考文献 …… 134

12 高熵四元金属碳化物的相稳定性和力学性能第一性原理热力学研究 …… 138
12.1 计算方法与模型 …… 139
12.2 研究结果及讨论 …… 141
    12.2.1 能量学和 Ω-δ 判据 …… 141
    12.2.2 几何结构 …… 143
    12.2.3 力学性质 …… 143
    12.2.4 电子结构 …… 147
12.3 本章小结 …… 148
参考文献 …… 148

13 高熵五元金属碳化物的稳定性和力学性质第一性原理热力学研究 …… 152
13.1 计算方法与模型 …… 153
13.2 研究结果与讨论 …… 155
    13.2.1 结构和热力学稳定性 …… 155
    13.2.2 几何结构 …… 158
    13.2.3 力学性质 …… 158
    13.2.4 价电子浓度 …… 163
13.3 本章小结 …… 165
参考文献 …… 165

14 钙钛矿太阳能电池的稳定性和光学性质的第一性原理热力学研究 …… 170
14.1 计算方法与模型 …… 171
14.2 研究结果及讨论 …… 172

    14.2.1 能量与混溶性 ·· 172
    14.2.2 几何结构 ·· 173
    14.2.3 光学性质 ·· 174
  14.3 本章小结 ··· 176
  参考文献 ··· 177

15 组分和压力导致的弛豫铁电体的第一性原理和朗道热力学研究 ············ 180
  15.1 计算方法与模型 ·· 181
  15.2 研究结果及讨论 ·· 181
    15.2.1 BZT 弛豫体和 PZT 铁电体之间的差异 ································ 181
    15.2.2 La 浓度对 PLZT 弛豫铁电体的影响 ···································· 185
    15.2.3 压力对 PLZT 弛豫铁电体的影响 ·· 186
    15.2.4 PMN 和 PZN 弛豫铁电体 ·· 188
    15.2.5 MPCCS 模型及其高机电性能与朗道热力学理论 ···················· 190
  15.3 本章小结 ··· 191
  参考文献 ··· 192

16 弛豫铁电体 $Ba_{1-x}Ca_xZr_yTi_{1-y}O_3$ 的第一性原理和朗道热力学研究 ······ 196
  16.1 计算方法与模型 ·· 197
  16.2 研究结果及讨论 ·· 198
    16.2.1 能量与结构分析 ·· 198
    16.2.2 电子结构分析 ··· 200
    16.2.3 组分相图与 MPCCS 模型 ·· 200
    16.2.4 MPCCS 模型高机电性能的朗道热力学分析 ·························· 202
  16.3 本章小结 ··· 204
  参考文献 ··· 204

17 无铅压电陶瓷 $K_{1-x}Na_xNbO_3$ 的第一性原理和朗道热力学研究 ············ 209
  17.1 计算方法与模型 ·· 209
  17.2 研究结果及讨论 ·· 210
    17.2.1 能量学与相变 ··· 210
    17.2.2 几何结构 ·· 211
    17.2.3 电子结构 ·· 212
    17.2.4 压电性质 ·· 214
    17.2.5 高压电性能与朗道热力学理论 ·· 215

17.3 本章小结 ······ 217
参考文献 ······ 217

18 铋酸盐超导体的第一性原理和朗道热力学研究 ······ 219

18.1 计算方法与模型 ······ 220
18.2 研究结果及讨论 ······ 221
18.2.1 能量与相稳定性 ······ 221
18.2.2 几何结构 ······ 222
18.2.3 电子态密度 ······ 224
18.2.4 电子能带结构 ······ 225
18.2.5 平带超导体的平带长度和超导转变温度及朗道热力学分析 ······ 228
18.3 本章小结 ······ 230
参考文献 ······ 230

19 铜氧化物超导体的第一性原理和朗道热力学研究 ······ 234

19.1 计算方法与模型 ······ 235
19.2 研究结果及讨论 ······ 236
19.2.1 $La_{2-x}Sr_xCuO_4$ 铜氧化物的能量和磁性 ······ 236
19.2.2 几何结构 ······ 237
19.2.3 电子态密度 ······ 240
19.2.4 电子能带结构 ······ 242
19.2.5 平带超导体转变温度和平带长度的关系 ······ 247
19.2.6 超导转变温度与平带长度的关系式和朗道热力学相变理论 ······ 248
19.3 本章小结 ······ 250
参考文献 ······ 251

20 铁基超导体的第一性原理和朗道热力学研究 ······ 256

20.1 计算方法与模型 ······ 257
20.2 研究结果及讨论 ······ 258
20.2.1 结构与磁性相变 ······ 258
20.2.2 几何结构 ······ 259
20.2.3 电子态密度 ······ 260
20.2.4 平带和陡带 ······ 263
20.2.5 平带超导体的最佳超导转变温度 ······ 265
20.2.6 平带超导体微观机理的朗道热力学和弦理论分析 ······ 267

20.2.7 非常规超导体的超导相变 …………………………………… 269
20.3 本章小结 ……………………………………………………………… 269
参考文献 …………………………………………………………………… 270

总结与展望 …………………………………………………………………… 274
后记 ………………………………………………………………………………… 275

1 绪 论

1.1 概 述

20世纪50年代，材料计算与设计的思想开始出现。材料计算与设计的方法被成功应用于开发镍基超合金之后，其理论和应用开始取得重大的进展[1]。人们可以利用此方法控制和改进材料的结构和性能，使制备和加工材料的方法达到最佳。材料计算与设计不仅可以揭示材料结构的形成原理，还可以预测新材料的结构特征。它还有很多其他的优点，例如，在实验中，能够使定量测量的水平得到提高，从而使实验数据更加丰富，进而为理论研究提供更有利的条件。

材料计算与设计的途径主要有三个，分别是材料数据库和知识库技术、材料设计专家系统和材料计算模拟。其中材料计算模拟是研究材料结构与性能的重要途径之一，它最大的一个优点是可以在计算机上模拟复杂的系统，通过比较模拟得到的结果和真实实验数据之间的关系来检验模型的准确性，进而深入探讨问题的本质，为开发和应用新型材料提供科学的依据[1]。材料计算模拟的基本方法有三种：蒙特卡罗（MC）方法（统计实验方法）、分子动力学（MD）方法以及基于第一性原理（DFT）的计算方法[2]。利用蒙特卡罗方法解决问题的步骤是：(1) 建立随机模型；(2) 制造随机数；(3) 进行统计性的处理。蒙特卡罗方法具有局限性小、程序简单、模拟计算结果准确度高等优点，但也具有样本需求大、分布假设敏感等缺点。与蒙特卡罗方法相比，分子动力学方法的计算机程序要复杂得多。我们在研究微观电子结构时最常用的是第一性原理计算方法，该理论方法把原子体系看作电子和原子核组成的多粒子系统，根据量子力学的原理对问题进行非经验处理。我们可以通过对体系的结构稳定性、电子结构、光学性质以及磁性质的研究分析材料物理性质的起源[2]。

随着社会的发展以及计算机应用的普及，越来越多的人开始对新物质和新材料进行计算机模拟计算与设计。迄今为止，材料计算与设计在各种材料的研究中都有所涉及，例如有机材料、无机材料、金属材料、铁电材料、超导材料等。材料计算与设计能够将微观世界与宏观世界联系起来，为材料的研究带来巨大的作用。但是，其发展也会受到一些因素的限制，比如计算机的计算能力以及算法语言。因此，未来还有很多难题需要攻克，从而推动材料计算与设计不断发展，使材料科学和整个人类社会向前发展。

1.2　材料计算理论简介

计算材料科学（Computational Materials Science）是近期迅速崛起的新兴学科，其主要内容是计算机科学与材料科学知识交织所得，是一门利用计算机对材料的一系列物理及化学性质进行模拟计算并且对材料进行合理化设计的学科。

计算材料科学主要包括两个层面：一方面是通过计算模拟，深入了解材料的原子结构、电子结构与其宏观力学、热学、声学、光学、电学、磁学性质的内在联系，丰富凝聚态物理与固体物理化学的知识内容；另一方面是在研究材料的合理化构建的基础上，创建理论模型对材料进行进一步计算，再根据计算结果得出材料的各种性质，并基于计算结果对功能材料进行合理性设计，为材料实验提供合理的指导。材料模拟计算的出现使关于材料体系在实验结果的定性讨论上升为在微观尺度的定量研究与总结；合理化设计则为材料的进一步研究提供了方向，为材料的研发提供了至关重要的帮助，大大地提高了科学研究的效率[1-2]。因此，计算材料科学是架在材料科学理论与实验之间举足轻重的桥梁。

材料作为新技术革命的三大支柱之一，在工业生产和人类生活中扮演着越来越重要的角色。科研工作者们正在探索，希望研制出新材料来解决迎面而来的挑战。但是从现有的实验结果及应用的实际情况看，新材料的应用还需要历经一段很长的时间：从最初的研究开发，到材料的一系列的性能改良和优化设计，再到各种数据的再次集成，性能的再次验证，最后到材料被制造并广泛应用于大众生活，这一过程需要 10~20 年之久。历时长远主要是因为现在的研究人员在研究发展中过度依赖长久形成的科学直觉及对实验结果的惯性判断。并且现阶段对各种材料的研究都基于长期对实验的重复，而这样的重复实验可以采用计算物理学的理论方法来辅助完成。

应用计算物理学进行的模拟计算常被运用于验证实验结果的，阐释在实验过程中的新发现，是一种检验理论模型是否正确的理论方法。在现阶段的材料研究过程中，模拟计算可以指导和设计实验来完成研究，可以模拟各种很难创造的实验条件，大大地缩短实验需要的时间，在物质科学的研究领域中有着不可替代的位置。新型材料的研究和新型技术的出现过程都少不了计算物理学的身影，模拟计算对国家的发展和国防能力提升做出了巨大的贡献。

第一性原理是指在绝热近似和单电子近似的基础上，在计算中仅仅使用普朗克常数 h、电子质量 m 和电量 e 3 个基本物理常数，以及原子的核外电子排布，而不借助任何可调节的经验参数，通过自洽计算来求解量子力学中的薛定谔方程[3]。第一性原理方法是物质电子层次研究材料的一种基本方法。第一性原理计算可以预测材料的组分、结构与性能,设计具有特定性能的新材料,也可以模拟实验无法实现的工作,已经逐渐成为材料科学的一个重要研究方向[4-6]。

1.3 本书的主要内容和结构安排

本书共 20 章,其主要内容和结构安排如下:

(1) 第 1 章简单介绍了计算材料学的相关背景。

(2) 第 2 章简单介绍了第一性原理密度泛函理论、吉布斯热力学和朗道热力学理论,以及第一性原理(微观原子尺度计算)与吉布斯/朗道热力学理论(经典宏观理论)相结合的新思路方法。

(3) 第 3 章介绍金属间化合物 TiAl 表面氧化的第一性原理热力学研究,利用第一性原理热力学从微观原子尺度上解释了实验上发现氧化 TiAl(111) 表面最初可以形成一层超薄的 Al_2O_3 氧化物膜的原因。

(4) 第 4 章介绍金属间化合物 Ti_3Al 表面氧化的第一性原理热力学研究,构建了 $O/Ti_3Al(0001)$ 系统的第一性原理热力学相图,解释了实验上 $Ti_3Al(0001)$ 表面氧化最终生成 TiO_2 和 Al_2O_3 两种氧化物的现象。

(5) 第 5 章介绍金属间化合物 NiAl、FeAl、TiAl 和 Nb_5Si_3 表面氧化行为的研究。通过第一性原理热力学的计算和分析,总结了金属间化合物表面氧化的统一规律。据此规律,人们可以通过相似的第一性原理热力学计算判断和预测任意一种金属间化合物微观氧化行为。

(6) 第 6 章介绍合金元素 Si 在 TiAl(111) 的表面偏析以及 Si 合金化效应对 TiAl(111) 表面氧化影响的第一性原理热力学研究,从微观原子尺度上揭示了合金元素 Si 偏析可以提高 TiAl 抗氧化性能。

(7) 第 7 章介绍单相铌基二元和三元合金表面氧化行为的研究。通过第一性原理热力学的计算和分析,总结了二元和三元合金表面氧化的统一规律。据此规律,人们可以通过相似的第一性原理热力学计算判断和预测任意一种二元和三元合金微观氧化行为。

(8) 第 8 章介绍金属与金属间化合物双相复合材料 Nb/Nb_5Si_3 的氧化行为的研究。通过第一性原理热力学的计算和分析,揭示其微观氧化机理,确立它与两相组元的氧化关系,为复合材料的抗氧化设计提供理论依据。

(9) 第 9 章介绍合金元素 Al 在 Nb/Nb_5Si_3 复合材料的表面偏析以及 Al 合金化效应对氧吸附影响的研究,利用第一性原理与热力学理论从微观原子尺度上揭示了合金元素 Al 偏析可以提高 Nb/Nb_5Si_3 复合材料抗氧化性能的实验结果。

(10) 第 10 章介绍金属二硼化物 $NbB_2(0001)$ 表面的碳化行为导致的 $NbB_2(0001)$ 的 BC_3 蜂窝片的稳定构型的第一性原理热力学研究。

(11) 第 11 章介绍 15 种四元高熵金属二硼化物（HEMB$_2$）的相稳定性、机械性能和熔点的第一性原理混合热力学的研究。

(12) 第 12 章介绍 15 种ⅣB 族和ⅤB 族难熔金属（RM = Ti、Zr、Hf、V、Nb 和 Ta）的高熵四元金属碳化物（RM1$_{0.25}$RM2$_{0.25}$RM3$_{0.25}$RM4$_{0.25}$）C 的相稳定性、几何结构、力学性质、熔点、耐磨性和电子结构的第一性原理混合热力研究。

(13) 第 13 章介绍 56 种五元高熵金属碳化物的结构稳定性和力学性能的第一性原理混合热力学研究，这些碳化物由碳和ⅣB、ⅤB 和ⅥB 族难熔过渡金属（Ti、Zr、Hf、V、Nb、Ta、Mo 和 W）组成，其中 38 种尚未合成。

(14) 第 14 章介绍了一系列无铅钙钛矿 Cs$_2$Sn(X$_{1-x}$Y$_x$)$_6$(X, Y = I, Br, Cl) 太阳能电池的热力学稳定性、晶体结构、电子结构和光学性质的第一性原理热力学研究。

(15) 第 15 章介绍组分和压力导致的弛豫铁电体陶瓷的第一性原理和朗道热力学研究，揭示其微观的机理。

(16) 第 16 章介绍 Ba$_{1-x}$Ca$_x$Zr$_y$Ti$_{1-y}$O$_3$(BCZT) 固溶体陶瓷的第一性原理和朗道热力学研究，构建了 Ba$_{1-x}$Ca$_x$Zr$_y$Ti$_{1-y}$O$_3$(BCZT) 的三维组分相图。

(17) 第 17 章介绍了正交、单斜和四方 K$_{1-x}$Na$_x$NbO$_3$($0 \leqslant x_{Na} \leqslant 1$) 的几何结构、相变、电子结构和压电性能的第一性原理和朗道热力学研究。

(18) 第 18 章介绍铋酸盐超导体 BaPb$_{1-x}$Bi$_x$O$_3$(BPBO) 和 Ba$_{1-x}$K$_x$BiO$_3$(BKBO) 钙钛矿的立方相（C）、四方相（T）和正交相（O）的相稳定性和电子结构以及超导性质的第一性原理和朗道热力学研究。

(19) 第 19 章介绍铜氧化物超导体（Tl, Pb)(Ba, Sr)$_2$Ca$_{n-1}$Cu$_n$O$_{2n+3}$、HgBa$_2$Ca$_{n-1}$Cu$_n$O$_{2n+2+\delta}$（$n = 1, 2, 3, 4$）和 La$_{2-x}$Sr$_x$CuO$_4$ 的晶体结构、电子结构和超导性质的第一性原理和朗道热力学研究。

(20) 第 20 章介绍 Ba$_{1-x}$(K, Na)$_x$Fe$_2$As$_2$、LaFeAsO$_{1-x}$F$_x$ 和 Ca$_{1-x}$La$_x$FeAsH 铁基超导体的原子、电子和超导性能的第一性原理和朗道热力学理论研究。

最后为全书的总结与展望。

参 考 文 献

[1] 李霞，苏航，陈晓玲，等. 材料数据库的现状与发展趋势 [J]. 中国冶金，2007，17(6)：4-8.

[2] 倪军，刘华. 计算物理前沿及其与计算技术的交叉 [J]. 物理，2002，31(7)：461-465.

[3] 张跃，谷景华，尚家香，等. 计算材料学基础 [M]. 北京：北京航空航天大学出版社，2006.

[4] 刘士余. 金属间化合物及其复合材料氧化微观机理的第一性原理研究 [D]. 北京：北京航空航天大学，2010.

[5] Liu S Y, Wang F H, Zhou Y S, et al. Ab initio atomistic thermodynamics study on the selective

oxidation mechanism of the surfaces of intermetallic compounds [J]. Physical Review B, 2009, 80: 085414.

[6] Liu S Y, Sun M, Zhang S, et al. First-principles study of thermodynamic miscibility, structures, and optical properties of $Cs_2Sn(X_{1-x}Y_x)_6$ (X, Y = I, Br, Cl) lead-free perovskite solar cells [J]. Applied Physics Letters, 2021, 118: 141903.

2 第一性原理和热力学理论

2.1 基于密度泛函的第一性原理理论

第一性原理之密度泛函理论(Density Functional Theory,DFT),是一种研究多电子体系电子结构的量子力学方法,可以用来研究分子和凝聚态物质的性质,是计算凝聚态物理和计算材料学领域最常用的方法之一。密度泛函理论最初来源于对下面这个问题的思考:在量子化学从头算中,对于一个 N 电子体系,N 电子波函数依赖于 $4N$ 个变量($3N$ 个空间变量及 N 个自旋变量),我们能否用其他相对简单的变量来替换这 $4N$ 个变量以达到简化计算的目的,如用体系的电子密度?一方面,波函数在实验上无法准确测定,而电子密度可以,电子密度同波函数模的平方相联系;另一方面,对于依赖 $4N$ 个变量的波函数而言,其计算将随着体系变大、电子数增多变得越来越困难,而体系的哈密顿量只由单电子和双电子算符组成,只与体系中的单电子和双电子的信息有关,因此对计算而言,波函数包含的信息更复杂。因此,均匀电子气理论的 Thomas-Fermi 模型(TFM)以电子密度为变量做了最初的尝试,将能量表示为密度的泛函。TFM 虽然是一个很粗糙的模型,但是它的意义非常重要,因为它第一次将电子动能明确地以电子密度形式表示。至此,说简单些,密度泛函理论是以体系的电子密度为变量研究电子结构的方法。

2.1.1 多粒子系的薛定谔方程

由原子核和电子组成的多粒子体系,其运动规律满足多个粒子系统的量子力学薛定谔方程:

$$\hat{H}\psi = E\psi \tag{2-1}$$

式中,ψ 为波函数,是电子坐标 r_i 和原子核坐标 R_I 的函数;E 为能量本征值;$\hat{H}$ 为哈密顿量;在 Hartree 原子单位下为

$$\hat{H} = -\sum_i \frac{1}{2}\nabla_i^2 - \sum_I \frac{1}{2M_I}\nabla_I^2 + \sum_{i<j} \frac{1}{|r_i - r_j|} + \sum_{I<J} \frac{Z_I Z_J}{|R_I - R_J|} - \sum_{I,i} \frac{Z_I}{|R_I - r_i|} \tag{2-2}$$

式中,Z 为核电荷;M 为原子核质量;i、j、I、J 分别为电子和原子核的标号。

式（2-2）右侧5项分别为电子动能项、原子核动能项、电子间势能项、原子核间势能项和电子—原子核间势能项。

虽然求解薛定谔方程可以得到体系的波函数和能量，但是除了几个简单的体系外，其余大多数体系没有办法直接精确求解，因此需要根据各种不同的物理问题做合理的近似和简化处理。由于原子核的质量M比电子质量m大$10^3 \sim 10^5$倍，因此电子的运动速度比原子核的运动速度快得多，当原子核进行任一微小运动时，迅速运动的电子总是可以跟上核力场的微小变化，建立起新的运动状态。即在电子运动时，可以近似地把原子核看作固定不动的，把原子核的运动和电子的运动分开。这就是由M. Born和J. E. Oppenheimer提出的绝热近似，也称Born-Oppenheimer近似。通过绝热近似的处理和分离变量方法的利用，可以得到多电子体系的薛定谔方程：

$$\left[-\sum_i \frac{1}{2}\nabla_i^2 + \sum_{i<j}\frac{1}{|r_i-r_j|} + \sum_{I<J}\frac{Z_I Z_J}{|R_I-R_J|} - \sum_{I,i}\frac{Z_I}{|R_I-r_i|}\right]\psi = E\psi$$

(2-3)

但是由于此方程中含有电子之间的相互作用项，仍然无法直接求解，因此需要做进一步的近似处理。最常用的一个方法是单电子近似方法。利用单电子近似可以将一个复杂的多电子问题转化为多个单电子问题，在有效降低模型的计算量的同时得到较为可信的计算结果，其近代理论是在密度泛函理论的基础上发展起来的。1964年，Hohenberg和Kohn提出了两个著名的定理，奠定了密度泛函理论的基础。1965年，Kohn和Sham推导出了Kohn-Sham方程。在Kohn-Sham DFT的框架中，最难处理的多体问题（由处在一个外部静电势中的电子相互作用而产生）被简化为一个没有相互作用的电子在有效势场中运动的问题，该有效势场包括外部势场以及电子间库仑相互作用的影响，例如，交换和相关作用。为此，他们还提出了最简单的近似求解方法——局域密度近似（LDA），这使密度泛函理论的实际应用成为可能。密度泛函理论不但给出了多电子问题简化为单电子问题的理论基础，而且也成为研究分子和固体的能量及电子结构计算的有力工具。

2.1.2 Hohenberg-Kohn定理

密度泛函理论的基础建立在两个著名的定理之上。这两个定理是1964年由Hohenberg和Kohn在研究均匀电子气Thomas-Fermi（TF）模型的理论基础时提出。Hohenberg-Kohn定理[1]证明了外部势场是密度的唯一泛函，多电子体系的基态也是电子密度的唯一泛函。因此，对于多电子体系非简态基态而言，有一基态电子密度与其相对应，这个基态电子密度也决定了体系基态的其他性质，寻找基态的电子密度同样利用变分方法。

Hohenberg-Kohn 第一定理：N 粒子体系的外部势场 $V_{ext}(\vec{r})$ 由粒子密度 $\rho(\vec{r})$ 决定，最多加上一个无关紧要的常数。

Hohenberg-Kohn 第二定理：对于任意一个试探密度函数 $\tilde{\rho}(\vec{r})$，若 $\rho(\vec{r}) \geq 0$，且 $\int \tilde{\rho}(\vec{r}) d\vec{r} = N$，则有 $E_0 \leq E_v[\tilde{\rho}]$。其中，$E_v[\tilde{\rho}]$ 为能量表示成粒子密度的泛函形式；E_0 为基态能量。

第一定理说明多粒子体系的基态单粒子密度与其所处的外势场之间有一一对应的关系，同时确定了体系的粒子数，从而决定了体系的哈密顿算符，进而决定体系的所有性质。这条定理为密度泛函理论打下坚实的理论基础。第二定理是密度泛函框架下的变分原理，即体系基态总能量（表示为粒子密度的泛函形式）在体系基态单粒子密度处取极小值，即体系的基态真实总能量。这条定理为采用变分法处理实际问题指出了一条途径。第二定理与波函数形式下的能量变分原理相比没有很多新的内容。因为根据第一定理，粒子密度能唯一地确定波函数，从而使变分原理在以密度为变量的情况下仍然存在。

基于以上两个定理，可以定义与外势有关的总能量泛函为

$$E_v[\rho] = T[\rho] + V_{ne}[\rho] + V_{ee}[\rho] \tag{2-4}$$

式中，$T[\rho]$ 为动能泛函；$V_{ne}[\rho]$ 为核吸引能泛函；$V_{ee}[\rho]$ 为电子相互作用能泛函。总能量泛函中与外势无关的部分为

$$F_{HK}[\rho] = T[\rho] + V_{ee}[\rho] \tag{2-5}$$

该泛函的形式与具体体系无关，是一个普适的量。

上面的讨论中隐含着对密度 $\rho(\vec{r})$ 的限制，即 v-可表示性的问题：电子密度 $\rho(\vec{r})$ 必须是由满足下列 Schrödinger 方程的波函数得出，即

$$\hat{H}\psi = \left[\sum_{i=1}^{N}\left(-\frac{1}{2}\nabla_i^2\right) + \sum_{i=1}^{N} V(\vec{r}_i) + \sum_{i<j}^{N} \frac{1}{r_{ij}}\right]\psi = E\psi \tag{2-6}$$

这是一个非常难处理的要求，因为很多看似合理的密度实际上都是由 v-不可表示的[2-4]，而且到现在为止我们也不知道 v-可表示性的判别条件。但实际上 v-可表示性的要求不是必须的，Levy 限制搜索法[2,5]可以绕过这个困难：

对于一个全反对称的 N 电子波函数 ψ_ρ 及其相应的密度 ρ，利用波函数形式的能量变分原理，有

$$\langle \psi_\rho | \hat{H} | \psi_\rho \rangle \geq \langle \psi_0 | \hat{H} | \psi_0 \rangle = E_0 \tag{2-7}$$

式中，ψ_0 为基态波函数；E_0 为基态能量；$\hat{H}$ 为多粒子体系的哈密顿量。由此波函数空间的搜索可以分两个层次来完成：第一层次是在给出某个固定密度的函数子空间内搜索，找到使总能量最低的波函数；第二层次是改变密度，继续搜索，直至找到基态波函数，如式（2-8）所示。

$$E_0 = \min_{\rho}\left\{\min_{\psi \to \rho}[\langle\psi|\hat{H}|\psi\rangle]\right\} \tag{2-8}$$

改变普适泛函 $F[\rho]$ 的定义有

$$F[\rho] = \min_{\psi \to \rho}[\langle \psi | \hat{T} + \hat{V}_{ee} | \psi \rangle] \tag{2-9}$$

显然，当 ρ 是 v-可表示时，新定义与原来的定义相同。

以上给出了 Hohenberg-Kohn 定理的一个新证明，同时密度 ρ 没有了 v-可表示性的问题。此时虽然给出基态能量的波函数不是唯一的，但是只在给出某个基态密度的波函数族进行搜索，因此，在此定义下的密度泛函理论可以推广到简并基态的情况中。至此变分域的选取问题在原则上得到解决。

2.1.3 Kohn-Sham 方程

在 Hohenberg-Kohn 定理的基础上，Kohn 和 Sham 引入了"无相互作用参考系统"的概念，这个思想和传统的从头算不同，我们推导的 HF 方程是建立在真实的系统基础上，而无相互作用参考系统是不存在的，只是 KS 为计算真实体系而设立的一个参照系统，它和真实系统的联系在于有相同的电子密度。因此，我们也可以看出，DFT 获诺贝尔奖完全在于它是一个全新的创造性的思想。在无相互作用系统中，粒子间无相互作用，它的哈密顿算符只有动能算符和势能算符两项，这个形式和 HF 方法的形式相比十分简单，并且同 HF 方程一样，根据单电子近似也得到了 KS 单电子算符。

虽然有了 Hohenberg-Kohn 定理，密度泛函理论有了严格的理论基础，但使用 2.1.2 节所述的方法无法进行实际计算。因为 Hohenberg-Kohn 定义的泛函 $T[\rho]$ 和 $V_{ee}[\rho]$ 的具体形式是不知道的，而如果利用 Levy 限制搜索方法，要求找到精确的波函数，在计算上完全失去了以密度为基本变量的优势。

Thomas-Fermi 模型对动能泛函的处理是不成功的，而动能在总能量中所占的部分较大，因此动能泛函的研究一直很受重视。Kohn 和 Sham 提出了用无相互作用参考体系的动能来估计实际体系动能的主要部分，把动能的误差部分和相互作用能与库仑作用能之差归并为一项，再寻求其近似形式，即 Kohn-Sham 方法[6]。

无相互作用参考体系的哈密顿量为

$$\hat{H}_s = \sum_i^N \left(-\frac{1}{2}\nabla_i^2\right) + \sum_i^N V_s(\vec{r}) \tag{2-10}$$

式中，V_s 为外势。

Kohn 和 Sham 假设体系的基态粒子密度 ρ 与所研究的一个有相互作用的实际体系的基态粒子密度相同，于是可定义普适的泛函形式：

$$F[\rho] = T_s[\rho] + J[\rho] + E_{xc}[\rho] \tag{2-11}$$

式中，$T_s[\rho]$ 是无相互作用参考体系的动能泛函；$J[\rho]$ 为经典的库仑作用泛函。设体系的密度 ρ 和 $T_s[\rho]$ 可表示为

$$\rho(\vec{r}) = \sum_{i=1}^{N} \varphi_i(\vec{r}) \varphi_i^*(\vec{r}) \tag{2-12}$$

$$T_s[\rho] = \sum_{i=1}^{N} \langle \varphi_i | \frac{1}{2}\nabla_i^2 | \varphi_i \rangle \tag{2-13}$$

式中，φ_i 为单粒子自旋轨道。则交换相关能泛函 $E_{xc}[\rho]$ 的表达式为

$$E_{xc}[\rho] = T[\rho] - T_s[\rho] + V_{ee}[\rho] - J[\rho] \tag{2-14}$$

由式（2-14）可见 $E_{xc}[\rho]$ 由两部分构成，一部分是真实体系动能与无相互作用参考体系的动能之差；另一部分是真实体系电子间相互作用与经典库仑作用之差。

总能量 $E[\rho]$ 的表达式为

$$E[\rho] = \int \rho(\vec{r}) V(\vec{r}) d\vec{r} + T_s[\rho] + J[\rho] + V_{xc}[\rho] \tag{2-15}$$

代入 T_s 和 ρ 的表达式，将总能量对单粒子轨道变分，可得到 Kohn-Sham 方程：

$$(\hat{T}_s + \hat{V}_{eff}) | \varphi_i \rangle = \varepsilon_i | \varphi_i \rangle \tag{2-16}$$

其中

$$V_{eff}(\vec{r}) = V_{ne}(\vec{r}) + \int \frac{\rho(\vec{r}') d\vec{r}'}{|\vec{r} - \vec{r}'|} + \frac{\delta E_{xc}}{\delta \rho(\vec{r})} \tag{2-17}$$

式（2-17）等号右边第一项 $V_{ne}(\vec{r})$ 为核吸引势，第二项为电子间的 Coulomb 势，第三项为交换相关势。

从形式上可以看出，Kohn-Sham 方程与 Hartree-Fork 方程很相似，只是 Kohn-Sham 方程中有效势 $V_{eff}(\vec{r})$ 是局域的，而 Hartree-Fork 方程中包含非局域的交换项，这也给计算带来极大的便利。

2.1.4 交换相关能泛函

HF 方法完全忽略了相关能的计算，而在 DFT 中，这部分能量被考虑了进去，因此从原理上讲，Kohn-Sham 方法是更严格的，未做任何近似处理，但是同交换相关能相联系的交换相关势的形式却是无法确定的，因此 DFT 的中心问题是寻找更好的泛函形式。

2.1.4.1 LDA 泛函

局域密度近似（LDA）是 Kohn 和 Sham 提出的一种最简单的近似处理交换相关能的方法。该方法中交换相关能泛函的形式为

$$E_{xc}^{LDA}[\rho] = E_x^{LDA}[\rho] + E_c^{LDA}[\rho] = \int \varepsilon_x[\rho] \rho(\vec{r}) d\vec{r} + \int \varepsilon_c[\rho] \rho(\vec{r}) d\vec{r} \tag{2-18}$$

式中，$\varepsilon_x[\rho]$ 为交换能密度函数；$\varepsilon_c[\rho]$ 为相关能密度函数。式（2-18）表明空间每一点的交换能密度和相关能密度只决定于该点的电子密度，而与其他点的电

子密度无关。

在用局域密度近似的方法处理自旋极化的情况时（Local Spin Density Approximation，LSDA），交换能形式可以写为[7]

$$E_x[\rho_\alpha,\rho_\beta] = \frac{1}{2}E_x^0[2\rho_\alpha] + \frac{1}{2}E_x^0[2\rho_\beta] \tag{2-19}$$

式中，$E_x^0[\rho] = E_x\left[\frac{1}{2}\rho,\frac{1}{2}\rho\right]$。

由于相同自旋电子之间及不同自旋电子之间都存在相关作用，因此不可能把相关能泛函也简单地写成不同自旋电子的相关能的贡献之和。一般采用 Stoll[8] 的定义，将局域密度近似的相关能泛函写成如下形式：

$$E_c = E_c^{\alpha\beta} + E_c^{\alpha\alpha} + E_c^{\beta\beta} \tag{2-20}$$

引入电子密度的极化参数 $\xi = (\rho_\alpha - \rho_\beta)/(\rho_\alpha + \rho_\beta)$，相关能泛函的形式可以写为

$$E_c^{LDA}[\rho_\alpha,\rho_\beta] = \int \varepsilon_c(\rho,\xi)\rho \mathrm{d}\vec{r} \tag{2-21}$$

式中，ρ_α 和 ρ_β 分别是自旋为 α 和自旋为 β 的电子的密度。采用 Perdew 和 Wang[9] 对 VWN 公式的改进形式，相关能密度的表达式为

$$\varepsilon_c^{LDA}(r_s,\xi) = \varepsilon_c(r_s,0) + a_c(r_s)\frac{f(\xi)}{f''(\xi)}(1-\xi^4) + [\varepsilon_c(r_s,1) - \varepsilon_c(r_s,0)]f(\xi)\xi^4 \tag{2-22}$$

$$r_s = \left[\frac{3}{4\pi}(\rho_\alpha + \rho_\beta)\right]^{1/3}$$

$$f(\xi) = [(1+\xi)^{4/3} + (1-\xi)^{4/3} - 2]/(2^{4/3} - 2)$$

$\varepsilon_c(r_s,0)$，$\varepsilon_c(r_s,1)$ 和 $a_c(r_s)$ 由经验公式计算：

$$G(r_s,A,\alpha_1,\beta_1,\beta_2,\beta_3,\beta_4,p) = -2A(1+\alpha_1 r_s)\ln\left[1 + \frac{1}{2A(\beta_1 r_s^{1/2} + \beta_2 r_s + \beta_3 r_s^{3/2} + \beta_4 r_s^{p+1})}\right] \tag{2-23}$$

式中，A、α_1、β_1、β_2、β_3、β_4、p 为参数。

2.1.4.2 GGA 泛函

LDA 是建立在理想的均匀电子气模型基础上，而实际上原子和分子体系的电子密度远非均匀的，所以通常由 LDA 计算得到的原子或分子的化学性质往往不能够满足化学家的要求。要进一步提高计算精度，就需要考虑电子密度的非均匀性，一般通过在交换相关能泛函中引入电子密度的梯度来完成，即构造 GGA 泛函。GGA 交换能泛函的一般形式为

$$E_x^{GGA} = E_x^{LDA} - \sum_\sigma F(x_\sigma)\rho_\sigma^{\frac{4}{3}}(\vec{r})\mathrm{d}\vec{r} \tag{2-24}$$

式中，$x_\sigma = |\nabla\rho_\sigma|\rho_\sigma^{-4/3}$ 为约化梯度，无量纲。依据所用 F 形式的不同，目前的

GGA 交换能泛函可分为两大类，一类以 Becke[10] 在 1988 年提出的表达式为基础：

$$E_x^{B88} = E_x^{LDA} - \beta \sum_\sigma \int \rho_\sigma^{4/3} \frac{x_\sigma^2}{1 + 6\beta x_\sigma \sinh^{-1} x_\sigma} d\vec{r} \qquad (2-25)$$

式中，$\beta = 0.0042$。式（2-25）的特点是采用了反双曲函数，其能量密度有正确的渐进行为。属于这一类的交换能泛函有 PW91[11]、FT97[12]、CAM(A) 和 CAM(B)[13] 等。另一类是 F 采用有理函数，包括幂函数和有理分式的泛函。属于这一类的交换能泛函有 B86[14]、P86[15]、LG[16]、PBE[17] 等。B86 采用的 F 形式为

$$F^{B86} = \left[1 + 1.296 \left(\frac{x_\sigma}{(24\pi^2)^{1/3}} \right)^2 + 14 \left(\frac{x_\sigma}{(24\pi^2)^{1/3}} \right)^4 + 0.2 \left(\frac{x_\sigma}{(24\pi^2)^{1/3}} \right)^6 \right]^{1/15}$$

$$(2-26)$$

最常用的 GGA 相关能泛函是 Perdew[18] 提出的形式以及把相关能的局域部分和非局域部分合在一起计算的 LYP 形式[19]。Perdew 和 Wang 的表达式为

$$E_c^{P86} = E_c^{LDA} + \int d^{-1} e^{-\varphi} C[\rho] |\nabla \rho|^2 \rho^{-4/3} d\vec{r} \qquad (2-27)$$

其中

$$\varphi = 1.745 \times 0.11 \times C[\infty] |\nabla \rho| / (C[\rho] \rho^{7/6})$$

$$d = 2^{1/3} \left[\left(\frac{1+\xi}{2} \right)^{5/3} + \left(\frac{1-\xi}{2} \right)^{5/3} \right]^{1/2}$$

$$C[\rho] = a + (b + \alpha r_s + \beta r_s^2)(1 + \gamma r_s + \delta r_s^2 + 10^4 \beta r_s^3)^{-1} \qquad (2-28)$$

式中，a、b、α、β、γ、δ 为参数，通过拟合实验数据得到，其余符号意义同前。

LYP 相关能泛函是利用 Colle-Salvetti 公式[20] 导出的，其具体形式为

$$E_c^{LYP} = -a \int \frac{\gamma(\vec{r})}{1 + d\rho^{-1/3}} \left\{ \rho + 2b\rho^{-5/3} \left[2^{2/3} C_F \rho_\alpha^{8/3} + 2^{2/3} C_F \rho_\beta^{8/3} - \rho t_w + \frac{1}{9} (\rho_\alpha t_w^\alpha + \rho_\beta t_w^\beta) + \frac{1}{18} (\rho_\alpha \nabla^2 \rho_\alpha + \rho_\beta \nabla^2 \rho_\beta) \right] e^{-c\rho^{-1/3}} \right\} d\vec{r} \qquad (2-29)$$

式中，$\gamma(\vec{r}) = 2 \left[1 - \frac{\rho_\alpha^2(\vec{r}) + \rho_\beta^2(\vec{r})}{\rho^2(\vec{r})} \right]$；$t_w(\vec{r}) = \frac{1}{8} \frac{|\nabla \rho(\vec{r})|^2}{\rho(\vec{r})} - \frac{1}{8} \nabla^2 \rho(\vec{r})$；$C_F = \frac{3}{10} (3\pi^2)^{2/3}$；$a$、$b$、$c$、$d$ 为常数。

虽然 LDA 获得了一定的成功，但也有不足之处，如高估了结合能。在此基础上，改进的 GGA 发展了起来。GGA 非局域性更适合于处理密度的非均匀性。与 LDA 相比，GGA 大大改进了原子的交换能和相关能的计算结果，对分子和固体中 LDA 高估的结合能也给出了很好的校正，甚至可以把处理体系扩展到氢键体系的能量和结构[21]。然而，GGA 并非总是优于 LDA[22]，也并非总是得到低于 LDA 的结合能[23]。不同的 LDA 方案之间大同小异，但不同的 GGA 方案可能给

出有一定差异的结果,因此在进行理论计算时,应根据具体情况选取合适的GGA泛函。

2.1.5 基态总能量

Kohn-Sham 方程中的势是有效势,不等同于多电子体系的哈密顿量中的相互作用势,因此,不能通过简单地相加 Kohn-Sham 方程各能量的本征值来获得多电子体系的总能量。但两者的动能是一样的,都是无相互作用的动能。由式(2-15)可知,在密度泛函理论中体系的总能量可以表达为

$$E[\rho] = T_s[\rho] + \int \rho(\vec{r})V(\vec{r})\mathrm{d}\vec{r} + \frac{1}{2}\iint \frac{\rho(\vec{r})\rho(\vec{r}')}{|\vec{r}-\vec{r}'|}\mathrm{d}\vec{r}\mathrm{d}\vec{r}' + E_{xc}[\rho] \tag{2-30}$$

式中,$\int \rho(\vec{r})V(\vec{r})\mathrm{d}\vec{r}$ 为电子与外场的相互作用能;$\frac{1}{2}\iint \frac{\rho(\vec{r})\rho(\vec{r}')}{|\vec{r}-\vec{r}'|}\mathrm{d}\vec{r}\mathrm{d}\vec{r}'$ 为电子间库仑相互作用能;$E_{xc}[\rho]$ 为交换关联能;$T_s[\rho] = \sum_{i=1}^{N}\langle \varphi_i|\frac{1}{2}\nabla_i^2|\varphi_i\rangle$ 为无相互作用参考体系的动能泛函。与 Kohn-Sham 式(2-16)对比可知

$$T_s[\rho] = \sum_{i=1}^{N}\langle \varphi_i|\frac{1}{2}\nabla_i^2|\varphi_i\rangle = \sum_{i=1}^{N}\langle \varphi_i|\varepsilon_i - \hat{V}_{\mathrm{eff}}|\varphi_i\rangle \tag{2-31}$$

代入式(2-30),可以得到总能量为

$$E[\rho] = \sum_{i=1}^{N} n_i\varepsilon_i - \frac{1}{2}\iint \frac{\rho(\vec{r})\rho(\vec{r}')}{|\vec{r}-\vec{r}'|}\mathrm{d}\vec{r}\mathrm{d}\vec{r}' - \int \rho(\vec{r})\mu_{xc}(\vec{r})\mathrm{d}\vec{r} + V_{xc}[\rho] \tag{2-32}$$

在局域密度近似下,$E_{xc}^{\mathrm{LDA}}[\rho] = \int \varepsilon_{xc}[\rho]\rho(\vec{r})\mathrm{d}\vec{r}$,代入得到总能量为

$$E[\rho] = \sum_{i=1}^{N} n_i\varepsilon_i - \frac{1}{2}\iint \frac{\rho(\vec{r})\rho(\vec{r}')}{|\vec{r}-\vec{r}'|}\mathrm{d}\vec{r}\mathrm{d}\vec{r}' + \int \rho(\vec{r})[\varepsilon(\vec{r}) - \mu_{xc}(\vec{r})]\mathrm{d}\vec{r} \tag{2-33}$$

式中,n_i 为 i 态的电子占据数。注意上式并没有计入原子核之间的库仑能。

2.1.6 第一性原理软件

现阶段存在很多关于计算第一性原理的程序软件,例如 CASTEP、VASP、ABINIT,这几个软件使用较为普遍。CASTEP(Cambridge Sequential Total Energy Package)是从头算量子力学程序,是在密度泛函理论的基础上衍生的一种计算方法,归属于模拟计算软件 Material Studio 的一个模块。它具有界面良好、操作简单的特征,是入门第一性原理计算人员的不二之选。但是它也存在一些缺点,比如不支持 PAW 赝势、计算不够精确、计算时间较长。选择 VASP(Vienna Ab-initio Simulation Package)的用户也会发现虽然 VASP 计算的精确度更高,并且支

持 PAW 赝势，然而 VASP 只能在 Linux 下使用，无界面，在建立模型和分析计算结果时都需要其他软件的帮助，对于新手而言使用较为烦琐。ABINIT 则体现了 Linux 开源软件的特长，不仅开源免费，而且对某些形式的计算精度很高，但它的缺点同样也是操作麻烦，不易上手，并且赝势库不够全面，在计算过程中需要去自己手动编写。

2.2 吉布斯热力学和朗道热力学理论

2.2.1 吉布斯热力学自由能的化学势理论

吉布斯自由能计算可以提供相稳定性的定量信息，它可以通过密度泛函理论或其他经验方法来计算，现代的趋势是将经验方法与 DFT 相结合。一个表面的热力学稳定性由它的表面能决定，根据前人的热力学理论公式，表面能的公式表面能 γ 可以定义为[24]

$$\gamma = \frac{1}{S_0}(E_{\text{slab}} - \sum_i N_i \mu_i) \tag{2-34}$$

式中，S_0 为表面面积；E_{slab} 为整个板的总能量；N_i 和 μ_i 分别为物种 i 的原子数量和化学势。这里忽略了相应表面的 TS 项和压力项的贡献。

2.2.2 吉布斯混合热力学理论

目前，关于计算吉布斯自由能来预测高熵陶瓷稳定性的研究工作还很少。因此，本小节将重点介绍吉布斯自由能原理，并简要介绍其在高熵陶瓷中的应用。有关这些方法应用于高熵合金的详细内容，参见 Gao 等[25]和 Widom[26]的深入评论。

在恒定的温度和压强下，固体的吉布斯自由能在热平衡状态下最小。吉布斯自由能是热力学中的一个热力学势[25-27]：

$$G = H - TS \tag{2-35}$$

式中，H、T、S 分别为焓、温度、熵。熵越大，吉布斯自由能越小，相越稳定。一般来说，系统的熵与系统的微观状态数 N 有关：

$$S = k_B \sum \ln N \tag{2-36}$$

对于合金体系，熵是由振动熵、结构熵和其他项贡献的。对于完全无序的合金，根据 Sterling 的近似，广义熵，有时被称为混合熵：

$$S_{\text{conf}} = -R \sum_{i=1}^{N} c_i \ln c_i = R \ln N \tag{2-37}$$

式中，R、N 以及 c_i 分别为理想气体常数、组分数和组分 i 的原子分数。组分数 N 越大，S_{conf} 越高。对于一定数量的组分，当所有组分具有相同的原子分数即等摩尔时，S_{conf}值最大。在"熵稳定氧化物"$Mg_{0.2}Co_{0.2}Ni_{0.2}Cu_{0.2}Zn_{0.2}O$中证明了熵对单相稳定的重要性[27]。因此，高熵陶瓷的设计既要考虑最小化焓，也要考虑最大化熵。

2.2.3 朗道—德文希尔的铁电热力学理论

本质上，朗道—德文希尔理论就是指朗道理论在铁电体中的具体研究和发展，是将自由能展开为极化的各次幂之和[28-30]：

$$F(\vec{P}) = F_0 + \alpha(P_x^2 + P_y^2 + P_z^2) + \beta_1(P_x^4 + P_y^4 + P_z^4) + \beta_2(P_x^2P_y^2 + P_y^2P_z^2 + P_z^2P_x^2) + \\ \gamma_1(P_x^6 + P_y^6 + P_z^6) + \gamma_2[P_x^4(P_y^2 + P_z^2) + P_y^4(P_z^2 + P_x^2) + P_z^4(P_x^2 + P_y^2)] + \\ \gamma_3 P_x^2 P_y^2 P_z^2 \quad (2-38)$$

式中，F_0为顺电相的自由能；α、β_1、β_2、γ_1、γ_2、γ_3为不同极化强度P的系数。

朗道—德文希尔热力学唯象理论是宏观上描述铁电材料随温度变化的性质最流行的方法，是朗道相变理论在铁电体上的应用和发展。朗道理论是一种平均场理论。朗道指出了相变与对称性破缺的关系，将相变引起的序参量与对称性的降低联系到一起，并将相变自由能展开为序参量的多项式。德文希尔将朗道理论拓展到铁电相变中，成功地解释了铁电体一级相变和二级相变的物理现象，其基本思想是将自由能展开为极化的各次幂之和，并建立展开式中各系数与宏观参量之间的关系。

2.2.4 朗道二级相变的热力学理论

1932年，在朗道对固体物理学的问题进行系统研究的过程中，首次引入了"序参量"这一概念，并建立了二级相变理论，即朗道理论[31]，该理论可以表示为$g(T,\eta) = g_0(T) + B(T-T_c)\eta^2 + D\eta^4$。在朗道相变理论中，相变温度附近的自由能可以用序参量的幂级数展开式来表示，序参量与弹性应变耦合密不可分。

根据朗道二级相变理论，在超导转变温度下，序参量从零开始连续增加。由于序参量在相变附近很小，所以系统的自由能可以近似地用Taylor展开的几个项来表示[32]：

$$F_S(T) = F_N(T) + \alpha_0(T-T_c)\psi^2 + \frac{1}{2}\beta\psi^4 \quad (2-39)$$

式中，$F_S(T)$和$F_N(T)$分别为超导状态和正常状态下与温度有关的自由能，α_0和β是超导电子的有效波函数ψ的系数（$\alpha_0 > 0$，$\beta > 0$）。假设$\beta > 0$，对于序参量的有限值，自由能有一个极小值。

朗道二级相变理论的优点是，宏观可测参量及其对温度的依赖性可以通过几个参数预测，便于实验检验。朗道二级相变理论被广泛应用，可解释超导电性的微观机理。相变过程中的基本规律研究可以使材料制备工艺更加合理和科学，还可以加深人们理论上的认识，对材料技术科学的发展起到促进作用。

2.3 本章小结

本章总结了基于密度泛函理论的第一性原理理论与第一性原理软件以及吉布斯热力学与朗道热力学的各种理论。第一性原理计算的能量和热力学的自由能可以联合在一起进行材料的研究与设计。现代计算材料学的趋势是将第一性原理与吉布斯或朗道热力学理论相结合的方法来揭示材料的微观机理，进而实现的新材料的高性能化设计。例如，利用第一性原理与吉布斯热力学理论相结合的方法来研究金属间化合物及合金复合材料表面氧化微观机理和金属化合物表面碳化微观机理（见第3~10章）。利用第一性原理与吉布斯混合热力学理论相结合的方法研究高熵陶瓷和太阳能电池的微观机理与设计（见第11~14章）。利用第一性原理与朗道铁电热力学理论相结合的方法研究弛豫铁电体和无铅压电陶瓷的微观机理和高性能化设计（见第15~17章）。利用第一性原理与朗道二阶相变热力学方法相结合的方法研究非常规超导体的微观机理（见第18~20章）。总之，第一性原理与热力学方法可以广泛用于各种新材料的预测和设计。

参 考 文 献

[1] Hohenberg P, Kohn W. Inhomogeneous electron gas [J]. Physical Review, 1964, 136 (3): B864-871.

[2] Levy M. Electron densities in search of Hamiltonians [J]. Physical Review A, 1982, 26 (3): 1200-1208.

[3] Lieb E H. Density functionals for coulomb systems [J]. Int. J. Quantum Chem., 1983, 24: 243-277.

[4] Englisch H, Englisch R. Hohenberg-Kohn theorem and non-V-representable densities [J]. Physica, 1983, 121A: 253-268.

[5] Levy M. Universal variational functionals of electron densities, first-order density matrices, and natural spin-orbitals and solution of the v-representability problem [J]. Proceedings of the National Academy of Sciences, 1979, 76 (12): 6062-6065.

[6] Kohn W, Sham L J. Self-consistent equations including exchange and correlation effects [J]. Physical Review, 1965, 140 (4): A1133-1138.

[7] Oliver G L, Perdew J P. Spin-density gradient expansion for the kinetic energy [J]. Physical Review A, 1979, 20 (2): 397-403.

[8] Stoll H, Pavlidou C M E, Preuss H. On the calculation of correlation energies in the spin-density functional formalism [J]. Theoretica Chimica Acta, 1978, 49: 143-149.

[9] Perdew J P, Wang Y. Accurate and simple analytic representation of the electrongas correlation

energy [J]. Physical Review B, 1992, 45 (23): 13244-13249.
[10] Becke A D. Density-functional exchange-energy approximation with correct asymptotic behavior [J]. Physical Review A, 1988, 38 (6): 3098-3100.
[11] Perdew J P, Chevary J A, Vosko S. H, et al. Atoms, molecules, solids, and surfaces: applications of the generalized gradient approximation for exchange and correlation [J]. Physical Review B, 1992, 46 (11): 6671-6687.
[12] Filatov M, Thiel W. An new gradient-corrected exchange-correlation density functional [J]. Molecular Physics, 1997, 91 (5): 847-859.
[13] Laming G J, Termath V, Handy N C. A general purpose exchange-correlation energy functional [J]. The Journal of Chemical Physics, 1993, 99 (11): 8765-8773.
[14] Becke A D. Density functional calculations of molecular-bond energys [J]. The Journal of Chemical Physics, 1986, 84 (8): 4524-4529.
[15] Perdew J P, Wang Y. Accurate and simple density functional for the electronic exchange energy: Generalized gradient approximation [J]. Physical Review B, 1986, 33 (12): 8800-8802.
[16] Lacks D J, Gordon R G. Pair interactions of rare-gas atoms as a test of exchangeenergy-density functionals in regions of large density gradients [J]. Physical Review A, 1993, 47 (6): 4681-4690.
[17] Perdew J P, Burke K, Ernzerhof M. Generalized gradient approximation made simple [J]. Physical Review Letters, 1996, 77 (18): 3865-3868.
[18] Perdew J P. Density-functional approximation for the correlation energy of the inhomogeneous electron gas [J]. Physical Review B, 1986, 33 (12): 8822-8824.
[19] Lee C., Yang W., Parr R. G., Development of the Colle-Salvetti correlation-energy formula into a functional of the electron density [J]. Physical Review B, 1988, 37 (2): 785-789.
[20] Colle R, Salvetti O. Approximate calculation of the correlation energy for the closed shells [J]. Theoretica Chimica Acta, 1975, 37 (4): 329-334.
[21] Sim F, St. Amant A, Papsi I, et al. Gaussian density functional calculations on hydrogen-bonded systems [J]. Journal of the American Chemical Society, 1992, 114: 4391-4400.
[22] Yuan L F, Yang J L, Li Q X, et al. First-principles investigation for $M(CO)_n/Ag(110)$ (M = Fe, Co, Ni, Cu, Zn, and Ag; n = 1, 2) systems: geometries, STM images, and vibrational frequencies [J]. Physical Review B, 2002, 65 (3): 035415.
[23] Yuan L F, Yang J L, Deng K, et al. A first-principles study on the structural and electronic properties of C36 molecules [J]. The Journal of Physical Chemistry A, 2000, 104 (28): 6666-6671.
[24] Qian G X, Martin R M, Chadi D J. First-principles study of the atomic reconstructions and energies of Ga-and As-stabilized GaAs (100) surfaces [J]. Physical Review B, 1988, 38 (11): 7649.
[25] Gao M C, Zhang C, Gao P, et al. Thermodynamics of concentrated solid solution alloys [J]. Current Opinion in Solid State and Materials Science, 2017, 21 (5): 238-251.
[26] Widom M. Modeling the structure and thermodynamics of high-entropy alloys [J]. Journal of

Materials Research, 2018, 33 (19): 1-18.
- [27] Rost C M, Sachet E, Borman T, et al. Entropy-stabilized oxides [J]. Nature Communications, 2015, 6 (1): 8485-8492.
- [28] Landau L. The Theory of Phase Transitions [J]. Nature, 1936, 138 (3498): 840-841.
- [29] Devonshire A F. Theory of Ferroelectrics [J]. Advances in Physics, 1954, 3 (10): 85-130.
- [30] Sergienko I A, Gufan Y M, Urazhdin S. Phenomenological theory of phase transitions in highly piezoelectric perovskites [J]. Physical Review B, 2002, 65 (14): 144104.
- [31] 袁起立, 郦智斌. 朗道及其对物理学的贡献 [J]. 物理通报, 2010, 6: 68-70.
- [32] Landau L D, Lifshitz E M. Statistical physics: Part 2 [M]. Oxford: Pergamon Press, 1980.

3 金属间化合物 TiAl 表面氧化的第一性原理热力学研究

TiAl 基金属间化合物由于其低密度、高特定强度和在高温下相对良好的性能特点，近年来受到越来越多的关注，被认为是航空航天和汽车工业应用的潜在结构材料[1-3]。然而，其实际应用仍然受到高温抗氧化性低的阻碍。这是由于 Ti 和 Al 合金元素的竞争氧化形成了混合氧化物层的生长[4-8]，这阻止了连续致密氧化铝的形成，该氧化铝膜在高温应用中提供更有效的氧化屏障。是否形成致密的氧化铝保护层或快速生长的氧化皮取决于金属和氧化物的局部活性，这些活性主要受氧的影响分压、温度以及合金元素影响[9-10]。

Maurice 等[11-13]通过 X 射线光电子能谱（XPS）、扫描隧道显微镜（STM）和俄歇电子能谱（AES）研究了在低氧压力、650 ℃下 TiAl(111) 表面氧化的初始阶段。他们发现在 TiAl(111) 表面上的超薄类 Al_2O_3(111) 薄膜是通过第一阶段的氧化产生的[11]。他们还发现了第一种氧化机制，其特征是铝的选择性氧化导致纯氧化铝层的生长，随后发现了两种金属元素同时氧化的第二种机制[12]。在理论方面，李虹等[14]对纯 TiAl(111) 表面上的氧吸附进行了第一性原理总能量计算发现，对氧最有利的位置是在所有覆盖范围内表面层上有更多 Ti 原子作为其最近邻居的吸附位置[14]。然而，他们的结果不能对 Maurice 等的实验进行解释[11-13]。

表面偏析对合金和金属间化合物非常重要。Blum 等[15]的研究表明本体中与理想化学计量的轻微偏差会显著影响二元 CoAl(100) 表面的组成，这是由于 Co 反位缺陷对表面偏析的强烈倾向。Pourovskii 等[16]证明，在低于其有序-无序转变温度的情况下，本体成分与化学计量的微小偏差会强烈影响 NiPt 合金 (111) 表面的成分。Lozovoi 等[17]对 NiAl(110) 表面的初始氧化进行从头算研究发现，薄氧化膜通过 Al 反位和 Ni 空位的偏析而非常稳定，他们开发了氧化导致点缺陷偏析到表面的场景[17]。

这些有趣的偏析行为促使我们研究表面偏析对氧在 TiAl(111) 表面的影响，这也是了解表面氧化物形成的一个步骤。本章首先将分析干净 TiAl(111) 表面的自偏析现象。其次，将分析表面偏析对 TiAl(111) 表面氧吸附的影响，以了解上述实验结果[11-13]。

3.1 计算方法与模型

我们采用了以密度泛函理论为基础的维也纳从头计算模拟程序包（VASP）[18-22]进行第一性原理计算，电子交换关联能采用广义梯度近似方法中的PW91方法[23]。赝势的相互作用采用了Kresse和Joubert发展的投影缀加波赝势[24-25]。对所有模型不同K点和截断能的收敛性进行测试。根据计算收敛的结果，选取400 eV作为所有计算的截断能。钛铝体的计算采用了15×15×15的Monkhors-Pack方案自动产生的K点网格。我们计算的晶格常数为$a=0.3980$ nm、$c=0.4086$ nm，与实验结果[26]和以前的第一性原理广义梯度近似计算的结果[27]符合得很好。对于TiAl(111)表面模型，我们采用了超原胞结构包括7层原子的板层（每层4个共28个原子）和7层原子的真空层，氧原子将吸附在金属层的一面，在垂直表面方向加有极化修正[28-29]。在计算中，表面下4层金属原子和吸附的氧原子允许自由弛豫，底3层金属原子被固定住。在表面模型计算中取$c(2×2)$的表面单元，采用9×9×1的布里渊区（BZ）网格，基态原子的构型由Quasi-Newton方法进行弛豫，直到作用在每个自由原子上的力均小于0.1 eV/nm为止。

首先，我们计算了氧原子在覆盖度为0.25单层（ML）时在TiAl(111)-(2×2)表面的9种不同的吸附位置结构，包括氧在Ti和Al原子的顶位（top）、两个表面金属原子之间的桥位（bri）、在第二表面层为Ti原子和Al原子的六方洞位（hcp-Ti、hcp-Al）、在第三表面层为Ti原子和Al原子的面心洞位（fcc-Ti、fcc-Al）。最终弛豫后发现，稳定的构形为氧原子位于表面的fcc和hcp位置处。用fcc-Al(fcc-Ti)和hcp-Al(hcp-Ti)分别代表氧原子位于表面fcc和hcp位置处，且均对应氧原子下方为Al(Ti)原子的位置。图3-1分别表示氧原子在干净的、

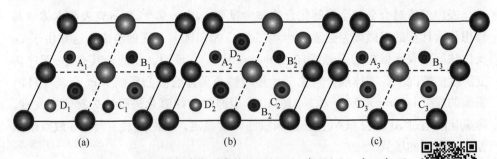

图3-1 氧原子吸附在干净的TiAl(111)表面(a)、含1个Al反位的TiAl(111)表面(b)和含两个Al反位的TiAl(111)表面(c)的吸附位置

（大、中、小的绿色和白色小球分别代表表面、亚表面、第三层的Ti原子和Al原子，而红色小球代表氧原子）

彩图二维码

含 1 个 Al 反位缺陷和含两个 Al 反位缺陷的 3 种 TiAl(111)-(2×2) 表面不同吸附位置情况。

金属间化合物 TiAl 由两种格点组成：Ti 原子的 α 格点和 Al 原子的 β 格点。TiAl 有 4 种不同的缺陷：在 α 格点的空位、β 格点的空位、Al 占有 α 格点的反位和 Ti 占有 β 格点的反位。为了分析各种缺陷在 TiAl 体和 TiAl(111) 表面的稳定性，我们定义了如下的缺陷形成能：

$$E_f = E_t^d - E_t - \sum \Delta N_i E_i \tag{3-1}$$

式中，E_t^d 和 E_t 分别为纯净体系和含缺陷体系的总能；ΔN_i 为缺陷体系相对于纯净体系的第 i 种原子的变化数值；E_i 为第 i 种原子为第 i 种原子的体态时平均成单个原子的能量。TiAl 体和 TiAl(111)-(2×2) 表面分别使用 32 个原子(2×2×2) 和 28 个原子的超原胞进行了计算模拟。

为了比较各种情况氧原子吸附在 TiAl(111) 表面的稳定性，定义了平均每个氧原子的结合能（在研究氧原子吸附的覆盖度 θ 时，把一个单层(ML)定义为在 TiAl(111)-(2×2) 超原胞模型里有 4 个氧原子）：

$$E_b(\Theta) = \frac{1}{N_O^{atom}}(E_{O/TiAl(111)}^{slab} - E_{TiAl(111)}^{slab} - N_O^{atom} E_O^{atom}) \tag{3-2}$$

式中，N_O^{atom} 为吸附氧原子个数；$E_{O/TiAl(111)}^{slab}$ 为体系经过弛豫后的总能；$E_{TiAl(111)}^{slab}$ 为干净表面弛豫后的能量；E_O^{atom} 为单个氧原子在一个边长为 1 nm 的立方格子里计算得到的能量。由此定义可知：结合能越低，表面吸附越稳定。

一个表面的热力学稳定性由它的表面能决定，根据前人的热力学理论公式[30-33]，表面能的公式可定义为

$$\gamma = \frac{1}{S_0}(E_{slab} - N_{Ti}\mu_{Ti} - N_{Al}\mu_{Al} - N_O\mu_O - PV - TS) \tag{3-3}$$

式中，S_0 为表面面积；E_{slab} 为体系经过弛豫后的总能；N_{Ti}、N_{Al}、N_O 分别为该体系内所含的钛、铝、氧的原子数；μ_{Ti}、μ_{Al}、μ_O 分别为钛、铝、氧原子的化学势。这里我们忽略了 TS 项和压力项对 TiAl(111) 表面体系的能量贡献。因此，表面能 γ 可以重新写为

$$\gamma = \frac{1}{S_0}(E_{slab} - N_{Ti}\mu_{Ti} - N_{Al}\mu_{Al} - N_O\mu_O) \tag{3-4}$$

对于干净的 TiAl(111)-(2×2) 表面，表面能 γ_S 可以写为如下形式：

$$\gamma_S = \frac{1}{S_0}(E_{slab}^S - N_{Ti}^S\mu_{Ti} - N_{Al}^S\mu_{Al}) \tag{3-5}$$

相对于干净的 TiAl(111) 表面能，其他含缺陷表面的相对表面能 γ_{RS} 可以定义为[34]

$$\gamma_{RS} = (\gamma - \gamma_S)S_0 = E_{slab}^d - E_{slab}^S - (N_{Ti} - N_{Ti}^S)\mu_{Ti} - (N_{Ti} - N_{Al}^S)\mu_{Al} - (N_O - N_O^S)\mu_O \tag{3-6}$$

式中，$E_{\text{slab}}^{\text{d}}$ 和 $E_{\text{slab}}^{\text{s}}$ 分别为含缺陷和干净的 TiAl(111) 体系经过弛豫后的总能。

在体系为平衡的情况下，我们可以认为 TiAl(111) 的表面和 TiAl 的体内处于平衡，即 $\mu_{\text{Ti}} + \mu_{\text{Al}} = \mu_{\text{TiAl}}^{\text{bulk}}$。为了避免形成金属 Ti 相和金属 Al 相，体系 Ti 和 Al 的化学势应该有 $\mu_{\text{Ti}} \leqslant \mu_{\text{Ti}}^{\text{bulk}}$ 和 $\mu_{\text{Al}} \leqslant \mu_{\text{Al}}^{\text{bulk}}$。因此，化学势 μ_{Al} 的变化范围是 $\mu_{\text{TiAl}}^{\text{bulk}} - \mu_{\text{Ti}}^{\text{bulk}} \leqslant \mu_{\text{Al}} \leqslant \mu_{\text{Al}}^{\text{bulk}}$。为了避免形成氧气分子相，体系的化学势应该有 $\mu_{\text{O}} \leqslant \frac{1}{2} E_{\text{O}_2}$。通过第一性原理对体态的 TiAl、Ti、Al 和氧气分子 O_2 的总能的计算，得到了体系化学势 Al 和 O 的变化范围：$-4.51 \leqslant \mu_{\text{Al}} \leqslant -3.69$ eV 和 $\mu_{\text{O}} \leqslant -4.89$ eV。

3.2 干净 TiAl(111) 表面的自偏析

3.2.1 干净 TiAl(111) 表面的缺陷形成能

表 3-1 列出了 TiAl 体内和 TiAl(111) 表面随缺陷层深度变化的缺陷形成能计算结果。从表 3-1 可见，Al 反位缺陷的缺陷形成能比其他缺陷的缺陷形成能低，这表明 Al 反位缺陷比其他类型的缺陷更稳定。我们还可以发现，各种缺陷的形成能随着缺陷由表面（第一层）到亚表面（第二层），再到表面下第三层，最后逐渐变化到体内，这表明缺陷形成能是局域的效应。最外面层（第一层）的 Al 反位缺陷的缺陷形成能是负值，表明 Al 反位缺陷将强烈地偏析于 TiAl(111) 的最外表面。最外面层的 Al 反位缺陷中，含有 1 个 Al 反位缺陷和两个 Al 反位缺陷的缺陷形成能分别为最低值 -0.64 eV 和第二低值 -0.10 eV。因此，Al 反位缺陷的自偏析到 TiAl(111) 的最外表面是非常稳定的。

表 3-1 TiAl 体内和 TiAl(111) 表面随缺陷层深度变化的缺陷形成能 (eV)

层	$E_v(\text{Ti})$	$E_v(\text{Al})$	$E_{\text{anti}}(\text{Ti})$	$E_{\text{anti}}(\text{Al})$	$E_{\text{anti}}(2\text{Al})$
第一层	1.05	2.08	1.07	-0.64	-0.10
第二层	1.84	2.85	0.80	0.15	0.50
第三层	1.81	2.73	0.92	0.20	—
体内	1.88	2.61	0.83	0.18	—

3.2.2 干净 TiAl(111) 表面的热力学稳定性

为了分析干净 TiAl(111) 表面的热力学稳定性，本小节计算了 TiAl(111) 表面含有不同缺陷的热力学相对表面能。图 3-2 为 TiAl(111) 表面含有不同缺陷的相对表面能随 Al 化学势变化的曲线。从图中可见，TiAl(111) 表面含有 1 个 Al 反位缺陷的相对表面能在大部分的 Al 化学势范围内是最低的，即最稳定的，表明在该 Al 化学势范围内 1 个 Al 反位缺陷将强烈地偏析于 TiAl(111) 的最外表面，这与上文缺陷形成能的分析结果是一致的。从图中还可以看出，在贫铝（或富钛）的环境下，干净的 TiAl(111) 表面是稳定的；而在富铝（或贫钛）的环境下，含 2 个 Al 反位缺陷的 TiAl(111) 表面是稳定的。因此，考虑到 Al 的表面自偏析效应，下面将主要研究氧在干净的、含有 1 个和两个 Al 反位缺陷偏析的 3 种 TiAl(111) 表面吸附稳定性情况。为了便于表述，将含有 1 个和两个 Al 反位缺陷偏析的 TiAl(111) 表面分别记为 TiAl(111)-1Al 和 TiAl(111)-2Al。其中，TiAl(111)-1Al 的最外表面由 3 个 Al 原子和 1 个 Ti 原子组成，而 TiAl(111)-2Al 的最外表面全部由 Al 原子组成。

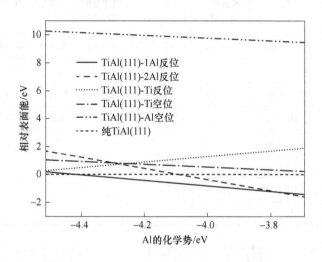

图 3-2　TiAl(111) 表面含不同缺陷的相对表面能随 Al 化学势变化的曲线

3.3　表面自偏析对 TiAl(111) 表面氧吸附的影响

3.3.1　结合能计算

本节研究了当氧的覆盖度从零增加到一个单层时，氧在干净 TiAl(111) 表面的吸附情况。干净的 TiAl(111) 的最外表面由两个 Al 原子和两个 Ti 原子组成，在其 $c(2 \times 2)$ 表面氧吸附有两个等价的 fcc-Al(A_2)、两个等价的 fcc-Ti(B_2)、两个等价的 hcp-Al(C_2) 和两个等价的 hcp-Ti(D_2) 位置。表 3-2 给出了不同氧的覆盖度和不同吸附位置的平均每个氧原子结合能结果。

从表 3-2 可见，覆盖度为 0.25 ML 时，最稳定的吸附位置为 fcc-Al(A_1) 位置，接下来依次为 hcp-Al(C_1)，fcc-Ti(B_1) 和 hcp-Ti(D_1) 位置。fcc-Al(A_1) 和 hcp-Al(C_1) 位置的平均结合能比 fcc-Ti(B_1) 和 hcp-Ti(D_1) 的平均结合能低约 0.90 eV/atom。fcc-Al(A_1) 和 hcp-Al(C_1) 位置的表面最近邻金属原子为 2 个 Ti

原子和 1 个 Al 原子，而 fcc-Ti(B_1) 和 hcp-Ti(D_1) 位置的表面最近邻金属原子为 2 个 Al 原子和 1 个 Ti 原子。当覆盖度从 0.50 ML 增加到 0.75 ML 再至 1.00 ML 时，最稳定的吸附位置为 fcc-Al(A_1) 和 hcp-Al(C_1) 位置的同时占据，而 fcc-Ti(B_1) 和 hcp-Ti(D_1) 位置的同时占据时吸附能力最弱。

表 3-2 氧原子吸附在干净的 TiAl(111) 表面不同覆盖度和不同吸附点的平均每个氧原子的结合能　　　　　　　　　　　　　　（eV/atom）

位点	0.25 ML 覆盖度的结合能	位点	0.50 ML 覆盖度的结合能	位点	0.75 ML 覆盖度的结合能	位　点	1.00 ML 覆盖度的结合能
A_1	-8.36	A_1+A_1	-8.23	$A_1+A_1+C_1$	-7.93	$A_1+A_1+C_1+C_1$	-7.84
C_1	-8.26	C_1+C_1	-8.18	$A_1+A_1+B_1$	-7.83	$A_1+A_1+B_1+B_1$	-7.83
B_1	-7.46	B_1+B_1	-7.87	$C_1+C_1+D_1$	-7.78	$C_1+C_1+D_1+D_1$	-7.72
D_1	-7.40	D_1+D_1	-7.67	$B_1+B_1+D_1$	-7.63	$B_1+B_1+D_1+D_1$	-7.63
—		A_1+C_1	-8.36			—	
		A_1+B_1	-7.82				
		C_1+D_1	-7.76				
		B_1+D_1	-7.60				

从表 3-2 可见，当覆盖度为 0.50 ML 时，fcc-Al(A_1) 和 hcp-Al(C_1) 位置的同时占据时的平均结合能比只占据 fcc-Al(A_1) 位置的平均结合能低约 0.13 eV/atom；比最弱的 fcc-Ti(B_1) 和 hcp-Ti(D_1) 位置的同时占据的平均结合能低约 0.25 eV/atom。当覆盖度为 1.0 ML 时，fcc-Al(A_1) 和 hcp-Al(C_1) 位置的同时占据时的平均结合能要比最弱的 fcc-Ti(B_1) 和 hcp-Ti(D_1) 位置的同时占据的平均结合能要低约 0.21 eV/atom。综上所述，在覆盖度大于 0 且不大于 1.00 ML 时，表面近邻多 Ti 的位置要比表面近邻多 Al 的位置的吸附氧能力强。因此，氧原子偏向于吸附在 TiAl(111) 表面的最近邻多 Ti 的位置。而且随着覆盖度的增加，平均每个氧原子的结合能增加和不同位置的平均结合能差别减小，这与李虹等[14]的第一性原理计算结果一致。

考虑到表面容易发生 Al 的自偏析效应，我们研究了氧在偏析 1 个 Al 反位的 TiAl(111)-1Al 表面的吸附，氧的覆盖度从零增加到一个单层情况。由于 TiAl(111)-1Al 的最外表面是由 3 个 Al 原子和 1 个 Ti 原子组成，在其 $c(2\times2)$ 表面氧吸附位置有两个 fcc-Al(A_2)、两个 fcc-Ti(B_2，B_2')、两个 hcp-Al(C_2) 和两个 hcp-Ti(D_2，D_2') 位置。表 3-3 给出了不同氧的覆盖度和不同吸附位置的平均每个氧原子结合能计算结果。

表3-3 氧原子吸附在含1个Al反位的TiAl(111)表面不同覆盖度和不同吸附点的平均每个氧原子的结合能 （eV/atom）

位点	0.25 ML 覆盖度的结合能	位点	0.50 ML 覆盖度的结合能	位点	0.75 ML 覆盖度的结合能	位点	1.00 ML 覆盖度的结合能
A_2	-7.68	A_2+A_2	-7.60	$A_2+A_2+C_2$	-7.59	$A_2+A_2+C_2+C_2$	-7.74
C_2	-7.66	C_2+C_2	-7.63	$A_2+A_2+B_2$	-7.46	$A_2+A_2+B_2+B_2'$	-7.75
B_2	-7.52	B_2+B_2'	-7.43	$C_2+C_2+D_2$	-7.62	$C_2+C_2+D_2+D_2'$	-7.73
D_2	-7.49	D_2+D_2'	-7.40	$B_2+B_2'+D_2$	-7.27	$B_2+B_2'+D_2+D_2'$	-7.38
B_2'	-6.36	A_2+C_2	-7.76	$A_2+C_2+B_2$	-7.50	$A_2+C_2+B_2+D_2$	-7.51
D_2'	-6.68	A_2+B_2	-7.51				
—		A_2+B_2'	-7.50				
		C_2+D_2	-7.56				
		C_2+D_2'	-7.51				
		B_2+D_2	-7.66				
		$B_2'+D_2'$	-6.85				

从表3-3可见，覆盖度为0.25 ML时，最稳定的吸附位置为fcc-Al(A_2)位置，接下来依次为hcp-Al(C_2)、fcc-Ti(B_2)、hcp-Ti(D_2)、hcp-Ti(D_2')和fcc-Ti(B_2')位置。具有表面最近邻金属原子为两个Ti原子和1个Al原子的fcc-Al(A_2)、fcc-Ti(B_2)、hcp-Al(C_2)和hcp-Ti(D_2)位置的平均结合能比具有表面最近邻金属原子为3个Al原子的fcc-Ti(B_2')和hcp-Ti(D_2')的平均结合能低。当覆盖度为0.50 ML时，最稳定的吸附位置为fcc-Al(A_2)和hcp-Al(C_2)位置的同时占据。当覆盖度为0.75 ML时，hcp-Al(C_2)、hcp-Al(C_2)和hcp-Ti(D_2)位置的同时占据是最稳定的吸附位置。当覆盖度为1.00 ML时，fcc-Al(A_2)、fcc-Al(A_2)、fcc-Ti(B_2)和fcc-Ti(B_2')吸附位置的同时占据是最稳定的；和此最稳定吸附位置的结合能相近的位置还有fcc-Al(A_2)、fcc-Al(A_2)、hcp-Al(C_2)和hcp-Al(C_2)位置的同时占据以及hcp-Al(C_2)、hcp-Al(C_2)、hcp-Ti(D_2)和hcp-Ti(D_2')位置的同时占据。这表明在覆盖度为1.00 ML时，上述三种吸附位置的结合能差别很小（0.01 eV），因此它们都是可能的氧吸附位置。

进一步考虑到表面容易发生Al的自偏析效应，我们研究了氧在偏析两个Al反位的TiAl(111)-2Al表面的吸附，氧的覆盖度从零增加到一个单层情况。由于TiAl(111)-2Al的最外表面全是由Al原子组成，在其$c(2\times2)$表面氧吸附位置有两个fcc-Al(A_3)、两个fcc-Ti(B_3)、两个hcp-Al(C_3)和两个hcp-Ti(D_3)位置。表3-4给出了不同氧的覆盖度和不同吸附位置的平均每个氧原子结合能计算结果。

表 3-4　氧原子吸附在含两个 Al 反位的 TiAl(111) 表面不同覆盖度和不同吸附点的平均每个氧原子的结合能　　　（eV/atom）

位点	0.25 ML 覆盖度的结合能	位点	0.50 ML 覆盖度的结合能	位点	0.75 ML 覆盖度的结合能	位　点	1.00 ML 覆盖度的结合能
A_3	-7.62	A_3+A_3	-7.68	$A_3+A_3+C_3$	-7.85	$A_3+A_3+C_3+C_3$	-7.92
C_3	-7.75	C_3+C_3	-7.86	$A_3+A_3+B_3$	-7.85	$A_3+A_3+B_3+B_3$	-8.11
B_3	-7.34	B_3+B_3	-7.61	$C_3+C_3+D_3$	-8.06	$C_3+C_3+D_3+D_3$	-8.14
D_3	-7.67	D_3+D_3	-7.75	$B_3+B_3+D_3$	-7.56	$B_3+B_3+D_3+D_3$	-7.64
—		A_3+C_3	-7.83				
		A_3+B_3	-7.69				
		C_3+D_3	-7.83				
		B_3+D_3	-7.65				

从表 3-4 可见，覆盖度为 0.25 ML 时，最稳定的吸附位置为 hcp-Al(C_3) 位置，接下来依次为 hcp-Ti(D_3)、fcc-Al(A_3) 和 fcc-Ti(B_3) 位置。当覆盖度为 0.50 ML 时，最稳定的吸附位置为两个 hcp-Al(C_3) 位置的同时占据。当覆盖度为 0.75 ML 和 1.00 ML 时，最稳定的吸附位置为 hcp-Al(C_3) 和 hcp-Ti(D_3) 位置的同时占据。从表 3-4 可见，随着覆盖度的增加，平均每个氧原子的结合能减小，这表明吸附在 TiAl(111)-2Al 表面的氧原子之间存在着吸引的相互作用。这个结合能变化特征与氧原子吸附在 Al(111) 表面的结合能变化特征是一样的。

为了进一步阐明其氧在 TiAl(111)、TiAl(111)-1Al 和 TiAl(111)-2Al 3 种表面吸附本质，我们计算了氧原子吸附在 Al(111) 和 Ti(0001) 密堆表面情况以便对比研究[35-36]。图 3-3 为氧原子吸附在 Al(111)、TiAl(111)、TiAl(111)-1Al、TiAl(111)-2Al 和 Ti(0001) 表面最稳定位置的平均每个氧原子结合能随覆盖度变化的曲线。从图 3-3 可见，在氧的覆盖度变化范围内，Ti(0001) 表面比 Al(111) 表面吸附氧能力要强，这进一步解释了在 TiAl(111) 表面近邻多 Ti 的位置要比表面近邻多 Al 的位置的吸附氧能力强，氧原子偏向于吸附在 TiAl(111) 表面的最近邻多 Ti 的位置。氧吸附在 Ti(0001) 表面的平均每个氧原子的结合能随着覆盖度的增加而增加，这是由于在 Ti(0001) 表面吸附氧原子之间有排斥作用[36]；而氧吸附在 Al(111) 表面的平均每个氧原子的结合能随着覆盖度的增加而减小，这是由于在 Al(111) 表面吸附氧原子之间有吸引作用，有利于 Al_2O_3 氧化物岛状物的形成[35]。有趣的是考虑到表面自偏析效应，随着 Al 反位的增加，氧吸附在 Al 偏析的 TiAl(111) 表面的结合能变化曲线逐渐接近氧吸附在 Al(111) 表面的结合能变化曲线。特别是，O/TiAl(111)-2Al 的结合能曲线几乎与 O/Al(111) 的结合能曲线相同，这是因为 TiAl(111)-2Al 最外表面全部是 Al 原子，而且氧吸附在 TiAl(111)-2Al 表面的平均每个氧原子的结合能随着覆盖度的增加而减小，有利于 Al_2O_3 氧化物岛状物的形成和发生 Al 的优先选择性氧化。从图 3-3 我们可以发现，当覆盖度大于 0.75 ML 时，TiAl(111)-2Al 表面氧吸附的结合能比 TiAl(111)-1Al 和 TiAl(111) 表面氧吸附的结合能都低，即在覆盖度大于 0.75 ML 时，O/TiAl(111)-2Al 系统是最稳定的，由于干净 TiAl 表面是一个 Al 反位偏析表面，这暗示在高氧覆盖度时氧吸附会导致另一个 Al 反位偏析，进而最外表面形成全部都是 Al 原子氧吸附的情况。这个重要的结论将被下面更准确的第一性原理热力学表面能稳定性分析肯定。

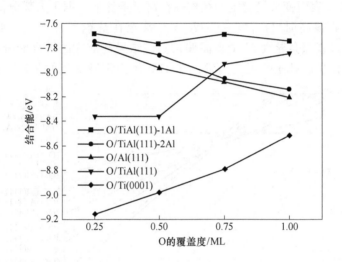

图 3-3　氧原子分别吸附在 Al(111)、Ti(0001)、TiAl(111)、含一个和两个 Al 反位的 TiAl(111) 表面最稳定位置时的平均每个氧原子的结合能随氧的覆盖度变化的曲线

3.3.2　热力学稳定性分析

为了分析 O/TiAl(111) 系统的热力学稳定性，我们研究了不同覆盖度的氧吸附在含有不同 Al 反位缺陷的 TiAl(111) 表面的热力学相对表面能变化，见图 3-4。

从图 3-4(a) 可见，在富钛和贫氧的环境条件下，干净的 TiAl(111) 表面是最稳定的，这与前文的结合能分析结果一致。随着 O 化学势的增加，吸附 0.50 ML 氧原子的干净 TiAl(111) 表面是最稳定的。进一步随着 O 化学势的增加，吸附 1.00 ML 氧原子的干净 TiAl(111) 表面是最稳定的。在富钛的环境条件下，氧原子吸附在含有 Al 反位缺陷的 TiAl(111) 表面是不稳定的。

从图 3-4(b) 可见，在富铝和贫氧的环境条件下，TiAl(111)-2Al 表面是最稳定的，这与前文的结合能分析结果一致。随着 O 化学势的增加，吸附 1.00 ML 氧原子的干净 TiAl(111) 表面变成最稳定的结构。

图 3-4(c) 为氧吸附在不同的 TiAl(111) 表面随 Al 和 O 化学势变化的表面热力学相图，显示了在二维 Al 和 O 化学势变化空间里具有表面能最稳定的结构。从图中可见，在贫氧的环境条件下，大部分的 Al 化学势范围内 TiAl(111)-1Al 表面是最稳定的；而在贫铝的环境下干净的 TiAl(111) 表面是稳定的；在富铝的环境下 TiAl(111)-2Al 表面是稳定的。这表明在贫氧的环境条件下，没有氧原子吸附的结构是最稳定的结构。在富氧和富铝的条件下，吸附 1.00 ML 氧原子的干净 TiAl(111)-2Al 表面变成最稳定的结构并在富氧条件下占据了大部分的相图空间。在氧的化学势很高时（$\mu_{Al} \geqslant -9.77$ eV）甚至在贫铝条件下（$-4.39 \leqslant \mu_{Al} \leqslant -4.06$ eV），氧都会导致 Al 全表面偏析。该结果与前文的结合能分析结果是一致的。从非化学计量比的观点出发，在 TiAl 体内稍微富铝的条件，有利于干净

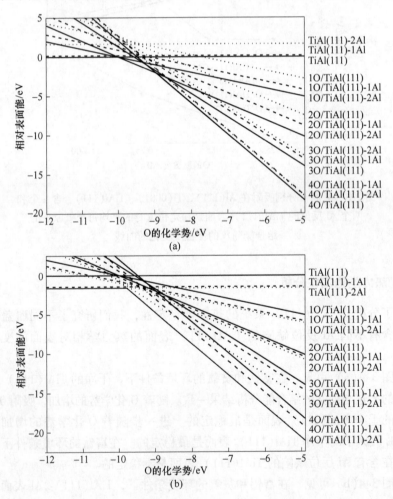

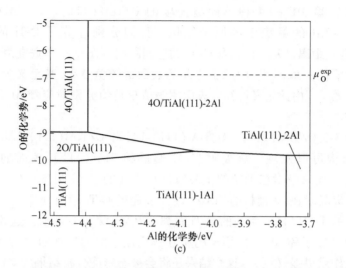

图 3-4 氧吸附在富钛环境条件(a)和富铝环境条件(b)下不同的 TiAl(111) 表面的相对表面能变化的曲线以及氧吸附在不同的 TiAl(111) 表面随 Al 和 O 化学势变化的表面热力学相图(c)

TiAl 表面偏析和 O 导致的 TiAl 表面偏析。即干净 TiAl 表面容易产生一个 Al 反位偏析,氧吸附会导致另一个 Al 反位偏析,进而最外表面形成全部是 Al 原子氧吸附的情况。这种全 Al 表面偏析的效应有利于发生 Al 的优先选择性氧化。

为了详细比较理论与实验的结果[11-12],我们计算了 O 的化学势随温度和压强变化的关系式,如式(3-7)所示[37]:

$$\mu_O(T,P) = \frac{1}{2} E_{O_2}^{tot} + \mu_O(T,P^0) + \frac{1}{2} k_B T \left(\frac{P}{P^0} \right) \tag{3-7}$$

式中,$E_{O_2}^{tot}$ 为氧分子 O_2 的总能;$\mu_O(T,P^0)$ 为温度为 T、压强为 P^0 时氧的化学势,其值可以从标准的热力学表中查到[38]。在氧化温度为 650 ℃ 和氧分压为 1.0×10^{-5} Pa 的实验条件下[11-12],应用式(3-7)计算得出 μ_O^{expt} 为 -6.81 eV,该 O 化学势值恰好在高氧化学势区(见图3-4)。对于定比的 TiAl 体的 Al 化学势大约在图 3-4 中 Al 化学势的中间值,因此,在实验条件 μ_O^{expt} = -6.81 eV 和定比的 TiAl 情况下,吸附 1.00 ML 氧原子的干净 TiAl(111)-2Al 表面为最稳定的结构,实现了 Al 的优先选择性氧化,这也解释了实验的氧化初期发现的 TiAl(111) 表面由于 Al 的选择性氧化而生成纯净的 Al_2O_3 氧化物的现象[11-12]。

3.3.3 原子结构分析

为了分析表面偏析效应对原子结构的影响,我们分别计算了 O/TiAl(111)、O/TiAl(111)-1Al、O/TiAl(111)-2Al 的原子结构。表3-5 给出了 0.25 ML、0.50 ML、

0.75 ML 和 1.00 ML 的 4 种不同覆盖度的 O/TiAl(111)、O/TiAl(111)-1Al、O/TiAl(111)-2Al 的最稳定的原子结构。我们分别计算了 O-Ti 的空间距离 (R_{O-Ti}) 和垂直距离 (Z_{O-Ti}) 以及 O-Al 的空间距离 (R_{O-Al}) 和垂直距离 (Z_{O-Al})。我们还计算了在表面 Al 和 Ti 原子之间的表面褶皱值 ΔZ,其定义为 $\Delta Z = Z_{Ti} - Z_{Al} = Z_{O-Al} - Z_{O-Ti}$。由此定义可知,表面褶皱值正负值分别对应着 Al 和 Ti 原子在表面的上方。

比较表 3-5 O/TiAl(111)、O/TiAl(111)-1Al 和 O/TiAl(111)-2Al 3 种不同系统的原子结构可以发现,氧吸附在 Al 偏析的 TiAl(111) 表面的 O-Al 距离 (R_{O-Ti}, Z_{O-Ti}) 比氧吸附在干净的 TiAl(111) 表面的 O-Al 距离 (R_{O-Ti}, Z_{O-Ti}) 要短;同时,氧吸附在 Al 偏析的 TiAl(111) 表面的 O-Ti 距离 (R_{O-Ti}, Z_{O-Ti}) 比氧吸附在干净的 TiAl(111) 表面的 O-Ti 距离 (R_{O-Ti}, Z_{O-Ti}) 要长。这说明有 Al 偏析的表面的 O 原子和 Al(Ti) 原子的相互作用比干净的表面的 O 原子和 Al(Ti) 原子的相互作用更强(弱)。这个结果还将会被态密度分析结果所支持。

表 3-5 不同覆盖度的氧原子吸附在干净的、含一个和两个 Al 反位的 TiAl(111) 表面最稳定位置时的空间距离 R 和垂直距离 Z 结构参量以及表面褶皱参量 ΔZ (nm)

Θ/ML	表面	位点	R_{O-Al}	R_{O-Ti}	Z_{O-Al}	Z_{O-Ti}	ΔZ_{Ti-Al}
0.00	TiAl(111)		—		—		-0.0173
	TiAl(111)-1Al		—		—		-0.0266
	TiAl(111)-2Al		—		—		—
0.25	TiAl(111)	fcc-Al	0.1875	0.1955	0.0941	0.1058	-0.0117
	TiAl(111)-1Al	fcc-Al	0.1855	0.1976	0.0779	0.1081	-0.0302
	TiAl(111)-2Al	hcp-Al	0.1854		0.0739		
0.50	TiAl(111)	fcc-Al	0.1847	0.1935	0.1089	0.1014	0.0075
		hcp-Al	0.1804	0.1952	0.0927	0.0851	0.0076
	TiAl(111)-1Al	fcc-Al	0.1828	0.1981	0.0967	0.1029	-0.0062
		hcp-Al	0.1810	0.1944	0.0772	0.0834	-0.0062
	TiAl(111)-2Al	hcp-Al	0.1834		0.0752		—
		hcp-Al	0.1834		0.0752		—
0.75	TiAl(111)	fcc-Al	0.1864	0.1901	0.1232	0.0883	0.0349
		hcp-Al	0.1756	0.1973	0.1011	0.0661	0.0350
	TiAl(111)-1Al	hcp-Al	0.1770	0.1997	0.0580	0.1066	-0.0486
		hcp-Ti	0.1778	0.3501	0.0733	0.1219	-0.0486
	TiAl(111)-2Al	hcp-Al	0.1811	—	0.0720		
		hcp-Ti	0.1817		0.0795		

续表 3-5

$\varTheta$/ML	表面	位点	$R_{\text{O-Al}}$	$R_{\text{O-Ti}}$	$Z_{\text{O-Al}}$	$Z_{\text{O-Ti}}$	$\Delta Z_{\text{Ti-Al}}$
1.00	TiAl(111)	fcc-Al	0.1823	0.1932	0.1440	0.0789	0.0651
		hcp-Al	0.1742	0.1942	0.0946	0.0295	0.0651
	TiAl(111)-1Al	fcc-Al	0.1822	0.1851	0.0924	0.0819	0.0105
		fcc-Ti	0.1790	0.1879	0.0578	0.0561	−0.0017
	TiAl(111)-2Al	hcp-Al	0.1789	—	0.0633	—	—
		hcp-Ti	0.1794	—	0.0722	—	—

对于干净的表面，干净的 TiAl(111) 和 TiAl(111)-1Al 的表面褶皱值 ΔZ 是负值，这表明干净表面的表面层的 Al 原子是在表面层的 Ti 原子的上方。随着氧覆盖度增加，氧吸附的 TiAl(111) 的表面褶皱值从负值增加到正值，这表明 O 吸附会导致从表面层的 Al 原子是上方变到表面层的 Ti 原子是上方。与氧吸附的 TiAl(111) 的表面相比，同覆盖度的氧吸附 TiAl(111)-1Al 的表面褶皱值都变小了。这说明与 O/TiAl(111) 相比，O/TiAl(111)-1Al 的 Al 的反位缺陷可以使 O 和 Al 的相互作用变强。对于 O/TiAl(111)-2Al 系统，随着氧覆盖度的增加，O-Al 的空间距离和垂直距离越变越短了。这表明随着氧覆盖度的增加 O 和 Al 的相互作用越变越强。这也是随着氧覆盖度的增加 O/TiAl(111)-2Al 的结合能降低和有利于 Al_2O_3 氧化物岛状物形成的原因。综上所述，原子结构的结果表明，随着氧覆盖度增加和 Al 偏析的增加，O-Al 的空间距离和垂直距离越变越短，表明原子 O 和原子 Al 的相互作用越变越强，这个结果还将会被态密度分析结果所支持。

3.3.4 投影态密度分析

为了分析表面偏析效应对氧原子结合的影响，我们分别计算了 O/TiAl(111)、O/TiAl(111)-1Al、O/TiAl(111)-2Al 的投影态密度，如图 3-5 所示。

如图 3-5(a) 所示的 0.25 ML 的 O/TiAl(111) 系统，O 的 2p 态和 Al 的 3p 态以及 Ti 的 4p 态和 3d 态在大约 −4.7 eV 相互作用；O 的 2s 三态和 Al 的 3s 态和 3p 态以及 Ti 的 4s、4p 和 3d 态在大约 −19 eV 相互作用。如图 3-5(b) 所示的 0.25 ML 的 O/TiAl(111)-1Al 系统，O 的 2p 态劈裂成大约 −4.7 eV 和 −6.3 eV 两个峰，这两个峰除了有在 O/TiAl(111) 体系存在 O 的 2p 态和 Al 的 3p 态在大约 −4.7 eV 相互作用，还有 O 的 2p 态和 Al 的 3s 态在大约 −6.3 eV 相互作用。因此，这表明 0.25 ML 的 O/TiAl(111)-1Al 的 O 和 Al 的相互作用比 0.25 ML 的 O/TiAl(111) 的 O 和 Al 的相互作用强。如图 3-5(c) 所示的 0.25 ML 的 O/TiAl(111)-2Al 系统，O 的 2p 态和 Al 的 3s 态的相互作用向低能级移动。

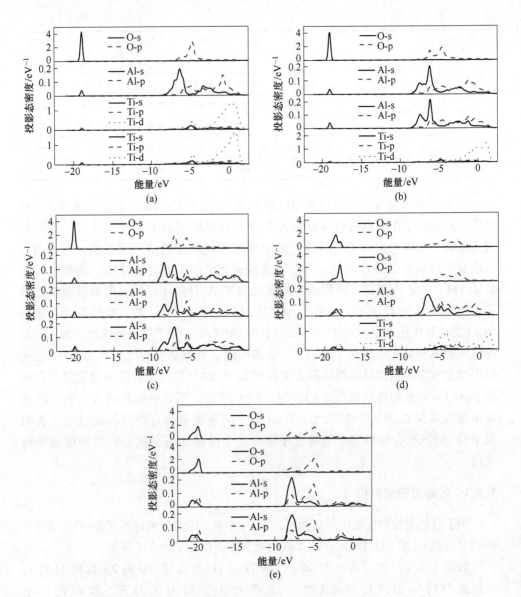

图 3-5 覆盖度为 0.25 ML 时氧原子吸附在(a) TiAl(111)、(b) TiAl(111)-1Al 和
(c) TiAl(111)-2Al 表面以及覆盖度为 1.00 ML 时氧原子吸附在 (d) TiAl(111) 和
(e) TiAl(111)-2Al 表面的最稳定位置的投影态密度

转到高氧覆盖度为 1.0 ML,它的投影态密度特征与 0.25 ML 相似。如图 3-5(d) 所示的 1.0 ML 的 O/TiAl(111) 系统,O 的 2p 态和 Al 的 3p 态以及 Ti 的 4p 态和 3d 态在大约在 $-7.0 \sim 1.5$ eV 相互作用;O 的 2s 三态和 Al 的 3s 态和 3p 态以及 Ti 的 4s 态、4p 态和 3d 态在大约 -18 eV 相互作用。如图 3-5(e) 所示

的1.0 ML的O/TiAl(111)-2Al系统，与1.0 ML的O/TiAl(111)系统相比，O和Al的相互作用向低能级移动。因此，这表明1.0 ML的O/TiAl(111)-2Al的O和Al的相互作用比1.0 ML的O/TiAl(111)的O和Al的相互作用强。投影态密度的结果表明随着Al反位和氧覆盖度的增加，O和Al的相互作用越变越强，这与原子结构和结合能的结果分析是一致的。进一步，不同覆盖度的情况，与图3-5(c)所示的0.25 ML的O/TiAl(111)-2Al相比，图3-5(e)所示的1.00 ML的O/TiAl(111)-2Al系统的O的2s态展宽了并且和Al的3s态的相互作用向低能级移动，这表明氧覆盖度的增加会使O和Al的相互作用越变越强。综上所述，电子结构的结果表明随着氧覆盖度和Al偏析的增加，O原子和Al原子的相互作用越变越强。

3.4 本章小结

本章利用密度泛函理论，在广义梯度近似下分析了随着氧的覆盖度从零增加到一个单层时，TiAl(111)表面自偏析效应对氧吸附的影响及其表面热力学相图。对于氧吸附在TiAl(111)表面，分别计算了氧在不同表面位置的平均结合能，并通过电子结构分析了表面吸附的成键情况。计算结果表明，TiAl(111)表面的fcc和hcp的位置为稳定的氧吸附位置，表面近邻多Ti的位置比表面近邻多Al的位置的吸附氧能力强。缺陷形成能和相对表面能的计算结果表明Al反位容易自偏析到TiAl(111)的最外表面。特别是，在富铝的环境下，含两个Al反位缺陷的TiAl(111)-2Al表面是稳定的，此最外表面全部由Al原子组成。氧吸附在干净的TiAl(111)、含1个和两个Al反位缺陷的3种TiAl(111)表面与氧原子吸附在Al(111)和Ti(0001)表面的对比研究结果表明，氧吸附在含有两个Al反位缺陷的TiAl(111)表面与氧原子吸附在Al(111)表面行为相似，即平均每个氧原子的结合能随着覆盖度的增加而减小，这有利于Al_2O_3氧化物岛状物的形成和发生Al的优先选择性氧化。通过不同覆盖度的氧吸附在含有不同Al反位缺陷的TiAl(111)表面的热力学表面随化学势Al和O变化的表面热力学相图发现，在富钛的环境条件下，干净的TiAl(111)表面是最稳定的，随着O化学势的增加，吸附0.50 ML氧原子和吸附1.00 ML氧原子的干净TiAl(111)表面依次是最稳定的。这表明在富钛的环境条件下，在表面不可能出现Al反位缺陷。然而，在富铝的环境条件下，含两个Al反位缺陷的TiAl(111)-2Al表面是最稳定的，随着O化学势的增加，吸附1.00 ML氧原子的含两个Al反位缺陷的TiAl(111)-2Al表面是最稳定的。此外，原子结构和态密度分析结果也都表明随着Al反位的增加和氧覆盖度的增加，O和Al的相互作用越变越强。因此，这种理论上有趣的Al表面偏析效应可以导致Al的选择性氧化，与实验上氧化初期在TiAl(111)表面由于 Al 的选择性氧化而生成单一的 Al_2O_3 的氧化物的实验结果是一致的。

参 考 文 献

[1] Froes F H, Suryanarayana C, Eliezer D. Synthesis, properties and applications of titanium aluminides [J]. Journal of Materials Science, 1992, 27: 5113-5140.

[2] Loria E A. Gamma titanium aluminides as prospective structural materials [J]. Intermetallics, 2000, 8: 1339-1345.

[3] Clemens H, Kestler H. Processing and Applications of Intermetallic γ-TiAl Based Alloys [J]. Advanced Engineering Materials, 2000, 2 (9): 551-570.

[4] Rahmel A, Quadakkers W J, Schütze M. Fundamentals of TiAl oxidation-A critical review [J]. Materials and Corrosion, 1995, 46 (5): 217-285.

[5] Becker S, Rahmel A, Quadakkers W J, et al. Mechanism of isothermal oxidation of the intelmetallic TiAl and of TiAl alloys [J]. Oxidation of Metals, 1992, 38: 425-464.

[6] Lang C, Schütze M. TEM investigations of the early stages of TiAl oxidation [J]. Oxidation of Metals, 1996, 46: 255-285.

[7] Lang C, Schütze M. The initial stages in the oxidation of TiAl [J]. Materials and Corrosion, 1997, 48 (1): 13-22.

[8] Schmitz-Niederau M, Schütze M. The oxidation behavior of several Ti-Al alloys at 900 ℃ in air [J]. Oxidation of Metals, 1999, 52: 225-240.

[9] Maki K, Shioda M, Sayashi M, et al. Effect of silicon and niobium on oxidation resistance of TiAl intermetallics [J]. Mat. Sci. Eng. A, 1992, 153: 591-596.

[10] Shida Y, Anada H. Role of W, Mo, Nb and Si on oxidation of TiAl in air at high temperatures [J]. Materials Transaction JIM, 1994, 35 (9): 623-631.

[11] Maurice V, Despert G, Zanna S, et al. Self-assembling of atomic vacancies at an oxide/intermetallic alloy interface [J]. Nature Materials, 2004, 3 (10): 687-691.

[12] Maurice V, Despert G, Zanna S, et al. The growth of protective ultra-thin alumina layers on γ-TiAl(111) intermetallic single crystal surfaces [J]. Surface Science, 2005, 596 (1/2/3): 61-73.

[13] Maurice V, Despert G, Zanna S, et al. XPS study of the initial stages of oxidation of $α_2$-Ti_3Al and γ-TiAl intermetallic alloys [J]. Acta Materialia, 2007, 55 (10): 3315-3325.

[14] 李虹, 刘利民, 王绍青, 等. 氧原子在 γ-TiAl(111) 表面吸附的第一性原理研究 [J]. 金属学报, 2006, 42 (9): 897-902.

[15] Blum V, Hammer L, Schmidt C, et al. Segregation in strongly ordering compounds: a key role of constitutional defects [J]. Physical Review Letters, 2002, 89 (26): 266102.

[16] Pourovskii L V, Ruban A V, Johansson B, et al. Antisite defect induced surface segregation in ordered NiPt alloy [J]. Physical Review Letters, 2003, 90 (2): 026105.

[17] Lozovoi A Y, Alavi A, Finnis M W. Surface stoichiometry and the initial oxidation of NiAl(110)[J]. Physical Review Letters, 2000, 85 (3): 610-613.

[18] Hohenberg P, Kohn W. Inhomogeneous Electron Gas [J]. Physical Review, 1964, 136 (3):

B864-871.

[19] Kohn W, Sham L J. Self-Consistent Equations Including Exchange and Correlation Effects [J]. Physical Review, 1965, 140 (4): A1133-A1138.

[20] Kresse G, Hafner J. Ab initio molecular dynamics for open-shell transition metals [J]. Physical Review B, 1993, 48 (17): 13115-13118.

[21] Kresse G, Furthmüller J. Efficient iterative schemes for ab initio total-energy calculations using a plane-wave basis set [J]. Physical Review B, 1996, 54 (16): 11169-11186.

[22] Kresse G, Furthmüller J. Efficiency of ab-initio total energy calculations for metals and semiconductors using a plane-wave basis set [J]. Computational Materials Science, 1996, 6 (1): 15-50.

[23] Perdew J P, Chevary J A, Vosko S H, et al. Atoms, molecules, solids, and surfaces: Applications of the generalized gradient approximation for exchange and correlation [J]. Physical Review B, 1992, 46 (11): 6671-6687.

[24] Blöchl P E. Projector augmented-wave method [J]. Physical Review B, 1994, 50 (24): 17953-17979.

[25] Kresse G, Joubert D. From ultrasoft pseudopotentials to the projector augmented-wave method [J]. Physical Review B, 1999, 59 (3): 1758-1775.

[26] Brandes E A. Smithell metals reference book [M]. 6th ed. London: Butterworth-Heinemann, 1983.

[27] Benedek R, van de Walle A, Gerstl S S A, et al. Partitioning of solutes in multiphase Ti-Al alloys [J]. Physical Review B, 2005, 71 (9): 094201.

[28] Neugebauer J, Scheffler M. Adsorbate-substrate and adsorbate-adsorbate interactions of Na and K adlayers on Al(111)[J]. Physical Review B, 1992, 46 (24): 16067-16080.

[29] Bengtsson L. Dipole correction for surface supercell calculations [J]. Physical Review B, 1999, 59 (19): 12301-12304.

[30] Qian G X, Martin R M, Chadi D J. First-principles study of the atomic reconstructions and energies of Ga-and As-stabilized GaAs(100) surfaces [J]. Physical Review B, 1988, 38 (11): 7649.

[31] Northrup J E. Energetics of GaAs island formation on Si(100)[J]. Physical Review Letters, 1989, 62: 2487.

[32] Zhang H Z, Wang S Q. First-principles study of Ti_3AC_2 (A = Si, Al)(001) surfaces [J]. Acta Materialia, 2007, 55 (14): 4645-4655.

[33] Kitchin J R, Reuter K, Scheffler M. Alloy surface segregation in reactive environments: First-principles atomistic thermodynamics study of Ag_3Pd (111) in oxygen atmospheres [J]. Physical Review B, 2008, 77 (7): 075437.

[34] Wang F H, Krüger P, Pollmann J. Electronic structure of 1 × 1 GaN(0001) and GaN(0001) surfaces [J]. Physical Review B, 2001, 64 (3): 035305.

[35] Kiejna A, Lundqvist B I. First-principles study of surface and subsurface O structures at Al(111)[J]. Physical Review B, 2001, 63 (8): 085405.

[36] Liu S Y, Wang F H, Zhou Y S, et al. Ab initio study of oxygen adsorption on the Ti(0001) surface [J]. Journal of Physics: Condensed Matter, 2007, 19 (22): 226004.

[37] Reuter K, Scheffler M. Composition, structure, and stability of RuO_2 (110) as a function of oxygen pressure [J]. Physical Review B 2001, 65 (3): 035406.

[38] Stull D R, Prophet H. JANAF thermochemical tables [M]. 2nd ed. United States National Bureau of Standards: Washington, DC, 1971.

4 金属间化合物 Ti₃Al 表面氧化的第一性原理热力学研究

理解金属和金属间化合物表面的氧化具有相当大的基础意义和技术重要性[1-4]。其中，基于 α_2-Ti₃Al 的金属间化合物因其低密度、高温高强度和良好的抗蠕变性能，被认为是飞机和汽车发动机应用领域的潜在结构材料[5-8]。然而，这种材料在高温下的低抗氧化性能严重阻碍了其应用。有实验研究表明这种弱点源于 Ti 和 Al 元素竞争氧化形成的混合氧化物层的生长，这阻止了连续致密氧化铝的形成，导致有效的氧化屏障在高温下坍塌[9-11]。Maurice 等[12]提供了 α_2-Ti₃Al 表面在低氧压力下于 650 ℃ 氧化的初始阶段的详细实验数据，发现第一阶段氧化方式的特征是仅由 Al 的选择性氧化产生的纯超薄氧化铝层，其次是 Ti 和 Al 同时氧化的第二阶段。

与已经用第一性原理计算对相关氧化机制进行了广泛研究的纯金属表面相比，金属间化合物在原子级氧化机制方面的理论研究明显较少[13-16]。一部分原因是金属间化合物的复杂性质和相关的氧化行为，包括组成金属元素的不同氧亲和力、金属元素的再分配和偏析，以及可能形成的多个氧化物相[4,12]。Lozovoi 等[15]对 NiAl(110) 表面的氧化进行了从头计算，其中考虑了点缺陷的表面偏析。最近，利用第一性原理密度泛函理论（DFT）计算研究了表面自偏析对 γ-TiAl(111) 表面氧化的影响[16]。在这两种情况下，只考虑了选择性氧化。然而，如实验研究所示，α_2-Ti₃Al(0001) 表面的氧化涉及两个过程和两种氧化物，因此这种情况要复杂得多。

本章首先通过密度泛函理论计算和热力学的结合构建了 O-α_2-Ti₃Al(0001) 体系的表面相图（SPD），提供了一个清晰的 α_2-Ti₃Al(0001) 氧化的原子尺度机制。其次介绍用于计算的方法和模型，讨论了 O-α_2-Ti₃Al(0001) 系统的计算结果，包括能量学、表面相图和电子结构。我们还提供了表面的热力学稳定性和 α_2-Ti₃Al(0001) 表面氧化的原子尺度机制。最后提出了主要结论。

4.1 计算方法与模型

从头计算基于密度泛函理论和 Blöchl 提出的投影缀加平面加波方法，并由 Kresse 和 Joubert 等在 VASP 程序中实现[17-23]。交换相关效应用 Perdew 等给出的广义梯度近似（GGA）的交换相关函数处理[24]。平面波将 400 eV 的动能截止用于所有 DFT 计算。对于具有六边形 DO_{19}（Ni_3Sn 型）晶体结构的块体 α_2-Ti_3Al，使用 15×15×15 的 Monkhors-Pack 点网格作为原始晶胞。根据计算确定晶格常数 a 为 0.573 nm、c 为 0.464 nm，这与实验数据和前文 DFT 计算结果非常一致[25-27]。

α_2-Ti_3Al(0001) 表面由 7 个金属层组成的板层建模，该平板由等效于 9 个大块金属层的真空区域分隔。每个金属层包含 4 个原子（如果不涉及缺陷，则为 3 个 Ti 原子和 1 个 Al 原子）。表面的计算使用布里渊区中的 9×9×1 Monkhorst-Pack 网格进行。将氧原子放置在平板的一侧（顶表面），并通过应用偶极子校正来考虑感应偶极矩[28-29]。本章将氧覆盖率 Θ 定义为理想基底层（均在超原胞内）中氧原子数与原子数的比率。氧覆盖的单位是单层（ML），1 ML 被定义为每个 (1×1) 表面细胞 4 个氧吸附原子。几个 α_2-Ti_3Al(0001) 表面的示意俯视图，包括纯表面 [图 4-1(a)] 和其他四个有缺陷的表面 [图 4-1(b)~(e)]，如图 4-1 所示。每个表面都有 4 个对称的面心立方（fcc）和六边形堆积（hcp）吸附位点，分别用 A、B、C 和 D 表示。三重 hcp 位点直接位于第二层金属原子上方，而 fcc 位点是下面的第二表面层中没有金属原子的其他三重位点。对于结构弛豫计算，3 个底部金属层（底部表面）中的原子固定在其相应的本体位置，其他所有原子都被弛豫，直到它们每个上的力小于 0.1 eV/nm 为止。

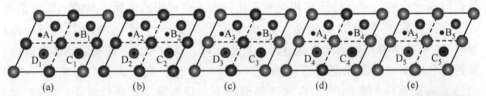

图 4-1 氧原子吸附在干净的 Ti_3Al(0001) 表面(a)、含 1 个 Ti 反位的 Ti_3Al(0001) 表面(b)、含 1 个 Al 反位的 Ti_3Al(0001) 表面（c）、含两个 Al 反位的 Ti_3Al(0001) 表面（d）和含 3 个 Al 反位的 Ti_3Al(0001) 表面（e）的吸附位置

彩图二维码

（大、中的绿色和白色小球分别代表表面、亚表面的 Ti 原子和 Al 原子；红色小球代表吸附在表面 4 种（A，B，C 和 D）不同的 fcc 和 hcp 的氧原子，下标 1~5 代表这 5 种表面吸附模型）

通过计算每个氧原子的平均结合能，分析了各种 O-α_2-Ti_3Al(0001) 表面体系的相对稳定性。有/无缺陷表面上的平均氧结合能作为氧覆盖率 Θ 的函数计算为[30]：

$$E_{\text{bind}}^{\text{def}}(\Theta) = \frac{E_{\text{O/Ti}_3\text{Al-def}}^{\text{tot}} - (E_{\text{Ti}_3\text{Al}}^{\text{tot}} + \Delta N_{\text{Ti}}E_{\text{Ti}} + \Delta N_{\text{Al}}E_{\text{Al}} + \frac{1}{2}N_{\text{O}}E_{\text{O}_2}^{\text{tot}})}{N_{\text{O}}} \quad (4-1)$$

式中，N_O 为表面上（在晶胞中）的氧原子数；$E_{Ti_3Al}^{tot}$ 和 $E_{O/Ti_3Al-def}^{tot}$ 分别为 α_2-$Ti_3Al(0001)$ 表面和 O-吸附的 α_2-$Ti_3Al(0001)$ 表面的每单位电池的总能量；ΔN_{Ti}（或 ΔN_{Al}）表示具有缺陷的构型中的 Ti（或 Al）原子数与相应的理想 $Ti_3Al(0001)$ 表面（无缺陷）之间的差异；E_{Ti} 和 E_{Al} 分别为处于 hcp 和 fcc 体态的每个 Ti 和 Al 原子的总能量；$E_{O_2}^{tot}$ 为自由 O_2 分子的总能量。注意，由方程（4-1）定义的氧结合能包括当涉及表面缺陷时表面自由能的变化。

给定表面的热力学稳定性由其表面能决定。本研究中使用的热力学形式基本上遵循了先前研究的方案，表面能 γ 可以表述为[16,31-36]

$$\gamma = \frac{1}{S_0}(E_{slab} - N_{Ti}\mu_{Ti} - N_{Al}\mu_{Al} - N_O\mu_O - PV - TS) \tag{4-2}$$

式中，S_0 为表面积；E_{slab} 为弛豫后平板的总能量；N_{Ti}、N_{Al} 和 N_O 分别为超原胞中 Ti、Al 和 O 原子的数量。

在式（4-2）中，Ti、Al 和 O 的化学势分别用 μ_{Ti}、μ_{Al} 和 μ_O 表示。忽略 α_2-$Ti_3Al(0001)$ 表面的 TS 项和压力项的贡献，表面能可以重写为

$$\gamma = \frac{1}{S_0}(E_{slab} - N_{Ti}\mu_{Ti} - N_{Al}\mu_{Al} - N_O\mu_O) \tag{4-3}$$

对于一种特殊情况，具有缺陷但没有氧原子的 α_2-$Ti_3Al(0001)$ 表面 [图 4-1(b)~(e) 所示的任何构型]，表面能 γ_d 计算如下

$$\gamma_d = \frac{1}{S_0}(E_{slab}^d - N_{Ti}\mu_{Ti} - N_{Al}\mu_{Al}) \tag{4-4}$$

式中，E_{slab}^d 为具有缺陷的构型的总能量。对于纯 α_2-$Ti_3Al(0001)$ 表面（图 4-1(a)），即从本体截断而不在其上引入任何缺陷的表面，如图 4-1(a) 所示，表面能 γ_S 表示为

$$\gamma_S = \frac{1}{S_0}(E_{slab}^S - N_{Ti}^S\mu_{Ti} - N_{Al}^S\mu_{Al}) \tag{4-5}$$

式中，E_{slab}^S 为纯 α_2-$Ti_3Al(0001)$ 表面的总能量；N_{Ti}^S 和 N_{Al}^S 分别为 Ti 和 Al 原子的数量。

由于每块板包含如前文定义的顶部和底部两个表面，因此式（4-2）~式（4-5）中定义的表面能是由顶部和底部两个表面引起的。然而，在所有计算中，底部表面始终保持固定（而本研究中所有与表面相关的物理和化学都发生在顶部表面）。由于平板足够厚，上表面的吸附对下表面吸附的影响可以忽略不计，因此在所有情况下，下表面的表面能基本相同，当考虑表面能差时可以抵消。

基于式（4-4）和式（4-5），我们定义了具有缺陷的 α_2-$Ti_3Al(0001)$ 表面相对理想纯 α_2-$Ti_3Al(0001)$ 的表面的相对表面能 γ_{RS}，如式（4-6）所示。

$$\gamma_{RS} = (\gamma_d - \gamma_S)S_0 = E_{slab}^d - E_{slab}^S - (N_{Ti} - N_{Ti}^S)\mu_{Ti} - (N_{Al} - N_{Al}^S)\mu_{Al} \tag{4-6}$$

在平衡时，给定物种的化学势在所有接触相中都是相等的。这一事实被用来

对可能的平衡值施加约束。假设表面与本体 α_2-Ti_3Al 平衡，因此以下关系成立：$3\mu_{Ti} + \mu_{Al} = \mu_{Ti_3Al}^{bulk}$。为了避免金属 Ti 相和 Al 相的形成，化学势必须遵循 $\mu_{Ti} \leq \mu_{Ti}^{bulk}$ 和 $\mu_{Al} \leq \mu_{Al}^{bulk}$。因此，Al 的化学势必须满足 $\mu_{Ti_3Al}^{bulk} - 3\mu_{Ti}^{bulk} \leq \mu_{Al} \leq \mu_{Al}^{bulk}$ 的约束。氧的化学势的上限由 O_2 分子 $\mu_O \leq \frac{1}{2} E_{O_2}^{tot}$ 决定。我们对体相 α_2-Ti_3Al、体相 Ti、体相 Al 和分子氧进行了计算。根据计算，化学势的范围为 $-4.82\ eV \leq \mu_{Al} \leq -3.69\ eV$ 和 $\mu_O \leq -4.89\ eV$。

4.2　干净 $Ti_3Al(0001)$ 表面热力学稳定性分析

首先研究了几种可能的 α_2-$Ti_3Al(0001)$ 表面的相对稳定性。这里考虑了纯表面（无缺陷）的情况，该表面表示为 $Ti_3Al(0001)$-纯，具有 1 个 Ti 反位的表面表示为 $Ti_3Al(0001)$-1Ti、含 1 个、2 个和 3 个 Al 反位表面，分别表示为 $Ti_3Al(0001)$-1Al、$Ti_3Al(0001)$-2Al 和 $Ti_3Al(0001)$-3Al。应当注意的是，$Ti_3Al(0001)$-1Ti 或 $Ti_3Al(0001)$-3Al 的最上面的表面层由所有 Al 原子或所有 Ti 原子组成。

计算具有不同表面缺陷的 4 个 α_2-$Ti_3Al(0001)$ 表面[见图 4-1(b)~(e)]的相对表面能作为 μ_{Al} 的函数，计算结果如图 4-2 所示。从图中可知，$Ti_3Al(0001)$-1Ti 表面总是比一个或多个其他表面具有更高的表面能。这表明 Ti 原子向表面层的

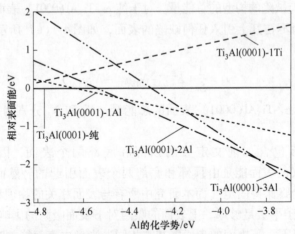

图 4-2　含不同缺陷的 $Ti_3Al(0001)$ 表面的相对表面能随 Al 化学势变化的曲线
（$Ti_3Al(0001)$-纯、$Ti_3Al(0001)$-1Ti、$Ti_3Al(0001)$-1Al、$Ti_3Al(0001)$-2Al 和
$Ti_3Al(0001)$-3Al 分别代表纯的 $Ti_3Al(0001)$ 表面、含有一个 Ti 反位缺陷、
含有 1 个 Al 反位缺陷、含有两个 Al 反位缺陷和含有三个 Al 反位
缺陷的 $Ti_3Al(0001)$ 表面）

偏析在热力学上是不利的。另一方面，纯的 Ti$_3$Al(0001)、Ti$_3$Al(0001)-1Al、Ti$_3$Al(0001)-2Al 和 Ti$_3$Al(0001)-3Al 4 个表面中的每一个都可以代表在 Al 化学势的某些特定范围内最稳定的构型。特别地，Ti$_3$Al(0001)-2Al 的表面能在 Al 的化学势的主导范围内是最低的，这表明 2 个 Al 反位可以容易地分离到表面的顶层。此外，纯 α$_2$-Ti$_3$Al(0001) 表面仅在富钛（即贫铝）条件下稳定，具有相当窄的低铝化学势范围（约 0.17 eV）。在稍大的 Al 化学势下，具有 1 个 Al 反位的 α$_2$-Ti$_3$Al(0001) 表面是最稳定的。具有 3 个 Al 反位的表面在非常高的 Al 化学势下，即在极其富铝的条件下，具有最低的能量。

4.3 Ti$_3$Al(0001) 表面氧吸附的结合能计算

α$_2$-Ti$_3$Al(0001) 表面氧化的初始步骤必须包括氧在表面上的吸附。在实验上，氧化的最初步骤涉及氧对亚表面的氧饱和。对涉及各种氧的亚表面的构型进行了广泛的计算后发现，如果表面的亚层不包含任何缺陷，那么氧的亚表面构型在能量上总是不利的。因此，实验观察到的初始的亚表面氧化涉及氧进入亚表面位点并使亚表面缺陷饱和，后续的氧化主要发生在表面上。

首先考虑了氧在纯 α$_2$-Ti$_3$Al(0001) 表面上的吸附，覆盖率为 0.25 ML，即每 (1×1) 个单元表面一个氧原子。对所有对称吸附位点进行了计算，包括顶部、桥、fcc 中空（图 4-1 中的 A$_1$ 或 B$_1$）和 hcp 中空（图 4-1 中的 C$_1$ 或 D$_1$）位点发现，顶部和桥位点是不稳定的，这是因为弛豫导致任何顶部或桥位点的氧向附近的 fcc 或 hcp 位点位移。在 fcc 和 hcp 位点（A$_1$、B$_1$、C$_1$ 和 D$_1$）上有氧的构型是稳定的，代表局部极小值。如前文所述，Al 原子可以偏析到 α$_2$-Ti$_3$Al(0001) 表面，从而产生许多稳定的表面，每个晶胞单元表面具有一个、两个、三个 Al 反位（图 4-1）。因此，我们分别计算了 0.25 ML、0.5 ML、0.75 ML 和 1 ML 覆盖率下所有这些表面上的氧吸附。作为比较，我们还计算了在各种覆盖率下纯表面和具有 1 个 Ti 反位的 α$_2$-Ti$_3$Al(0001) 表面上的情况。

图 4-3 显示了纯 Ti$_3$Al(0001)、Ti$_3$Al(0001)-1Ti、Ti$_3$Al(0001)-1Al、Ti$_3$Al(0001)-2Al 和 Ti$_3$Al(0001)-3Al 最稳定构型的氧结合能（每个氧原子）的函数。在 0.25 ML 和 0.5 ML 低覆盖率下，具有 3 种不同 Al 反位点的表面的结合能具有可比性。在 0.75 ML 和 1 ML 的覆盖率下，当 α$_2$-Ti$_3$Al(0001) 顶层表面的 Al 浓度增加时，氧与表面之间的结合强度增加，其中氧与 α$_2$-Ti$_3$Al(0001)-3Al 表面的结合能值显著大于其他表面的结合能值。虽然 α$_2$-Ti$_3$Al(0001)-2Al 表面代表了在主要 Al 化学势之上的纯表面中最稳定的构型，因此在高覆盖率下吸附氧可以增强 Al 的表面偏析，导致形成具有所有 Al 原子的顶表面层。这一结果为仅在第一阶段对 Al 进行选择性氧化的实验观察提供了解释。热力学稳定性的分析也将证实

这一解释。如图4-3所示，α_2-$Ti_3Al(0001)$-1Ti 在高氧覆盖率下的结合能大小与其他三个表面的结合能大小相当。

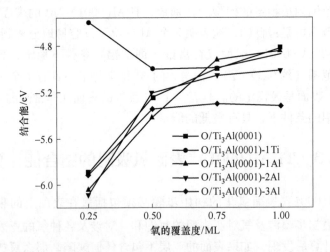

图 4-3　氧原子分别吸附在 $Ti_3Al(0001)$、$Ti_3Al(0001)$-1Ti、$Ti_3Al(0001)$-1Al、$Ti_3Al(0001)$-2Al 和 $Ti_3Al(0001)$-3Al 最稳定位置时的平均每个氧原子的结合能随覆盖度变化的曲线

4.4　$Ti_3Al(0001)$ 表面氧化的第一性原理热力学相图

为了从热力学的角度进一步了解系统的氧化特性，我们构建了表面相图，如图4-4所示。氧在不同的 α_2-$Ti_3Al(0001)$ 表面上的吸附是 μ_{Al} 和 μ_O 的函数。我们可以观察到，在贫氧条件下，SPD 中间的 Al 化学势空间的大部分被 α_2-$Ti_3Al(0001)$-2Al 表面占据，表明 2 个 Al 反位很容易分离到表面。在富氧和高 μ_{Al} 条件下，4O-α_2-$Ti_3Al(0001)$-3Al 表面（对应于 1 ML 的氧覆盖率）是最稳定的构型，表明氧原子可以诱导 Al 表面完全偏析。这与 B/Si(111) 表面吸附氢时硼偏析的情况非常相似[37-38]。

而在低氧和低铝化学势下，纯 α_2-$Ti_3Al(0001)$ 表面是最稳定的构型，在富氧（和贫铝）条件下，最稳定的结构是在 α_2-$Ti_3Al(0001)$-1Ti 表面吸附氧的构，表明 O 也可以诱导 Ti 的完全表面偏析。注意，在富氧条件下，4O-α_2-$Ti_3Al(0001)$-3Al 和 4O-α_2-$Ti_3Al(0001)$-1Ti 系统都可能是最稳定的构型，这取决于 Al 化学势的范围。这两种构型在氧化过程中具有竞争力。在富氧条件下，由于 4O-α_2-$Ti_3Al(0001)$-3Al 构型占据的空间大于 4O-α_2-$Ti_3Al(0001)$-1Ti 结构占据的空间，因此前者在热力学上更有利，这意味着在氧化过程中 Al 可能首先被选择性氧化。

4.4 Ti$_3$Al(0001) 表面氧化的第一性原理热力学相图

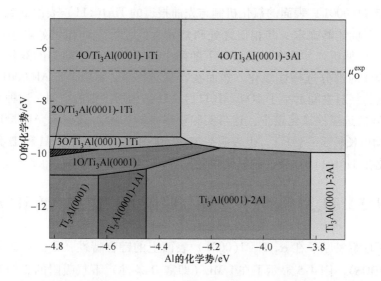

图 4-4 氧吸附在不同的 Ti$_3$Al(0001) 表面随化学势 Al 和 O 变化的表面热力学相图
(1O、2O、3O、4O 分别代表 1、2、3 和 4 个氧原子吸附在 (1×1) 表面,氧的覆盖度分别为 0.25 ML、0.50 ML、0.75 ML、1.00 ML;横虚线代表实验条件下氧的化学势[12])

为了将理论结果与实验数据进行详细比较,计算了氧的化学势作为温度 (T) 和氧分压 (P) 的函数

$$\mu_O(T,P) = \frac{1}{2}E_{O_2}^{tot} - \mu_O(T,P^0) - \frac{1}{2}k_B T \ln\left(\frac{P}{P^0}\right)$$

式中,$E_{O_2}^{tot}$ 为分离的氧分子的总能量;k_B 为玻尔兹曼常数;$\mu_O(T, P^0)$ 为氧在温度 T 和压力 P^0 下的化学势,其值可以从现有的实验数据中获得[39]。由此,计算得出在 $T=650\ ℃$、$P=1.0\times10^{-5}$ Pa 的实验条件下氧的化学势为 -6.81 eV。该值在图 4-4 中已用虚线表示。因此,实验研究是在富含 O 的条件下进行的。在这些实验条件下,4O-α$_2$-Ti$_3$Al(0001)-3Al 构型在热力学上是优选的,Al 在第一氧化阶段被选择性氧化。实验也表明,在氧化的第一阶段,α$_2$-Ti$_3$Al(0001) 表面上生长了纯薄氧化铝层[12]。

随着氧化铝在第一氧化阶段的形成,另一种金属元素钛在表面逐渐富集。在该过程中,Al 的化学势降低,同时逐渐形成富钛条件。当系统处于低 Al 化学势条件下但在氧化过程中保持富氧条件时,4O-α$_2$-Ti$_3$Al(0001)-4Ti 构型是最稳定的构型。因此,在 Al 的初始选择性氧化之后发生 Ti 的氧化。因此,Al 和 Ti 元素都可以在其有利的条件下被氧化,这些条件在氧化过程中不断变化,这也解释了实验中观察到的两种金属元素的氧化状态(超过第一阶段)。特别要注意的是,在富含 O 的条件下,α$_2$-Ti$_3$Al(0001) 表面具有不均匀的双相 SPD,这对应了前文讨论的非持续部分选择性氧化[34]。

将 Ti₃Al(0001) 表面的氧化机制与先前报道的 TiAl(111) 表面的氧化机制进行比较，我们能够确定一些相似之处和差异之处[16,23]。相似之处在于这两种机制都涉及 Al 偏析，并且在富氧条件下的两个表面都具有不均匀的双相 SPD，对应于非持续的部分选择性氧化。然而在富氧条件下，4O-α_2-Ti₃Al(0001)-3Al 构型所占据的相对空间远小于4O-TiAl(111)-2Al 结构所占据的空间。这种差异表明前者对 Al 的选择性氧化较少，这与实验观察到的初始阶段在 Ti₃Al(0001) 上的 Al 氧化物生长较少一致[12]。也表明在 Ti₃Al(0001) 的氧化中，Al 和 Ti 元素之间的竞争比在 TiAl(111) 表面的氧化中更显著。

4.5 Ti₃Al(0001) 表面氧吸附的投影态密度计算

为了理解氧原子在 α_2-Ti₃Al(0001) 表面上的键合特性，我们计算了投影态密度（PDOS）。图 4-5 显示了在 1 ML（即富 O 条件）下氧吸附的 5 个不同表面的投影态密度。请注意，图 4-5(a) 和 (e) 中对应的顶面层分别由纯 Ti 层和纯 Al 层组成。四个吸附的氧原子（1 ML）具有相同的吸附位点，因此图 4-5(a) 和 (e) 中有一个绘制的氧。另一方面，对应于图 4-5(b)~(d) 的顶表面层同时含有 Ti 和 Al 原子。四个被吸附的氧原子根据其相邻的金属原子可分为两种。图 4-5(b)~(d) 顶部面板显示了 Al 附近氧原子的 PDOS，而第二个面板显示了 Ti 附近的氧。

对于氧在 α_2-Ti₃Al(0001)-1Ti[图 4-5(a)] 上的体系，氧和钛之间的键合主要是由于氧的 2p 态和钛的 3d 态以及 4p 态的小贡献的相互作用。在纯 α_2-Ti₃Al(0001) 表面上[图 4-5(b)]，氧的 2p 态与铝的 3p 态以及钛的 3d 态、4p 态相互作用。氧的 2s 态与铝的 3s 态、3p 态也有相当大的相互作用。对于 O-α_2-Ti₃Al(0001)-1Al 系统[图 4-5(c)]，观察到氧的 2s 态和 2p 态与铝的 3s 态和 3p 态相互作用显著。此外，当将氧能级与纯 O-α_2-Ti₃Al(0001) 系统的相应能级进行比较时，费米能级以下的氧态显著下移。在 O-α_2-Ti₃Al(0001)-1Al 的情况下，氧的 2s 态的范围为 -20.5~-19 eV，如图 4-5(c) 第一幅图所示。而相对于费米能级，纯 O-α_2-Ti₃Al(0001) 系统的氧 2s 态定域在 -19.5~-18.5 eV 的范围，如图 4-5(b) 的第一幅图所示。类似地，图 4-5(c) 所示的氧 2p 态在 -8~-4 eV 的范围内延伸，而在纯 O-α_2-Ti₃Al(0001) 的情况下，相应的态的范围从 -7 eV 到费米能级。这些事实表明，在 α_2-Ti₃Al(0001)-1Al 上的 O-Al 键比在纯 α_2-Ti₃Al(0001) 上更强。在 α_2-Ti₃Al(0001)-2Al(图 4-5(d)) 和 α_2-Ti₃Al(0001)-3Al(图 4-5(e)) 表面上的 O—Al 键合也得到了类似的结果，氧 2s 态和铝 3s 态、3p 态的能级进一步下降。这些观察结果与结合能计算的结果一致，结合能的计算表明，当表面第一层的 Al 浓度增加时（在 1.0 ML 的氧覆盖率下），O 和 Al 之间的结合变得更强。

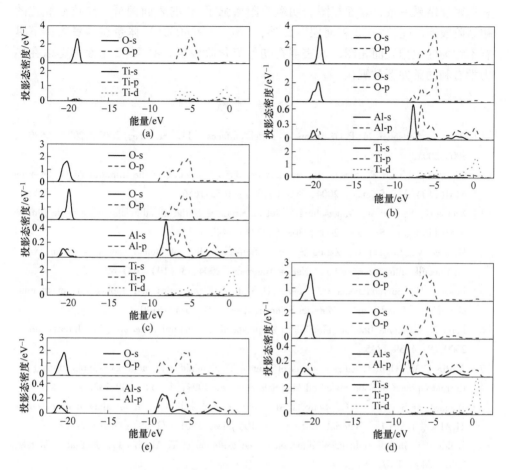

图4-5 在覆盖度为1.00 ML时氧原子吸附在 $Ti_3Al(0001)$-1Ti(a)、$Ti_3Al(0001)$(b)、$Ti_3Al(0001)$-1Al(c)、$Ti_3Al(0001)$-2Al(d) 和 TiAl(111)-3Al(e) 表面的最稳定位置的投影态密度

4.6 本章小结

本章基于第一性原理和热力学计算,首先分析了不同 α_2-$Ti_3Al(0001)$ 表面的热力学稳定性和相关的热力学氧化机制。计算得出随着不同 Al 化学势变化的含有不同表面缺陷的 α_2-$Ti_3Al(0001)$ 表面的相对表面能。发现 Al 反位缺陷容易偏析在 α_2-$Ti_3Al(0001)$ 表面上。同时,构建了在不同氧覆盖度下,具有不同 Al 反位缺陷的 O-α_2-$Ti_3Al(0001)$ 表面的表面相图。通过该 O/$Ti_3Al(0001)$ 表面相图解释了实验观察到的 α_2-$Ti_3Al(0001)$ 的 2 个阶段的氧化机制。与结合能计算

和态密度结果一致,表面相图表明氧吸附增强了 Al 的表面偏析,导致在氧化的初始阶段形成完整的 Al 表面层。此外,O-α_2-Ti$_3$Al(0001) 体系在富氧条件下具有不均匀的双相表面相图,这表明在初始氧化阶段后,Al 和 Ti 元素都可以在热力学有利的条件下被氧化。

参 考 文 献

[1] Over H, Seitsonen A P. Oxidation of metal surfaces [J]. Science, 2002, 297 (5589): 2003-2005.

[2] Stierle A, Renner F, Streitel R, et al. X-ray diffraction study of the ultrathin Al$_2$O$_3$ layer on NiAl(110)[J]. Science, 2004, 303 (5664): 1652-1656.

[3] Kresse G, Schmid M, Napetschnig E, et al. Structure of the ultrathin aluminum oxide film on NiAl(110)[J]. Science, 2005, 308 (5727): 1440-1442.

[4] Maurice V, Despert G, Zanna S, et al. Self-assembling of atomic vacancies at an oxide/intermetallic alloy interface [J]. Nature Materials, 2004, 3 (10): 687-691.

[5] Froes F H, Suryanarayana C, Eliezer D. Synthesis, properties and applications of titanium aluminides [J]. Journal of Material Science, 1992, 27: 5113-5140.

[6] Loria E A. Gamma titanium aluminides as prospective structural materials [J]. Intermetallics, 2000, 8: 1339-1345.

[7] Austin C M, Opin C. Current status of gamma Ti aluminides for aerospace applications [J]. Current Opinion in Solid State and Materials Science, 1999, 4 (3): 239-242.

[8] Djanarthany S, Viala J C, Bouix J. An overview of monolithic titanium aluminides based on Ti$_3$Al and TiAl [J]. Materials Chemistry and Physics, 2001, 72 (3): 301-319.

[9] Reddy R G. In-situ multi-layer formation in the oxidation of Ti$_3$Al-Nb [J]. Journal of Metals, 2002, 54: 65-67.

[10] Brady M P, Tortorelli P F. Alloy design of intermetallics for protective scale formation and for use as precursors for complex ceramic phase surfaces [J]. Intermetallics, 2004, 12 (7/8/9): 779-789.

[11] Dettenwanger F, Schütze M. Isothermal oxidation of α_2-Ti$_3$Al [J]. Oxidation Metals, 2000, 54 (1/2): 121-138.

[12] Maurice V, Despert G, Zanna S, et al. XPS study of the initial stages of oxidation of α_2-Ti$_3$Al and γ-TiAl intermetallic alloys [J]. Acta Materials, 2007, 55 (10): 3315-3325.

[13] Liu S Y, Wang F H, Zhou Y S, et al. Ab initio study of oxygen adsorption on the Ti(0001) surface [J]. Journal of Physics: Condensed Matter, 2007, 19 (22): 226004.

[14] Wang F H, Liu S Y, Shang J X, et al. Oxygen adsorption on Zr(0001) surfaces: Density functional calculations and a multiple-layer adsorption model [J]. Surface Science, 2008, 602: 2212-2216.

[15] Lozovoi A Y, Alavi A, Finnis M W. Surface stoichiometry and the initial oxidation of NiAl (110)[J]. Physical Review Letters, 2000, 85 (3): 610-613.

[16] Liu S Y, Shang J X, Wang F H, et al. Ab initio study of surface segregation on the oxygen adsorption on the γ-TiAl(111) surface [J], Physical Review B, 2009, 79 (7): 075419.

[17] Hohenberg P, Kohn W. Inhomogeneous electron gas [J]. Physical Review, 1964, 136 (3): B864-871.

[18] Kohn W, Sham L J. Self-consistent equations including exchange and correlation effects [J]. Physical Review, 1965, 140 (4): A1133-1138.

[19] Blöchl P E. Projector augmented-wave method [J]. Physical Review B, 1994, 50 (24): 17953-17979.

[20] Kresse G, Joubert D. From ultrasoft pseudopotentials to the projector augmented-wave method [J]. Physical Review B, 1999, 59 (3): 1758-1775.

[21] Kresse G, Hafner J. Ab initio molecular dynamics for open-shell transition metals [J]. Physical Review B, 1993, 48 (17): 13115-13118.

[22] Kresse G, Furthmüller J. Efficient iterative schemes for ab initio total-energy calculations using a plane-wave basis set [J]. Physical Review B, 1996, 54 (16): 11169-11186.

[23] Kresse G, Furthmüller J. Efficiency of ab-initio total energy calculations for metals and semiconductors using a plane-wave basis set [J]. Computational Materials Science, 1996, 6 (1): 15-50.

[24] Perdew J P, Chevary J A, Vosko S H, et al. Atoms, molecules, solids, and surfaces: Applications of the generalized gradient approximation for exchange and correlation [J]. Physical Review B, 1992, 46 (11): 6671-6687.

[25] Villars P, Calvert L D. Pearson's Handbook of crystallographic data for intermetallic phases [M]. American Society for Metals: Materials Park, OH, 1991.

[26] Benedek R, Van de Walle A, Gerstl S S A, et al. Partitioning of solutes in multiphase Ti-Al alloys [J]. Physical Review B, 2005, 71 (9): 094201.

[27] Music D, Schneider J M. Effect of transition metal additives on electronic structure and elastic properties of TiAl and Ti_3Al [J]. Physical Review B, 2006, 74 (17): 174110.

[28] Neugebauer J, Scheffler M. Adsorbate-substrate and adsorbate-adsorbate interactions of Na and K adlayers on Al(111)[J]. Physical Review B, 1992, 46 (24): 16067-16080.

[29] Bengtsson L. Dipole correction for surface supercell calculations [J]. Physical Review B, 1999, 59 (19): 12301-12304.

[30] Piccinin S, Stampfl C, Scheffler M. First-principles investigation of Ag-Cu alloy surfaces in an oxidizing environment [J]. Physical Review B, 2008, 77 (7): 075426.

[31] Qian G X, Martin R M, Chadi D J. First-principles study of the atomic reconstructions and energies of Ga-and As-stabilized GaAs(100) surfaces [J]. Physical Review B, 1988, 38 (11): 7649.

[32] Northrup J E. Energetics of GaAs island formation on Si(100)[J]. Physical Review Letters, 1989, 62 (21): 2487.

[33] Wang F H, Krüger P, Pollmann J. Electronic structure of 1×1 GaN(0001) and GaN(000$\bar{1}$) surfaces [J]. Physical Review B, 2001, 64: 035305.

[34] Liu S Y, Shang J X, Wang F H, et al. Ab initio atomistic thermodynamics study on the selective oxidation mechanism of the surfaces of intermetallic compounds [J]. Physical Review B, 2009, 80 (8): 085414.

[35] Reuter K, Scheffler M. Composition, structure, and stability of RuO_2(110) as a function of oxygen pressure [J]. Physical Review B, 2001, 65 (3): 035406.

[36] Qin N, Liu S Y, Li Z, et al. First-principles studies for the stability of a graphene-like boron layer on CrB_2(0001) and MoB_2(0001) [J]. Journal of Physics: Condensed Matter, 2011, 23 (22): 225501.

[37] Wang S, Radny M W, Smith P V. Segregation of boron on the cluster-modeled Si(111)$\sqrt{3}\times\sqrt{3}$ R30°-B hydrogenated surface [J]. Physical Review B, 1997, 56 (7): 3575.

[38] Wang S, Radny M W, Smith P V. Ab initio cluster calculations of the chemisorption of hydrogen on the Si(111)$\sqrt{3}\times\sqrt{3}$R30°-B surface [J]. Surface Science, 1997, 394 (1/2/3): 235-249.

[39] Stull D R, Prophet H. JANAF thermochemical tables [M]. 2nd ed. United States National Bureau of Standards: Washington, DC, 1971.

5 金属间化合物表面氧化的第一性原理热力学研究

在腐蚀、钝化和多相催化等各种不同领域的前沿，对金属间化合物表面发生的氧化有着相当大的基础兴趣和重要性[1-2]。特别是 NiAl、FeAl、TiAl 和 Nb_5Si_3 等金属间化合物，由于其低质量密度、优异导热性和高特定强度的优点而越来越受到关注[3-4]。此外，在氧化环境中，一些金属间化合物具有优异的抗氧化性，这是由于其表面选择性生长了致密的保护性氧化物层，如 Al_2O_3 或 SiO_2，这主要取决于它们表面的稳定选择性氧化[5]。

金属间化合物的技术意义，进行了许多实验来了解 NiAl(100)、FeAl(100)、TiAl(111) 和 Nb_5Si_3 表面的氧化情况[6-13]。据观察，尽管干净的 NiAl(100) 表面表现出不同的结构，但在暴露于氧气时，氧化物的形成不受其初始裸露表面成分的影响。NiAl(100) 表面的氧化很容易在表面顶部形成连续的相干 Al_2O 薄膜[6-8]。同样，FeAl(100) 表面氧化也很容易在其表面顶部形成持续的相干 Al_2O_3 薄膜[6-9]。显然，NiAl(100) 和 FeAl(100) 系统在其表面上表现出持续的完全选择性氧化行为。然而，对于 TiAl(111) 表面的氧化，观察到两个阶段氧化过程；第一阶段，由于 Al 的选择性氧化，在 650 ℃ 的低氧压力下，TiAl(111) 表面上产生了超薄的类 $Al_2O_3(111)$ 薄膜。第二阶段，观察到两种金属元素同时氧化[11]。类似的两阶段氧化过程也发生在多晶相 TiAl 表面[12]。对于 Nb_5Si_3 金属间合金的氧化，观察到主要的 Nb_2O_5 和少量 SiO_2 混合物的形成[13]。因此，与 NiAl(100) 和 FeAl(100) 不同，TiAl(111) 和 Nb_5Si_3 在表面表现出不稳定的部分选择性氧化行为。

尽管一些从头算研究致力于理解金属间化合物表面的选择性氧化[14-15]，但仍不清楚为什么 NiAl(FeAl) 和 TiAl(Nb_5Si_3) 表现出如此不同的氧化行为。此外，金属间化合物的一般微观选择性氧化机制仍然缺乏。本章对二元金属间化合物表面的选择性氧化行为进行了从头算热力学研究，给出了表面相图（SPD），为上述问题提供了清晰的物理图像。

5.1 计算方法与模型

采用以密度泛函理论（DFT）为基础维也纳从头计算模拟程序包（VASP）进行第一性原理计算[16-20]。对核区的芯电子采用了 Kresse 和 Joubert 发展的投影缀加波(PAW)赝势[21-22]。电子交换关联能采用广义梯度近似方法(GGA)中的 PW91 方法[23]。图 5-1 给出了金属间化合物 NiAl、FeAl、TiAl 和 Nb_5Si_3 体的晶体结构。对于 O/NiAl(100) 和 O/FeAl(100) 系统,采用了对称的超原胞结构包括 9 层交替的 Ni(Fe) 和 Al 原子的板层和 11 层原子的真空层。对于 O/TiAl(111) 系统,采用了对称的超原胞结构包括 7 层原子的板层和 7 层原子的真空层。对于 O/Nb_5Si_3 系统,采用了对称的超原胞结构包括至少 9 层原子的板层和 1.5 nm 的真空层。所有表面模型都选取 400 eV 作为所有计算的截断能并采用了 $9\times9\times1$ 的布里渊区(BZ)网格。计算结果的可信性与收敛性可以参见相关文章[15,24-27]。

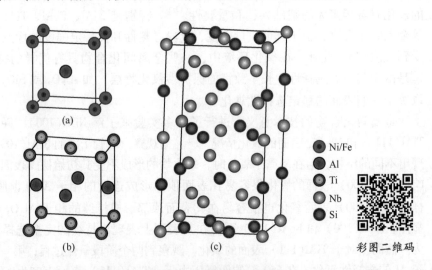

图 5-1 金属间化合物的晶体结构
(a) NiAl 体、FeAl 体;(b) TiAl 体;(c) Nb_5Si_3 体

一个二元金属间氧化物(A_mB_n)表面的热力学稳定性是由它的表面能决定的,根据前人的热力学理论公式[15,28-29],我们定义了表面能的公式:

$$\gamma = \frac{1}{S_0}(E_{slab} - N_A\mu_A - N_B\mu_B - N_O\mu_O - PV - TS) \quad (5\text{-}1)$$

式中,S_0 为表面面积;E_{slab} 为体系经过弛豫后的总能;N_A,N_B,N_O 分别为该体系内所含的 A、B、O 的原子数;μ_A,μ_B,μ_O 分别为 A、B、O 原子的化学势;我们忽略了温熵 TS 项和压力项对表面体系的能量贡献。在体系为平衡的情况下,可以认为金属间化合物的表面和体内是处于平衡的,即 $m\mu_A + n\mu_B = \mu_{A_mB_n}^{bulk}$。因此,表面能 γ 可以重新写成:

$$\gamma = \frac{1}{S_0}\left[E_{slab} - \frac{1}{m}N_A\mu_{A_mB_n}^{bulk} - \left(N_B - \frac{n}{m}N_A\right)\mu_B - N_O\mu_O\right] \quad (5\text{-}2)$$

为了避免形成金属 A 相和金属 B 相,体系 A 和 B 的化学势应该有 $\mu_A \leq \mu_A^{bulk}$ 和 $\mu_B \leq \mu_B^{bulk}$。在体系平衡的情况下,可以认为金属间化合物(A_mB_n)的表面和体内处于

平衡的，即 $m\mu_A + n\mu_B = \mu_{A_mB_n}^{bulk}$。因此，化学势 μ_B 的变化范围是 $\frac{1}{n}(\mu_{A_mB_n}^{bulk} - m\mu_A^{bulk})$ $\leqslant \mu_B \leqslant \mu_B^{bulk}$。为了避免形成氧气分子相，体系的化学势应为 $\mu_O \leqslant \frac{1}{2}E_{O_2}$。通过第一性原理对体态的 A_mB_n、$A(A = Ni, Fe, Ti$ 或 $Nb)$、$B(B = Al$ 或 $Si)$ 和分子态的 O_2 总能的计算，我们可以得到体系化学势 O 和 $B(B = Al$ 或 $Si)$ 的变化范围，即 $\mu_O \leqslant -4.89$ eV，镍铝体系的 $-5.05 \leqslant \mu_{Al} \leqslant -3.69$ eV，铁铝体系的 $-4.43 \leqslant \mu_{Al} \leqslant -3.69$ eV，钛铝体系的 $-4.51 \leqslant \mu_{Al} \leqslant -3.69$ eV 和铌硅体系的 $-7.17 \leqslant \mu_{Al} \leqslant -5.43$ eV。

5.2 金属间化合物干净表面热力学稳定性分析

为了研究金属间化合物的表面氧化行为，首先需要了解金属间化合物干净表面的性质。图 5-2(a) ~ (b) 分别给出了不同表面端的 NiAl(100) 和 FeAl(100) 干净表面的表面能随 Al 化学势变化的曲线。从图 5-2(a) 所示的干净 NiAl(100) 表面可见，在贫 Al(富 Ni) 的环境下，纯的 Ni 端的 NiAl(100) 表面是最稳定的；和在富 Al 的环境下，纯的 Al 端的 NiAl(100) 表面是最稳定的，而在它们之间是 Ni 和 Al 混合端的 NiAl(100) 表面是最稳定的。因此，这 3 种不同的 NiAl(100) 表面端都可以在各自的化学势区间内稳定地存在，这也成功地解释了实验上发现的 3 种不同的纯 Al 端[30]、纯 Ni 端[31-32] 和 Ni-Al 混合端的 NiAl(100) 表面结果[32-34]。从图 5-2(b) 所示的干净 FeAl(100) 表面可见，在整个 Al 化学势变化

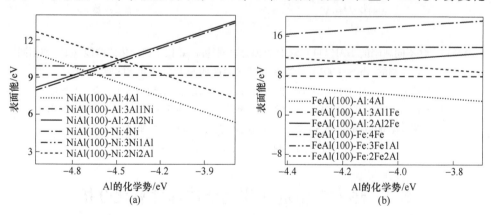

图 5-2 不同表面端的 NiAl(100)(a) 和 FeAl(100)(b) 干净表面的表面能随 Al 化学势变化的曲线
（NiAl(100)-Al: 4Al、NiAl(100)-Ni: 4Ni、NiAl(100)-Al: 3Al1Ni、NiAl(100)-Al(Ni):
2Al2Ni 和 NiAl(100)-Ni: 3Ni1Al 分别代表以纯 Al 端、纯 Ni 端、Al: Ni 比例为 3:1、
2:2、1:3 的混合表面端的 NiAl(100)- (2×2) 表面。FeAl(100) 表面的标记与
NiAl(100) 表面的标记意义相同）

区间内，Al 端的 FeAl(100) 表面的表面能是最低的。这表明 FeAl(100) 表面的 Al 端面是最稳定的，并且与实验上的结果是一致的[32,35]。

对于干净 TiAl(111) 表面的热力学稳定性，考虑了含有 Al 和 Ti 反位表面缺陷的 5 种不同的 TiAl(111) 表面。图 5-3(a) 给出了含有不同缺陷的 TiAl(111) 表面的表面能随 Al 化学势的变化的曲线。从图 5-3(a) 可见，含有 1 个 Al 反位缺陷的 TiAl(111) 表面的表面能大部分的化学势范围都是最低的，这表明在这个化学势范围内 1 个 Al 反位缺陷将强烈地偏析于 TiAl(111) 的最外表面。从图 5-3(a) 还可以看出，在贫铝（或富钛）的环境下，干净的 TiAl(111) 表面是稳定的；而在富铝（或贫钛）的环境下，含 2 个 Al 反位缺陷的 TiAl(111) 表面是稳定的。图 5-3(b) 给出了不同表面端的 $Nb_5Si_3(001)$ 干净表面的表面能随 Si 化学势变化的曲线。从中可见，在整个 Si 化学势变化区间内，Si 端的 $Nb_5Si_3(001)$ 表面的表面能是最低的，这表明 $Nb_5Si_3(001)$ 表面的 Si 端面是最稳定的。

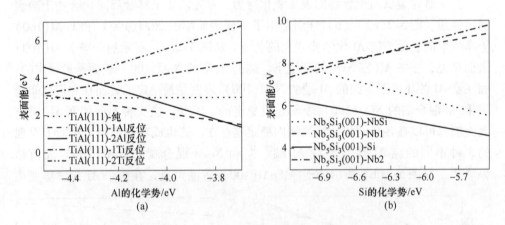

图 5-3 含不同缺陷的 TiAl(111) 表面的相对表面能随 Al 化学势变化的曲线 (a) 和不同表面端的 $Nb_5Si_3(001)$ 干净表面的表面能随 Si 化学势变化的曲线 (b)

（TiAl(111)、TiAl(111)-1Al(Ti) 和 TiAl(111)-2Al(Ti) 分别代表干净的，含有 1 个和 2 个 Al(Ti) 反位缺陷的 TiAl(111)-(2×2) 表面。$Nb_5Si_3(001)$-NbSi、$Nb_5Si_3(001)$-Nb1、$Nb_5Si_3(001)$-Si 和 $Nb_5Si_3(001)$-Nb2 分别代表以 NbSi 端、纯 Nb 端、纯 Si 端和纯 Nb 为表面端的 $Nb_5Si_3(001)$-(1×1) 表面）

5.3 热力学稳定性及完全选择性氧化分析

基于前文对金属间化合物表面的认识，接下来研究了氧吸附在金属间化合物的表面的各种可能的不同的表面端的情况。图 5-4(a)~(b) 分别给出了氧吸附在 NiAl(100) 和 FeAl(100) 不同表面端的表面能随 Al 和 O 化学势变化的表面热力学相图。从图 5-4(a) 的 O/NiAl(100) 系统的表面热力学相图可见，在贫氧的环境条件下，干净的表面是最稳定的。在贫氧的环境条件下，在贫铝（富镍）的环境下纯的 Ni 端的 NiAl(100) 表面是最稳定的，在富铝的环境下纯的 Al 端的 NiAl(100) 表面是最稳定的，而在它们之间 Ni 和 Al 混合端的 NiAl(100) 表面是最稳定的。这个结果与图 5-2(a) 的分析结果是一致的。从图 5-4(a) 可见，在富氧的条件下，最稳定的结构是从低到高覆盖度的氧吸附在 Al 端的 NiAl(100) 表面系统，这表明 O 可以导致 Al 原子的全表面偏析。值得一提的是，在贫氧和富镍（贫铝）的条件下，Ni 端的 NiAl(100)-Ni 表面是最稳定的，似乎该表面氧化应该生成 O-Ni 的氧化物层。然而，从图 5-4(a) 可见，在富氧的条件下，O-Al 氧化物层才是最稳定的结构，这表明 O 可以导致 Al 原子的全表面偏析，进而解释了实验上 NiAl(100) 表面氧化会生成纯的 Al_2O_3 氧化物的结果[32-34]。

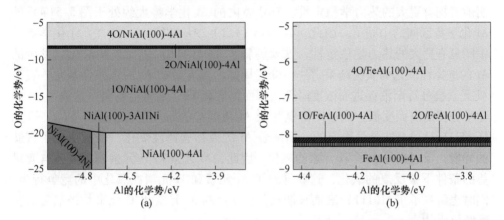

图 5-4　O/NiAl(100) 系统 (a) 和 O/FeAl(100) 系统 (b) 随 Al 和 O 化学势变化的表面热力学相图
(1O、2O 和 4O 分别代表 1 个、2 个和 4 个氧原子吸附在金属间化合物表面，
分别对应 0.25 ML、0.50 ML 和 1.00 ML 单层氧原子的覆盖度)

对于如图 5-4(b) 所示的 O/FeAl(100) 系统的热力学相图，我们可以发现在贫氧的条件下，最稳定的结构是纯 Al 端 FeAl(100)-Al 表面，这与图 5-2(b) 的分析结果是一致的。在富氧的条件下，最稳定的结构是从低到高覆盖度的氧吸附在 Al 端的 FeAl(100) 表面，这也与氧化实验的结果是一致的[32,35]。比较图 5-4(a) 和 (b) 可以发现，O/NiAl(100) 和 O/FeAl(100) 系统在富氧区域的相图拥有一个共同的特征，即在整个 Al 化学势变化区间内它们的相图是均一的相图，这对应着实验上的持久的完全选择性氧化。

5.4　热力学稳定性及部分选择性氧化分析

对于 O/TiAl(111) 系统的热力学稳定性分析，图 5-5(a) 给出了氧吸附在含有不同 Ti 和 Al 反位缺陷的 TiAl(111) 表面随 Al 和 O 化学势变化的表面热力学相图。从图 5-5(a) 可见,在贫氧的环境条件下,干净的表面是最稳定的。同时在大部分的 Al 化学势范围内,TiAl(111)-1Al 表面是最稳定的;而在贫铝的环境下干净的 TiAl(111) 表面是稳定的,在富铝的环境下 TiAl(111)-2Al 表面是稳定的。这表明在贫氧的环境条件下,没有氧原子吸附的干净表面是最稳定的。在富氧和富铝的条件下,4O/TiAl(111)-2Al 表面是最稳定的,这表明 O 可以导致 Al 原子的全表面偏析。而在富氧和贫铝(富钛)的条件下,2O/TiAl(111)-2Ti 表面是最稳定的。随着 O 化学势的增加,4O/TiAl(111)-2Ti 表面是最稳定的,这表明 O 可以导致 Ti 原子的全表面偏析。比较 4O/TiAl(111)-2Al 和 2O/TiAl(111)-2Ti 系统在相图 5-5(a) 占据空间面积的大小可以发现,4O/TiAl(111)-2Al 的相空间面积要比 4O/TiAl(111)-2Ti 的相空间面积大一些,这说明前者拥有更大的热力学稳定性。TiAl 体内的 Al 化学势大约处于图 5-5(a) 的 Al 化学势区间的中间值。因此,4O/TiAl(111)-2Al 在图 5-5(a) 的 Al 化学势的中间具有更大的热力学稳定性,这就解释了 TiAl(111) 表面最初氧化会发生的 Al 的选择性氧化的实验结果[10-12]。众所周知,随着最初 Al 的选择性氧化,表面 Al 元素会被逐渐消耗进而浓度降低,因而,表面 Ti 元素将会富集,这表明 Al 的化学势将由高而变低。在这样富氧和低 Al 化学势的条件下,从图 5-5(a) 可见 4O/TiAl(111)-2Ti 是最稳定的。即随着 Al 的最初选择性氧化,表面变成了富钛的环境,反过来导致了 Ti 元素的氧化。因此,Al 元素和 Ti 元素都将在各自有优势的条件下被反复的氧化,这就导致了 Al 元素和 Ti 元素在氧化中的竞争行为,同时也解释了 TiAl(111) 表面长期氧化会发生的 Al 元素和 Ti 元素均被氧化的实验结果[11-12]。

对于 O/Nb$_5$Si$_3$(001) 系统的热力学稳定性分析,图 5-5(b) 给出了氧吸附在不同表面端的 Nb$_5$Si$_3$(001) 表面的表面能随 Si 和 O 化学势变化的表面热力学相

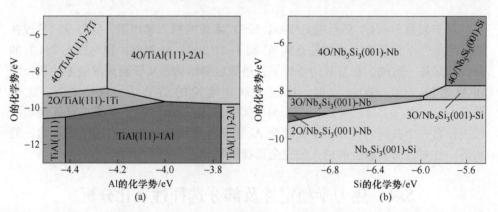

图 5-5 O/TiAl(100) 系统 (a) 和 O/Nb$_5$Si$_3$(100) 系统 (b) 随 Al 和 O 化学势变化的表面热力学相图
(2O、3O、4O 分别代表 2 个、3 个和 4 个氧原子吸附在金属间化合物表面,
分别对应 0.50 ML、0.75 ML 和 1.00 ML 单层氧原子的覆盖度)

图。从图中可见，在贫氧的环境条件下，干净的 $Nb_5Si_3(001)$ 表面的 Si 端面是最稳定的。直觉上，在氧化之后似乎应该生成 Si 的表面氧化物。然而，从图 5-5 (b) 可见，和 O/TiAl(111) 系统一样，在富氧的条件下，O/Nb_5Si_3(001) 系统的热力学表面相图也劈裂成两部分，大部分的相空间被氧吸附在纯 Nb 端 Nb_5Si_3(001) 表面所占据，表明 O 可以导致 Nb 的表面全偏析；而小部分的相空间被氧吸附在纯 Si 端 Nb_5Si_3(001) 表面的所占据，表明 O 可以导致 Si 的表面全偏析。而且从图 5-5(b) 可以发现 4O/Nb_5Si_3(001)-Nb 的相空间面积要比 4O/Nb_5Si_3(001)-Si 的相空间面积大。因此，Nb 元素和 Si 元素在 Nb_5Si_3(001) 表面氧化中也存在竞争行为，这将导致了长期氧化会形成 Nb_2O_5 和 SiO_2 的混合氧化物实验结果[13]。比较图 5-5(a) 和 (b) 可以发现，O/TiAl(111) 和 O/Nb_5Si_3(001) 系统在富氧区域的相图拥有一个共同的特征，即它们的相图在整个 Al(Si) 化学势变化区间内是劈裂成两部分的相图，这对应着实验上的非持久部分选择性氧化。

5.5 热力学微观氧化机制

当一种金属间化合物氧化时，它是发生选择性氧化还是部分选择性氧化？我们在这里将给出答案。任意一种金属间化合物（A_mB_n）表面的最初氧化都先会消耗一种元素（这里假设是元素 B），形成它的氧化物，进而导致另一元素 A 的富集，这对应着在氧化过程是一个 B 元素化学势降低的过程。而且，长期的氧化应该对应着富氧的条件，因此我们着重讨论富氧的情况（即高氧化学势的情况）。对于如图 5-4 所示的 O/NiAl(100) 和 O/FeAl(100) 系统的热力学相图，在富氧的条件下，在整个 Al 化学势的范围内（从富铝到贫铝范围），表面总是形成 O-Al 的氧化物层是最稳定的，这表明 O 能导致 Al 的长期选择性氧化。这对应着持久的完全选择性氧化 Al，也解释了它们表面氧化容易生成连续致密的 Al_2O_3 膜的现象[6-9]。相反，对于如图 5-5 所示的 O/TiAl(111) 和 O/Nb_5Si_3(001) 系统的热力学相图，可以看出在富氧的条件下，它们的元素都存在氧化的竞争行为，所以在整个 Al(Si) 化学势的范围内不能形成单一的氧化物。这对应着非持久的部分选择性氧化，解释了它们表面长期氧化容易生成两种氧化产物的现象[11-13]。

从上面的比较和分析可以得出，持久的完全选择性的金属间化合物（A_mB_n）氧化可以被看作在热力学相图的整个 B 化学势的范围内，总是一种元素 B 被选择性地氧化，反之亦然。因此，从热力学的观点可以总结出一个广义的热力学微观氧化机制：在富氧的条件下，均一的单相热力学相图和劈裂的双相热力学相图分别对应着持久的完全选择性氧化和非持久的部分选择性氧化。利用这个广义的热力学微观氧化机制就可以从热力学的观点判断和预测任意一种金属间化合物的氧化行为。

5.6 本章小结

本章利用密度泛函理论和热力学相结合计算分析了金属间化合物干净表面及其表面氧化行为，发现金属间化合物 NiAl(100)、FeAl(100)、TiAl(111) 和 Nb_5Si_3(001) 干净表面的性质与相关的实验结果是一致的。我们计算了金属间化合物氧化 O/NiAl(100)、O/FeAl(100)、O/TiAl(111) 和 O/Nb_5Si_3(001) 系统的热力学相图，通过比较和分析发现，实际上存在两种类型的热力学相图，很好地解释了氧化实验的结果。重要的是，总结得出一个广义的热力学微观氧化机制：在富氧的条件下，均一的单相热力学相图和劈裂的双相热力学相图分别对应着持久的完全选择性氧化和非持久的部分选择性氧化。利用这个广义的热力学微观氧化机制可以判断和预测任意一种金属间化合物的氧化行为。这些关于金属间化合物氧化的观念和方法可以推广到金属间化合物表面的硫化和氮化等化学反应的研究。

参 考 文 献

[1] Stierle A, Renner F, Streitel R, et al. X-ray Diffraction Study of the Ultrathin Al_2O_3 layer on NiAl(110)[J]. Science, 2004, 303: 1652-1656.

[2] Kresse G, Schmid M, Napetschnig E, et al. Structure of the ultrathin aluminum oxide film on NiAl(110)[J]. Science, 2005, 308: 1440-1442.

[3] Liu C T, Stringer J, Mundy J N, et al. Ordered intermetallic alloys: An assessment [J]. Intermetallics, 1997, 5: 579-596.

[4] Stoloff N S, Liu C T, Deevi S C, Emerging applications of intermetallics [J]. Intermetallics, 2000, 8: 1313-1320.

[5] Brady M P, Tortorelli P F. Alloy design of intermetallics for protective scale formation and for use as precursors for complex ceramic phase surfaces [J]. Intermetallics, 2004, 12, 779-789.

[6] Franchy R. Growth of thin, crystalline oxide, nitride and oxynitride films on metal and metal alloy surfaces [J]. Surface Science Reports, 2000, 38: 195-294.

[7] Blum R P, Ahlbehrendt D, Niehus H. Growth of Al_2O_3 stripes in NiAl(001)[J]. Surface Science, 1998, 396: 176-188.

[8] Stierle A, Formoso V, Comin F, et al. Oxidation of NiAl(100) studied with surface sensitive X-ray diffraction [J]. Physica B, 2000, 283: 208-211.

[9] Graupner H, Hammer L, Heinz K, et al. Oxidation of low-index FeAl surfaces [J]. Surface Science, 1997, 380: 335-351.

[10] Maurice V, Despert G, Zanna S, et al. Self-assembling of atomic vacancies at an oxide/intermetallic alloy interface [J]. Nature Materials, 2004, 3: 687-691.

[11] Maurice V, Despert G, Zanna S, et al. The growth of protective ultra-thin alumina layers on γ-

TiAl(111) intermetallic single crystal surfaces [J]. Surface Science, 2005, 596: 61-73.

[12] Maurice V, Despert G, Zanna S, et al. XPS study of the initial stages of oxidation of α_2-Ti_3Al and γ-TiAl intermetallic alloys [J]. Acta Materialia, 2007, 55 (10): 3315-3325.

[13] Menon E S K, Mendiratta M G, Dimiduk D M. High temperature oxidation mechanisms in Nb-silicide bearing multicomponent alloys [J]. Structural Intermetallics, 2001: 591-600.

[14] Lozovoi A Y, Alavi A, Finnis M W. Surface stoichiometry and the initial oxidation of NiAl (110)[J]. Physical Review Letters, 2000, 85 (3): 610-613.

[15] Liu S Y, Shang J X, Wang F H, et al. Ab initio study of surface segregation on the oxygen adsorption on the γ-TiAl(111) surface [J]. Physical Review B, 2009, 79: 075419.

[16] Kresse G, Hafner J. Ab initio molecular dynamics for open-shell transition metals [J]. Physical Review B, 1993, 48 (17): 13115-13118.

[17] Kresse G, Furthmüller J. Efficient iterative schemes for ab initio total-energy calculations using a plane-wave basis set [J]. Physical Review B, 1996, 54 (16): 11169-11186.

[18] Kresse G, Furthmüller J. Efficiency of ab-initio total energy calculations for metals and semiconductors using a plane-wave basis set [J]. Computational Materials Science, 1996, 6: 15-50.

[19] Hohenberg P, Kohn W. Inhomogeneous Electron Gas [J]. Physical Review, 1964, 136 (3): B864-871.

[20] Kohn W, Sham L J. Self-Consistent Equations Including Exchange and Correlation Effects [J]. Physical Review, 1965, 140 (4): A1133.

[21] Blöchl P E. Projector augmented-wave method [J]. Physical Review B, 1994, 50 (24): 17953-17979.

[22] Kresse G, Joubert D. From ultrasoft pseudopotentials to the projector augmented-wave method [J]. Physical Review B, 1999, 59: 1758-1775.

[23] Perdew J P, Chevary J A, Vosko S H, et al. Atoms, molecules, solids, and surfaces: Applications of the generalized gradient approximation for exchange and correlation [J]. Physical Review B, 1992, 46 (11): 6671-6687.

[24] Liu S Y, Shang J X, Wang F H, et al. Surface segregation of Si and its effect on oxygen adsorption on a γ-TiAl(111) surface from first principles [J]. Journal of Physics: Condensed Matter, 2009, 21: 225005.

[25] Chen Y, Shang J X, Zhang Y. Bonding characteristics and site occupancies of alloying elements in different Nb_5Si_3 phases from first principles [J]. Physical Review B, 2007, 76: 184204.

[26] Chen Y, Shang J X, Zhang Y. Effects of alloying element Ti on α-Nb_5Si_3 and Nb_3Al from first principles [J]. Journal of Physics: Condensed Matter, 2007, 19: 016215.

[27] Chen Y, Hammerschmidt T, Pettifor D G, et al. Influence of vibrational entropy on structural stability of Nb-Si and Mo-Si systems at elevated temperatures [J]. Acta Materialia, 2009, 57: 2657-2664.

[28] Qian G X, Martin R M, Chadi D J. First-principles study of the atomic reconstructions and energies of Ga-and As-stabilized GaAs(100) surfaces [J]. Physical Review B, 1988,

38: 7649.

[29] Northrup J E. Energetics of GaAs island formation on Si(100)[J]. Physical Review Letters, 1989, 62: 2487.

[30] Davis H L, Noonan J R. Atomic Structure of Binary Alloy Surfaces [J]. Materials Research Society Symposium Proceeding, 1986, 83: 3-19.

[31] Stierle A, Formoso V, Comin F, et al. Surface X-ray diffraction study on the initial oxidation of NiAl(100)[J]. Surface Science, 2000, 467: 85-97.

[32] Blum R P, Ahlbehrendt D, Niehus H. Preparation-dependent surface composition and structure of NiAl(001): SPA-LEED and NICISS study [J]. Surface Science, 1996, 366: 107-120.

[33] Mullins D R, Overbury S H. The structure and composition of the NiAl(110) and NiAl(100) surfaces [J]. Surface Science, 1988, 199: 141-153.

[34] Roos W D, du Plessis J, Van Wyk G N, et al. Surface structure and composition of NiAl (100) by low-energy ion scattering [J]. Journal of Vacuum Science & Technology A, 1996, 14: 1648-1651.

[35] Hammer L, Meier W, Bulum V, et al. Equilibration processes in surfaces of the binary alloy Fe-Al [J]. Journal of Physics: Condensed Matter, 2002, 14: 4145.

6 Si偏析对TiAl表面氧化影响的第一性原理热力学研究

轻质TiAl基金属间化合物表现出大量优异的性能，如高熔点、低密度和高特定强度。因此，它们被认为是航空航天和汽车工业应用的潜在结构材料[1-3]。然而，它们的抗氧化性能仍需提高到700℃以上。这是由于Ti和Al合金元素[4-8]的竞争氧化形成的混合氧化物层的生长，阻止了连续致密的α-Al_2O_3的形成，从而在高温应用中提供更有效的氧化屏障。是否形成致密的Al_2O_3保护层或快速生长的氧化皮取决于金属和氧化物的局部活性，这些活性主要受到氧分压、温度以及合金元素添加的影响[9-10]。实验研究发现，Si的添加降低了氧化速率[10-11]，也导致了优异的抗氧化性，这归因于在氧化的初始阶段在氧化皮中几乎形成了Al_2O_3层[12-13]。

理论方面，Jiang等[14]基于密度泛函理论进行了第一性原理板计算，研究了Pt在Ni_3Al的清洁(100)、(110)和(111)表面上的表面偏析行为发现，Pt在Ni_3Al的这些表面上具有强烈的偏析倾向，以取代表面的Ni原子。正是Pt表面偏析增加了表面的Al∶Ni比，这在动力学上有利于Al_2O_3相对于NiO的形成，也有助于解释为什么Pt的添加有利于Ni_3Al的抗氧化性。李虹等[15]对TiAl(111)表面对氧吸附进行了第一性原理研究。我们从第一性原理研究了氧在Ti(0001)[16]和Zr(0001)[17]表面上的吸附，然而，合金元素的表面偏析及其对TiAl(111)表面氧吸附的影响尚未得到系统的研究。而本章通过从头算密度泛函计算，从微观角度理解Si表面偏析及其对TiAl(111)表面氧吸附的影响，首先给出了计算方法和计算模型；其次分析了Si在TiAl(111)表面上的表面偏析行为。随后给出Si表面偏析对氧在TiAl(111)表面吸附的影响结果，并分析了其能量学、原子几何和电子性质；最后对研究结果进行总结。

6.1 计算方法和模型

采用以密度泛函理论(DFT)为基础的维也纳从头计算模拟程序包(VASP)进行第一性原理计算[18-20]。电子交换关联能采用广义梯度近似方法(GGA)中的PW91方法[21]。对核区的芯电子采用了Kresse和Joubert发展的投影缀加波(PAW)赝势[22-23]。对所有的模型测试了不同K点和截断能的收敛性，根据计算收敛的结果，选取400 eV作为所有计算的截断能。金属间化合物TiAl具有面心四方 L1$_0$ 晶体结构，具有 Ti 和 Al 原子的交替（001）平面，如图 6-1(a) 所示。计算的晶格常数 a 为 0.3980 nm、c 为 0.4086 nm，与实验和之前理论的 DFT-GGA 结果非常一致[24-25]。

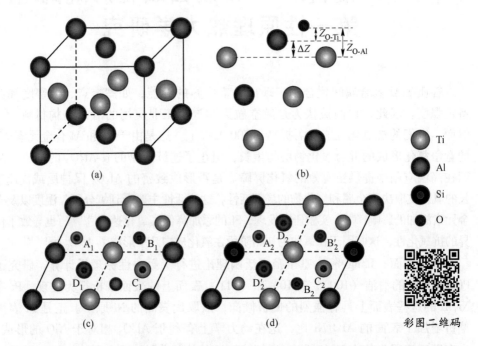

图 6-1 TiAl 体的晶体结构(a)、氧原子在 TiAl(111) 表面的侧面结构(b)、氧原子在干净的 TiAl(111) 表面 (c) 和 Si 合金化的 TiAl(111) 表面的吸附位置 (d)
（大、中、小的绿色和白色小球分别代表表面、亚表面、第三层的 Ti 原子和 Al 原子，红色小球代表氧原子）

对于 O/TiAl(111) 表面，采用了超原胞结构包括 7 层原子的板层（每层含有 4 个共 28 个原子）和 7 层原子的真空层，氧原子将吸附在金属层的一面。在垂直表面方向加有极化矫正[26-27]。在我们的计算中，表面下 4 层金属原子和吸附的氧原子允许自由弛豫，底 3 层金属原子固定住。表面模型计算中取了 $c(2\times2)$ 的表面单元，采用了 $9\times9\times1$ 的布里渊区（BZ）网格[28]，基态的原子的构型由 Quasi-Newton 方法来进行弛豫，直到作用在每个没有固定的原子上的力均小于 0.1 eV/nm 为止。

首先计算了氧原子覆盖度为 0.25 单层（ML）时在 TiAl(111)-(2×2) 表面的 9 种不同的吸附位置结构，包括氧在 Ti 和 Al 原子的顶位（top），2 个表面金属原子之间的桥位（bri），在第二表面层为 Ti 原子和 Al 原子的六方洞位（hcp-Ti 和 hcp-Al），以及在第三表面层为 Ti 原子和 Al 原子的面心洞位（fcc-Ti 和 fcc-Al）。最终弛豫后发现，稳定的构形为氧原子位于表面的 fcc 和 hcp 位置处。如图 6-1(c) ~ (d) 所示，为了便于表述，将 fcc-Al、fcc-Ti、hcp-Al 和 hcp-Ti 分别标记为 A、B、C 和 D，它们分别表示氧在纯净的和一个 Si 替代缺陷的 TiAl(111)-(2×2) 表面的不同吸附位置情况。

为了计算各种情况的缺陷形成能和表面偏析能，在 TiAl(111)-(2×2) 表面和 (2×2×2)TiAl 体中替换一个 Si 原子进行模拟计算。表面和 TiAl 体中掺杂 Si 原子杂质的形成能可以定义为

$$E_{\text{imp}}^{M} = E_{t}^{M-Si} - E_{t}^{M} + \mu_{X}^{\text{bulk}} - \mu_{Si}^{\text{bulk}} \qquad (6-1)$$

式中，M 代表 TiAl(111) 表面和 TiAl 体；X 代表被替换的 Ti 或 Al 原子；E_{t}^{M} 和 E_{t}^{M-Si} 分别代表纯净体系和 Si 掺杂体系的总能；μ_{X}^{bulk} 和 μ_{Si}^{bulk} 分别代表平均成单个原子的被替换 X 和 Si 体态能量。由此定义可知：杂质形成能越低，掺杂体系越稳定。

为了分析掺杂 Si 原子的表面偏析情况，定义了杂质 Si 的表面偏析能：

$$E_{\text{seg}} = E_{\text{imp}}^{\text{surf}} - E_{\text{imp}}^{\text{bulk}} \qquad (6-2)$$

式中，$E_{\text{imp}}^{\text{surf}}$ 和 $E_{\text{imp}}^{\text{bulk}}$ 分别代表掺杂 Si 在 TiAl(111) 表面和 TiAl 体的杂质形成能。由此定义可知：表面偏析能的负值代表 Si 容易偏析于 TiAl(111) 表面；相反表面偏析能正值代表 Si 不容易偏析于 TiAl(111) 表面。

为了比较各种情况氧原子吸附在 TiAl(111) 表面的稳定性，我们定义了平均每个氧原子的结合能：

$$E_{b}(\Theta) = \frac{1}{N_{O}^{\text{atom}}}(E_{\text{O/TiAl(111)}}^{\text{slab}} - E_{\text{TiAl(111)}}^{\text{slab}} - N_{O}^{\text{atom}}E_{O}^{\text{atom}}) \qquad (6-3)$$

式中，N_{O}^{atom} 为吸附氧原子个数；$E_{\text{O/TiAl(111)}}^{\text{slab}}$ 为体系经过弛豫后的总能；$E_{\text{TiAl(111)}}^{\text{slab}}$ 为干净表面弛豫后的能量；E_{O}^{atom} 为单个氧原子在边长为 1 nm 的立方格子里计算得到的能量。由此定义可知：结合能越低，表面吸附越稳定。

为了简单比较吸附氧原子之间的相互作用，我们定义了吸附氧原子的间接相互能：

$$E_{\text{ind}}(\Theta) = E_{b}(\Theta) - \frac{1}{N_{O}^{\text{atom}}}\sum_{i}E_{b}^{i}(0.25) \qquad (6-4)$$

式中，$E_{b}(\Theta)$ 为在覆盖度 Θ 时的结合能；$E_{b}^{i}(0.25)$ 为在覆盖度 0.25 单层时氧吸附在第 i 个吸附位置的结合能。式 (6-4) 中的求和遍及所有的吸附位置。由此定义可知：间接相互能为负值代表氧原子之间是吸引相互作用；而间接相互能为正值代表氧原子之间是排斥相互作用。

6.2 研究结果及讨论

6.2.1 表面偏析能分析

为了确定合金化元素 Si 在 TiAl 体和 TiAl(111) 表面的占位倾向性，我们计算了 Si 在 TiAl 体和 TiAl(111) 表面的杂质形成能。计算中采用了在(2×2×2)

TiAl 体和 TiAl(111)-(2×2) 表面中用一个合金化元素 Si 替换一个 Ti 或 Al。表 6-1 给出了合金化元素 Si 在 TiAl 体和 TiAl(111) 表面的杂质形成能和表面偏析能。从表中可见，当 Si 替代 TiAl 体内及其亚表面的 Ti 和 Al 时，其杂质形成能分别是正值和负值，即 Si 取代 Al 原子更稳定。这表明合金元素 Si 替代 TiAl 体内及其亚表面的 Al 原子，该结果和前人的理论结果是一致的[29]。然而，当 Si 替代 TiAl(111) 最外表面的 Ti 和 Al 时，它们的杂质形成能都是负值，但 Si 取代 Ti 的杂质形成能比 Si 取代 Al 的杂质形成能低，即 Si 取代 Ti 原子更稳定，与前面的 TiAl 体和亚表面情况相反，合金元素 Si 替代了 TiAl(111) 最外表面的 Ti 原子。表 6-1 还列出了 Si 在 TiAl(111) 表面的表面偏析能。对于 TiAl(111) 的最外表面，合金元素 Si 取代 Ti 和 Al 的表面偏析能均为负值，但 Si 取代 Ti 的表面偏析能比 Si 取代 Al 的表面偏析能要低很多，这也表明合金元素 Si 容易偏析到最外 TiAl(111) 表面并替代 Ti 原子。因此，考虑到 Si 的表面偏析效应，我们下面将主要研究氧在干净的和最稳定的 Si 偏析的 TiAl(111) 表面吸附稳定性情况。为了便于表述，将最稳定的 Si 替代 Ti 的 TiAl(111) 表面记为 TiAl(111)-Si 表面。此外，Si 在 TiAl(111) 表面的偏析效应增加了表面 Al∶Ti 的比例，与 Pt 在 Ni_3Al 表面偏析效应相似[14]，这可能导致表面氧化生成 Al_2O_3 氧化物比生成 TiO_2 氧化物更容易，进而提高 TiAl 表面的氧化阻抗[10-13]。

表 6-1 合金元素 Si 在 TiAl 体和 TiAl(111)-(2×2) 表面的
杂质形成能 E_{imp} 和表面偏析能 E_{seg} （eV）

层	E_{imp}		E_{seg}	
	Ti 位点	Al 位点	Ti 位点	Al 位点
第一层	-0.59	-0.46	-0.66	-0.10
第二层	0.12	-0.33	0.05	0.03
体内	0.07	-0.36	—	—

6.2.2 氧的结合能计算

材料氧化的第一步是氧的表面吸附。为了理解最初氧化的微观机制，我们计算了不同覆盖度的氧吸附在 TiAl(111) 表面的平均结合能。为了分析合金元素 Si 效应对 TiAl(111) 表面氧吸附的影响，我们首先研究了氧的覆盖度从零增加到一个单层，氧在干净的 TiAl(111) 表面的吸附。表 6-2 给出了氧在 TiAl(111) 表面不同覆盖度和不同吸附位置的结合能。从表 6-2 可见，氧的覆盖度为 0.25 ML 时，最稳定的吸附位置为 fcc-Al(A_1) 位置，接下来依次为 hcp-Al(C_1)、fcc-Ti(B_1) 和 hcp-Ti(D_1) 位置。需要注意的是，fcc-Al(A_1) 和 hcp-Al(C_1) 位置的表面最近邻金属原子为 2 个 Ti 原子和 1 个 Al 原子，而 fcc-Ti(B_1) 和 hcp-Ti(D_1)

位置的表面最近邻金属原子为 2 个 Al 原子和 1 个 Ti 原子。转向高的氧覆盖度时，在覆盖度从 0.50 ML 变化到 1.00 ML 之间，最稳定的吸附位置都是 fcc-Al(A_1) 和 hcp-Al(C_1) 位置的同时占据。因此，在氧的覆盖度大于 0 且不大于 1.00 ML 时，表面近邻多 Ti 的位置要比表面近邻多 Al 位置的吸附氧能力强。这与李虹等[15] 的第一性原理就算结果是一致的。

此外，利用氧的平均结合能结果计算了覆盖度大于 0.50 ML 的吸附氧的间接相互作用能，列于表 6-2。从表 6-2 可见，几乎所有的最稳定结构的氧的间接相互作用能都是正值，即 0.75 ML 和 1.00 ML 氧的间接相互作用能分别为 0.40 eV 和 0.47 eV，这意味着氧原子之间存在着强烈的排斥相互作用。然而，当氧吸附在 fcc-Ti(B_1) 和 hcp-Ti(D_1) 的位置共同占据时，即 $B_1 + B_1$、$D_1 + D_1$、$B_1 + B_1 + D_1$、$B_1 + B_1 + D_1 + D_1$ 位置，氧的间接相互作用能都是负值。这意味着氧原子之间存在着强烈的吸引相互作用，而这些吸附位置的表面最近邻原子都是多 Al 原子组成的。

表 6-2　氧原子吸附在干净的 TiAl(111) 表面不同覆盖度和不同吸附点的平均每个氧原子的结合能和间接相互作用能 E_{ind}

位点	0.25 ML 覆盖度的结合能 /eV·atom^{-1}	位点	0.50 ML 覆盖度的结合能 /eV·atom^{-1}	E_{ind} /eV	位点	0.75 ML 覆盖度的结合能 /eV·atom^{-1}	E_{ind} /eV	位点	1.00 ML 覆盖度的结合能 /eV·atom^{-1}	E_{ind} /eV
A_1	-8.36	$A_1 + A_1$	-8.23	0.13	$A_1 + A_1 + C_1$	-7.93	0.40	$A_1 + A_1 + C_1 + C_1$	-7.84	0.47
C_1	-8.26	$C_1 + C_1$	-8.18	0.08	$A_1 + A_1 + B_1$	-7.83	0.23	$A_1 + A_1 + B_1 + B_1$	-7.83	0.08
B_1	-7.46	$B_1 + B_1$	-7.87	-0.41	$C_1 + C_1 + D_1$	-7.78	0.20	$C_1 + C_1 + D_1 + D_1$	-7.72	0.11
D_1	-7.40	$D_1 + D_1$	-7.67	-0.27	$B_1 + B_1 + D_1$	-7.63	-0.19	$B_1 + B_1 + D_1 + D_1$	-7.63	-0.20
—		$A_1 + C_1$	-8.36	-0.05	—			—		
—		$A_1 + B_1$	-7.82	0.09	—			—		
—		$C_1 + D_1$	-7.76	0.07	—			—		
—		$B_1 + D_1$	-7.60	-0.17	—			—		

为了研究合金元素 Si 对 TiAl(111) 表面氧吸附的影响，我们计算了氧在 1 个 Si 替代表面 Ti 位的 TiAl(111) 的最稳定合金化表面（TiAl(111)-Si）的吸附，氧的覆盖度从零增加到一个单层情况。如图 6-1(d) 所示，TiAl(111)-Si 的最外表面是由两个 Al 原子、1 个 Si 原子和 1 个 Ti 原子组成。在其 $c(2 \times 2)$ 表面氧吸附位置有两个 fcc-Al(A_2)、两个 fcc-Ti(B_2, B_2')、两个 hcp-Al(C_2) 和两个 hcp-Ti(D_2, D_2') 位置。表 6-3 给出了不同覆盖度和不同吸附位置的氧吸附在 Si 合金化 TiAl(111) 表面的平均每个氧原子的结合能。从表 6-3 可见，覆盖度为 0.25 ML 时，最稳定的吸附位置为 fcc-Ti(B_2) 位置，其次为 hcp-Ti(D_2) 位置，接下来依

次为 hcp-Al(C_2)、fcc-Al(A_2)、hcp-Ti(D_2') 和 fcc-Ti(B_2') 位置。值得注意的是，fcc-Ti(B_2) 和 hcp-Ti(D_2) 位置的表面最近邻金属原子为 2 个 Al 原子和 1 个 Ti 原子组成，fcc-Ti(B_2') 和 hcp-Ti(D_2') 位置的表面最近邻金属原子为 2 个 Al 原子和 1 个 Si 原子组成，而 fcc-Al(A_2) 和 hcp-Al(C_2) 位置的表面最近邻金属原子为 1 个 Ti 原子和 1 个 Al 原子以及 1 个 Si 原子组成。由此可以看出，局部的原子成分对氧的吸附稳定性有着很大的影响。当覆盖度为 0.50 ML 时，最稳定的吸附位置为 fcc-Ti(B_2) 和 hcp-Ti(D_2) 位置的同时占据；当覆盖度为 0.75 ML 时，fcc-Ti(B_2)、hcp-Ti(D_2) 和 hcp-Al(C_2) 位置的同时占据是最稳定的吸附位置；当覆盖度为 1.00 ML 时，hcp-Al(C_2)、hcp-Al(C_2)、hcp-Ti(D_2) 和 hcp-Ti(D_2') 的同时占据是最稳定的吸附位置。对于 O/TiAl(111)-Si 系统，从表 6-3 可以看出除覆盖度为 0.50 ML 氧的 $C_2 + C_2$ 结构和 0.75 ML 氧的 $B_2 + B_2' + D_2$ 结构的间接相互作用能为正值以外，所有结构的氧的间接相互作用能都是负值。在氧的覆盖度大于 0.50 ML 时，O/TiAl(111)-Si 系统所有最稳定结构的氧的间接相互作用能都是负值，这意味着氧原子之间存在着强烈的吸引相互作用，可能有利于 Al_2O_3 氧化物岛状物的形成。

表 6-3 氧原子吸附在 Si 合金化的 γ-TiAl(111) 表面的不同覆盖度和不同吸附点的平均每个氧原子的结合能和间接相互作用能 E_{ind}

位点	0.25 ML 覆盖度的结合能 /eV·atom^{-1}	位点	0.50 ML 覆盖度的结合能 /eV·atom^{-1}	E_{ind} /eV	位点	0.75 ML 覆盖度的结合能 /eV·atom^{-1}	E_{ind} /eV	位点	1.00 ML 覆盖度的结合能 /eV·atom^{-1}	E_{ind} /eV
A_2	-7.04	$A_2 + A_2$	-7.06	-0.02	$A_2 + A_2 + C_2$	-7.23	-0.16	$A_2 + A_2 + C_2 + C_2$	-7.33	-0.24
C_2	-7.14	$C_2 + C_2$	-7.10	0.04	$A_2 + A_2 + B_2$	-7.38	-0.11	$A_2 + A_2 + B_2 + B_2'$	-7.49	-0.53
B_2	-7.72	$B_2 + B_2'$	-7.21	-0.34	$C_2 + C_2 + D_2$	-7.41	-0.11	$C_2 + C_2 + D_2 + D_2'$	-7.54	-0.52
D_2	-7.63	$D_2 + D_2'$	-7.24	-0.33	$B_2 + B_2' + D_2$	-7.04	0.09	$B_2 + B_2' + D_2 + D_2'$	-7.24	-0.35
B_2'	-6.03	$A_2 + C_2$	-7.30	-0.12	$B_2 + D_2 + C_2$	-7.60	-0.10	$B_2 + D_2 + C_2 + A_2$	-7.49	-0.11
D_2'	-6.19	$A_2 + B_2$	-7.38	0.00						
		$A_2 + B_2'$	-7.02	-0.49						
		$C_2 + D_2$	-7.46	-0.08	—					
—		$C_2 + D_2'$	-7.08	-0.42						
		$B_2 + D_2$	-7.83	-0.16						
		$B_2' + D_2'$	-6.41	-0.30						

6.2.3 原子结构分析

为了分析合金元素 Si 表面偏析效应对原子结构的影响，表 6-4 列出了不同氧覆盖度的 O/TiAl(111) 和 O/TiAl(111)-Si 系统的最稳定的原子结构。我们分别计算了 O-Ti 的空间距离 $R_{\text{O-Ti}}$ 和垂直距离 $Z_{\text{O-Ti}}$ 以及 O-Al 的空间距离 $R_{\text{O-Al}}$ 和垂直距离 $Z_{\text{O-Al}}$，还计算了在表面 Al 原子和 Ti 原子之间的表面褶皱值 ΔZ，其定义为 $\Delta Z = Z_{\text{Ti}} - Z_{\text{Al}} = Z_{\text{O-Al}} - Z_{\text{O-Ti}}$。由此定义可知，$\Delta Z$ 的正负分别对应着 Al 原子和 Ti 原子在表面的上方。比较表 6-4 所示的 O/TiAl(111) 和 O/TiAl(111)-Si 系统的原子结构可以发现，氧吸附在 Si 合金化的 TiAl(111)-Si 表面的 O-Al 距离（$R_{\text{O-Ti}}$，$Z_{\text{O-Al}}$）比氧吸附在干净的 TiAl(111) 表面的 O-Al 距离要短；同时，氧吸附在 Si 合金化的 TiAl(111)-Si 表面的 O-Ti 距离（$R_{\text{O-Ti}}$，$Z_{\text{O-Ti}}$）比氧吸附在干净的 TiAl(111) 表面的 O-Ti 距离要长。这说明 Si 合金化的 TiAl(111)-Si 表面的 O 原子和 Al(Ti) 原子的相互作用比干净的 TiAl(111) 表面的 O 原子和 Al(Ti) 原子的相互作用更强（弱）。这个结果还将被第 6.2.4 节的态密度分析结果所支持。

表6-4 不同覆盖度的氧原子吸附在干净的 γ-TiAl(111) 表面和 Si 合金化的 γ-TiAl(111) 表面最稳定位置时的空间距离 R 和垂直距离 Z 结构参量以及表面褶皱参量 ΔZ (nm)

Θ/ML	表面	位点	$R_{\text{O-Al}}$	$R_{\text{O-Ti}}$	$Z_{\text{O-Al}}$	$Z_{\text{O-Ti}}$	$\Delta Z_{\text{Ti-Al}}$
0.00	TiAl(111)	—	—	—	—	—	-0.0173
	TiAl(111)-Si	—	—	—	—	—	-0.0217
0.25	TiAl(111)	fcc-Al	0.1875	0.1955	0.0941	0.1058	-0.0117
	TiAl(111)-Si	fcc-Ti	0.1835	0.2032	0.0820	0.0999	-0.0179
0.50	TiAl(111)	fcc-Al	0.1847	0.1935	0.1089	0.1014	0.0075
		hcp-Al	0.1804	0.1952	0.0927	0.0851	0.0076
	TiAl(111)-Si	fcc-Ti	0.1823	0.2002	0.0890	0.0944	-0.0054
		hcp-Ti	0.1802	0.2046	0.0922	0.0977	-0.0055
0.75	TiAl(111)	fcc-Al	0.1864	0.1901	0.1232	0.0883	0.0349
		hcp-Al	0.1756	0.1973	0.1011	0.0661	0.0350
	TiAl(111)-Si	fcc-Ti	0.1795	0.2075	0.0694	0.0958	-0.0264
		hcp-Ti	0.1798	0.2037	0.0598	0.0862	-0.0264
		hcp-Al	0.1863	0.2092	0.0283	0.0547	-0.0264
1.00	TiAl(111)	fcc-Al	0.1823	0.1932	0.1440	0.0789	0.0651
		hcp-Al	0.1742	0.1942	0.0946	0.0295	0.0651
	TiAl(111)-Si	hcp-Al	0.1806	0.2082	0.0536	0.1150	-0.0614
		hcp-Al	0.1806	0.2082	0.0536	0.1150	-0.0614
		hcp-Ti	0.1766	0.2031	0.0610	0.1224	-0.0614
		hcp-Ti	0.1870	0.3593	0.0982	0.1597	-0.0615

从表 6-4 还可以看出，干净的 TiAl(111) 和 Si 合金化 TiAl(111)-Si 的表面褶皱值 ΔZ 是负值，这表明表面层的 Al 原子是在表面层的 Ti 原子的上方。而且，随着氧覆盖度增加，O/TiAl(111) 系统的表面褶皱 ΔZ 从负值增加到正值，这表明氧吸附会导致表面层的 Al 原子是上方变到表面层的 Ti 原子是上方。对于 O/TiAl(111)-Si 系统，不同覆盖度的氧吸附在 Si 合金化 TiAl(111)-Si 的表面褶皱值 ΔZ 都是负值，这表明表面层的 Al 原子都是在表面层的 Ti 原子的上方。而且，在氧的覆盖度为 0.75 ML 和 1.00 ML 时，O/TiAl(111)-Si 系统的表面褶皱值 (ΔZ) 达到了 -0.26 Å 和 -0.61 Å，这意味着 O 原子和 Al 原子的相互作用比 O 原子和 Ti 原子的相互作用要强，这可能也是有利于 Al_2O_3 氧化物岛状物形成的原因。

6.2.4 投影态密度分析

为了分析合金元素 Si 表面偏析效应对氧原子与表面结合作用的影响，分别计算了的 O/TiAl(111) 和 O/TiAl(111)-Si 系统的投影态密度。图 6-2(a)、(c) 和 (e) 分别给出了覆盖度为 0.25 ML、0.50 ML 和 1.00 ML 的氧吸附在干净 TiAl(111) 表面的投影态密度，而图 6-2(b)、(d) 和 (f) 分别给出了覆盖度为 0.25 ML、0.50 ML 和 1.00 ML 的氧吸附在 Si 合金化 TiAl(111)-Si 表面的投影态密度。

如图 6-2(a) 所示的 0.25 ML 的 O/TiAl(111) 系统，O 的 2p 态和 Al 的 3p 态以及 Ti 的 4p 和 3d 态在大约 -4.7 eV 相互作用；O 的 2s 三态和 Al 的 3s 和 3p 态以及 Ti 的 4s、4p 和 3d 态在大约 -18.8 eV 相互作用。如图 6-2(b) 所示的 0.25 ML 的 O/TiAl(111)-Si 系统，O 的 2p 态劈裂成大约 -4.3 eV 和 -6.3 eV 两个峰，它除了有和 O/TiAl(111) 体系一样的 O 的 2p 态和 Al 的 3p 态在大约 -4.3 eV 相互作用，还有 O 的 2p 态和 Al 的 3s 态在大约 -6.3 eV 相互作用。因此，这表明 0.25 ML 的 O/TiAl(111)-Si 的 O 和 Al 的相互作用比 0.25 ML 的 O/TiAl(111) 的 O 和 Al 的相互作用强。

转到高氧覆盖度为 0.50 ML 和 1.0 ML，它们的投影态密度特征与 0.25 ML 相似。对于如图 6-2(c) 和 (e) 所示 0.50 ML 和 1.0 ML 的 O/TiAl(111) 系统，O 的 2p 态和 Al 的 3p 态以及 Ti 的 4p、3d 态大约在 -7.0～1.5 eV 相互作用；O 的 2s 态和 Al 的 3s、3p 态以及 Ti 的 4s、4p 和 3d 态大约 -18 eV 相互作用。对于如图 6-2(d) 和 (f) 所示的 0.50 ML 和 1.0 ML 的 O/TiAl(111)-Si 系统，O 的 2p 态劈裂成大约 -5.0 eV 和 -7.8 eV 两个峰，分别与 Al 的 3s 态和 3p 态有强烈的相互作用；而且 O 的 2s 态和 Al 的 3s、3p 态在大约 -20.0 eV 相互作用。与 0.50 ML 和 1.0 ML 的 O/TiAl(111) 系统相比，O 和 Al 的相互作用向低能级移

动。这表明 O/TiAl(111)-Si 的 O 和 Al 的相互作用比 O/TiAl(111) 的 O 和 Al 的相互作用强。而且，O/TiAl(111)-Si 投影态密度的结果表明氧覆盖度的增加使 O 和 Al 的相互作用越变越强，这与前文的原子结构和结合能的结果分析是一致的。

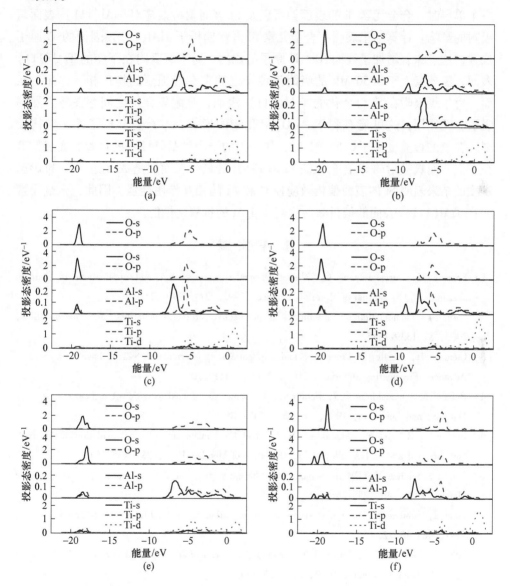

图 6-2　覆盖度为 0.25 ML(a)、0.50 ML (c) 和 1.0 ML (e) 氧原子吸附在干净的 TiAl(111) 表面和 0.25 ML (b)、0.50 ML (d) 和 1.0 ML (f) 氧原子吸附在 Si 合金化 TiAl(111) 表面最稳定位置的投影态密度图

6.3 本章小结

本章利用第一性原理,在广义梯度近似下分析了随着氧的覆盖度从零增加到一个单层时,合金元素 Si 的表面偏析以及 Si 表面偏析效应对 TiAl(111) 表面氧吸附的影响。计算结果表明,合金元素 Si 喜欢偏析于 TiAl(111) 表面的 Ti 原子位置,这意味着增加了表面 Al:Ti 原子的比例。对于氧吸附在干净的 TiAl(111) 表面,覆盖度大于 0.50 ML 的吸附氧原子之间存在着强烈的排斥相互作用。然而,对于氧吸附在 Si 合金化的 TiAl(111) 表面,吸附氧原子之间存在着强烈的吸引相互作用,这可能有利于 Al_2O_3 氧化物的形成。本章还分析了原子结构发现,在氧的覆盖度大于 0.50 ML 时,氧吸附的干净 TiAl(111) 的最外表面层是 Ti 在上方,而氧吸附的 Si 合金化的 TiAl(111) 的最外表面层是 Al 在上方。投影态密度的结果表明 Si 的表面偏析效应使 O 和 Al 的相互作用变强。因此,合金元素 Si 在 TiAl(111) 表面的偏析效应提高了 TiAl 的抗氧化性能。

参 考 文 献

[1] Froes F H, Suryanarayana C, Eliezer D. Synthesis, properties and applications of titanium aluminides [J]. Journal of Materials Science, 1992, 27: 5113-5140.

[2] Loria E A. Gamma titanium aluminides as prospective structural materials [J]. Intermetallics, 2000, 8: 1339-1345.

[3] Clemens H, Kestler H. Processing and applications of intermetallic γ-TiAl based alloys [J]. Advanced Engineering Materials, 2000, 2 (9): 551-570.

[4] Rahmel A, Quadakkers W J, Schütze M. Fundamentals of TiAl oxidation-A critical review [J]. Materials and Corrosion, 1995, 46 (5): 217-285.

[5] Becker S, Rahmel A, Quadakkers W J, et al. Mechanism of isothermal oxidation of the intelmetallic TiAl and of TiAl alloys [J]. Oxidation of Metals, 1992, 38: 425-464.

[6] Lang C, Schütze M. TEM investigations of the early stages of TiAl oxidation [J]. Oxidation of Metals, 1996, 46: 255-285.

[7] Lang C, Schütze M. The initial stages in the oxidation of TiAl [J]. Materials and Corrosion, 1997, 48: 13-22.

[8] Schmitz-Niederau M, Schütze M. The oxidation behavior of several Ti-Al alloys at 900 ℃ in air [J]. Oxidation of Metals, 1999, 52: 225-240.

[9] Maki K, Shioda M, Sayashi M, et al. Effect of silicon and niobium on oxidation resistance of TiAl intermetallics [J]. Materials Science and Engineering A, 1992, 153: 591-596.

[10] Shida Y, Anada H. Role of W, Mo, Nb and Si on oxidation of TiAl in air at high temperatures [J]. Materials Transactions, JIM, 1994, 35 (9): 623-631.

[11] Kim B G, Kim G M, Kim C J. Oxidation behavior of TiAl-X (X = Cr, V, Si, Mo or Nb) intermetallics at elevated temperature [J]. Scripta Metallurgica et Materialia, 1995, 33 (7): 1117-1125.

[12] Taniguchi S, Uesaki K, Zhu Y C, et al. Influence of implantation of Al, Si, Cr or Mo ions on the oxidation behaviour of TiAl under thermal cycle conditions [J]. Materials Science and Engineering: A, 1999, 266 (1/2): 267-275.

[13] Taniguchi S, Uesaki K, Zhu Y C, et al. Influence of silicon ion implantation and post-implantation annealing on the oxidation behaviour of TiAl under thermal cycle conditions [J]. Materials Science and Engineering: A, 2000, 277: 229-236.

[14] Jiang C, Gleeson B. Surface segregation of Pt in γ'-Ni_3Al: A first-principles study [J]. Acta Materialia, 2007, 55: 1641-1647.

[15] 李虹, 刘利民, 王绍青等. 氧原子在 γ-TiAl(111) 表面氧吸附的第一性原理研究 [J]. 金属学报, 2006, 42 (9): 897-902.

[16] Liu S Y, Wang F H, Zhou Y S, et al. Ab initio study of oxygen adsorption on the Ti(0001) surface [J]. Journal of Physics: Condensed Matter, 2007, 19: 226004.

[17] Wang F H, Liu S Y, Shang J X, et al. Oxygen adsorption on Zr(0001) surfaces: Density functional calculations and a multiple-layer adsorption model [J]. Surface Science, 2008, 602 (13): 2212-2216.

[18] Kresse G, Hafner J. Ab initio molecular dynamics for open-shell transition metals [J]. Physical Review B, 1993, 48 (17): 13115-13118.

[19] Kresse G, Furthmüller J. Efficient iterative schemes for ab initio total-energy calculations using a plane-wave basis set [J]. Physical Review B, 1996, 54 (16): 11169-11186.

[20] Kresse G, Furthmüller J. Efficiency of ab-initio total energy calculations for metals and semiconductors using a plane-wave basis set [J]. Computational Materials Science, 1996, 6 (1): 15-50.

[21] Perdew J P, Chevary J A, Vosko S H, et al. Atoms, molecules, solids, and surfaces: Applications of the generalized gradient approximation for exchange and correlation [J]. Physical Review B, 1992, 46 (11): 6671-6687.

[22] Blöchl P E. Projector augmented-wave method [J]. Physical Review B, 1994, 50 (24): 17953-17979.

[23] Kresse G, Joubert D. From ultrasoft pseudopotentials to the projector augmented wave method [J]. Physical Review B, 1999, 59: 1758-1775.

[24] Brandes E A. Smithell Metals Reference Book [M]. 6th edn, London: Butterworth, 1983.

[25] Benedek R, van de Walle A, Gerstl S S A, et al. Partitioning of solutes in multiphase Ti-Al alloys [J]. Physical Review B, 2005, 71 (9): 094201.

[26] Neugebauer J, Scheffler M. Adsorbate-substrate and adsorbate-adsorbate interactions of Na and K adlayers on Al(111) [J]. Physical Review B, 1992, 46 (24): 16067-16080.

[27] Bengtsson L. Dipole correction for surface supercell calculations [J]. Physical Review B,

1999, 59 (19): 12301-12304.

[28] Pack J D, Monkhorst H J. Special points for Brillouin-zone integrations [J]. Physical Review B, 1976, 13: 5188-5192.

[29] Woodward C, Kajihara S, Yang L H. Site preferences and formation energies of substitutional Si, Nb, Mo, Ta, and W solid solutions in $L1_0$ Ti-Al [J]. Physical Review B, 1998, 57: 13459.

7 二元和三元合金表面氧化的第一性原理热力学研究

了解金属、金属间化合物和合金的表面氧化对于腐蚀、钝化、催化和薄膜生长等各种不同领域具有相当大的基础意义和重要性[1-7]。特别是，合金含有两种或多种金属元素，这些合金的结构和元素浓度经过优化，使其成为实际应用中的优质材料。众所周知，合金在高温下提供的抗氧化和腐蚀保护取决于合金在其表面产生和维持稳定、黏附、缓慢生长的氧化物层的能力。在氧化环境下，合金表面因致密的保护性氧化层的选择性生长而具有优异的抗氧化性能，主要取决于金属元素和氧化物的局部活性。因此，自我保护氧化层的形成仍然是在高温环境下成功实现合金结构应用的关键挑战。

难熔金属铌 Nb 及其合金具有非常高的熔化温度（2467 ℃）和低密度，成为高温应用和镍（Ni）替代品的有吸引力的候选者。然而，在高温应用中使用铌合金的一个主要障碍是因抗氧化性差导致其在氧化环境下的灾难性行为环境，因抗氧化性较差而受到影响[8]。成功设计用于高温（约 1300 ℃）的铌合金的最大挑战之一是如何提高其固有的抗氧化性。人们开始对模型金属铌系统进行合金研究，以获得具有改进的环境耐受性的材料系统，同时，保留迄今为止所达到的结构性能。研究表明，金属钛 Ti 可以增强 Nb 固溶体的拉伸延展性和断裂韧性[9]。此外，Nb-Ti 二元合金的抗氧化性比纯 Nb 稍好，但 Ti 合金添加物可以形成保护性较弱的 TiO_2 氧化物外层而不是致密的保护性氧化层[10-11]。Nb-Si 二元合金形成的氧化物仅由 Nb 氧化物组成，而没有形成保护性氧化硅层[11]。通过添加 Al 可以提高 Nb 的抗氧化性。尽管氧化皮包含 Al_2O_3 和 $NbAlO_4$ 的混合物，但由于形成氧化铝皮，Nb-Al 二元合金表现出增强的抗氧化性[12-13]。此外，在空气中 1400 ℃下氧化 Nb-Ti-Al 合金期间，在 Nb-Ti-Al 三元合金表面快速生长的瞬态 Ti 和 Nb 的氧化物由于连续 Al_2O_3 层的生长而被局部切断[14]。

与从第一性原理开始广泛研究的最纯粹的金属表面不同[15-23]，合金的氧化行为很少用第一性原理理论进行研究，一部分原因是相关的复杂性，包括组成金属元素的不同氧亲和力、组成金属元素的重新分布和偏析，以及多个氧化物相的形成。经典 Wagner 氧化理论从宏观角度对二元合金的氧化行为进行了一般描述[24]。虽然该理论表明通过选择性氧化形成单一氧化层或混合氧化层取决于金属的成分、浓度和活性以及其他因素，但基于这个经典理论很难详细预测合金的选择性氧化。合金选择性氧化的一般微观机制仍然难以捉摸。

本章提出了 Nb-X(110)(X = Ti、Al 或 Si) 合金表面氧化的新结果，这些结果是通过从头算原子热力学和表面相图（SPDs）中获得的。本章试图提出一些关于如何控制合金成分、浓度和活性来影响合金氧化反应的想法。重点放在行为的现象学模式上，显示合金设计有机会改变合金氧化形成保护层的方式。此外，建立了一个通用的指导规则，即富氧条件下表面相图的均匀占据控制着合金的持续选择性氧化，这也可能有助于从原子尺度的角度理解经典 Wagner 氧化理论。

7.1　计算方法与模型

采用以密度泛函理论（DFT）为基础维也纳从头计算模拟程序包（VASP）进行第一性原理计算[25-29]，电子交换关联能采用广义梯度近似方法（GGA）中的 PBE 方法[30]。对核区的芯电子采用了 Kresse 和 Joubert 发展的投影缀加波（PAW）赝势[31-32]。其中，Nb、Ti、Al、Si 和 O 的电子组态分别是 [Ar]$3d^{10}$ $4s^24p^64d^45s^1$、[Ar]$3d^24s^2$、[Ne]$3s^23p^1$、[Ne]$2s^22p^2$ 和 [He]$2s^22p^4$。根据计算收敛的结果，选取 400 eV 作为所有计算的截断能。对体心立方金属 Nb 的计算分别采用了 18×18×18 的 Monkhors-Pack 方案自动产生的 K 点网格。计算得出的 Nb 晶格常数 a 为 0.3322 nm，与实验结果和以前的第一性原理广义梯度近似计算的结果符合得很好[33-34]。对于 Nb-X(110) 和 O/Nb-X(110) 系统采用非对称的超原胞结构，包括 7 层对称的 Nb 原子的板层和 9 层原子的真空层。Nb(110) 的 $p(2×2)$ 表面模型都采用了 9×9×1 的布里渊区（BZ）网格。在 $p(2×2)$ 表面模型中，每一层有 4 个金属原子。考虑到由于氧原子吸附于金属层的一侧，在垂直表面方向加有极化修正[35-36]。我们定义了研究氧原子的覆盖度（Θ）是氧吸附的原子数和在理想情况下一层金属原子的比率。在计算中，只有最下面的 3 层 Ti 原子是固定的，其结构参数与 Nb 体的相同，其余的原子将弛豫至它们所受的力小于 0.01 eV/nm 为止。图 7-1 显示了 4 个氧原子吸附在 Nb-X(110) 表面体系的最稳定吸附点的结构模型。需要强调的是，用超胞模型代表 Nb-X(110) 的合金表面，假设 X 元素的掺杂量较少，以便有少量掺杂 X 元素的合金体系仍然保持着原来的 Nb 晶体结构。

通过氧结合能和表面能分析了各种 O/Nb-X(110) 合金体系的结合和稳定性。每个氧原子的平均结合能作为 Θ 的函数定义为[37]：

$$E_b(\Theta) = \frac{1}{N_O^{atom}} \left[E_{O/Nb-X(110)}^{slab}(\Theta) - \left(E_{Nb-X(110)}^{slab} + N_O^{atom}\frac{1}{2}E_{O_2} \right) \right] \quad (7\text{-}1)$$

式中，N_O^{atom} 为晶胞中氧原子的数量；$E_{O/Nb-X(110)}^{slab}$、$E_{Nb-X(110)}^{slab}$ 和 E_{O_2} 分别为含有氧原子的 Nb-X(110) 合金板、纯净的 Nb-X(110) 合金和自由 O_2 分子的每个晶胞的

总能量。

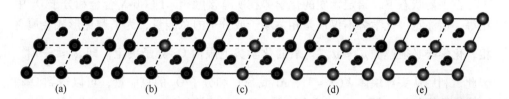

图 7-1 4 个氧原子吸附在 Nb-X (110)- (2×2)(X = Ti, Al, Si) 表面体系的最稳定吸附点的结构模型

(a) 纯的 Nb(110) 表面；(b) 含有 1 个 X 原子偏析的表面 [Nb(110)-1X]；
(c) 含有两个 X 原子偏析的表面 [Nb(110)-2X]；(d) 含有 3 个 X
原子偏析的表面 [Nb(110)-3X]；(e) 含有 4 个 X 原子偏析的表面 [Nb (110)-4X]

（蓝色和灰色球分别代表 Nb 和 X 原子，大球和中球分别代表表面和
亚表面的原子，而红色小球代表氧原子）

彩图二维码

给定表面的热力学稳定性由其表面能决定。根据前人的热力学理论公式，表面能 γ 可以定义为[38-41]：

$$\gamma = \frac{1}{S_0}(E_{\text{slab}} - \sum_i N_i \mu_i) \tag{7-2}$$

式中，S_0 为表面面积；E_{slab} 为整个板的总能量；N_i 为物种 i 的原子数量；μ_i 为物种 i 的化学势。这里忽略相应表面的 TS 项和压力项的贡献。虽然构型熵应该在相变边界考虑[42]，但这里忽略了构型熵的贡献，因为不同表面的相对稳定性是这项工作的重点[43]。

作为一个特例，对于如图 7-1(a) 所示的纯 Nb(110)-(2×2) 表面，我们将表面能 γ_S 表示为：

$$\gamma_S = \frac{1}{S_0}[E_{\text{slab}}^{\text{S}} - N_{\text{Nb}}^{\text{S}} \mu_{\text{Nb}}^{\text{bulk}}] \tag{7-3}$$

式中，$E_{\text{slab}}^{\text{S}}$ 为纯 Nb(110) 表面的总能量；N_{Nb}^{S} 为超原胞中 Nb 原子的数量；$\mu_{\text{Nb}}^{\text{bulk}}$ 为金属 Nb 块体的化学势。

对于 O/Nb-X(110) 合金（X = Ti、Al 或 Si）表面 [图 7-1(b)~(e) 中所示的任何配置]，我们将相应的表面能（γ_a）表示为：

$$\gamma_a = \frac{1}{S_0}[E_{\text{slab}}^{\text{a}} - N_{\text{Nb}}^{\text{a}} \mu_{\text{Nb}}^{\text{bulk}} - N_X \mu_X - N_O \mu_O] \tag{7-4}$$

式中，$E_{\text{slab}}^{\text{a}}$ 为 O/Nb-X(110) 合金表面的总能量；N_{Nb}^{a}、N_X 和 N_O 分别为超原胞中 Nb、X(X = Ti、Al 或 Si) 和 O 原子的数量；μ_X 和 μ_O 分别为 X(X = Ti、Al 或 Si) 和 O 的化学势。

从式（7-3）和式（7-4），我们定义了 O/Nb-X(110) 表面相对于纯 Nb(110) 表面的相对表面能 γ_{RS}[41,43]：

$$\gamma_{RS} = (\gamma_a - \gamma_S)S_0 = E_{slab}^a - E_{slab}^S - (N_{Nb}^a - N_{Nb}^S)\mu_{Nb}^{bulk} - N_X\mu_X - N_O\mu_O \quad (7\text{-}5)$$

在平衡状态下，给定物质的化学势在所有接触相，即 Nb-X 合金和分子 O_2 中相等。请注意，化学势不仅仅是相关原子或分子的总能量，为了避免形成金属 X 相，化学势必须遵循 $\mu_X \leqslant \mu_X^{bulk}$。氧的化学势上限由 O_2 分子决定，即 $\mu_O \leqslant \frac{1}{2}E_{O_2}^{tot}$。因此，利用从头算块体 X（X = Ti、Al 或 Si）和分子 O_2 的总能量，可以得到 O 和 X 的化学势范围，即 $\mu_O \leqslant -4.89$ eV，$\mu_{Ti} \leqslant -7.74$ eV，$\mu_{Al} \leqslant -3.69$ eV，$\mu_{Si} \leqslant -5.43$ eV。

此外，氧的化学势与温度（T）和氧分压（P）的关系可以通过以下公式确定[40]：

$$\mu_O(T,P) = \frac{1}{2}E_{O_2}^t + \mu_O(T,P^0) + \frac{1}{2}k_B T\left(\frac{P}{P^0}\right) \quad (7\text{-}6)$$

式中，$E_{O_2}^t$ 为孤立氧分子的总能量；k_B 为玻尔兹曼常数；$\mu_O(T, P^0)$ 为氧气在温度 T 和压力 P^0 下的化学势，可在标准热力学表中找到[44]。式（7-6）提供了在任何实验条件（T 和 P）下确定氧化学势的通用方法。例如，在 $T = 650$ ℃ 和 $P = 1.0 \times 10^{-5}$ Pa 的条件下，氧的化学势可确定为 $\mu_O^{expt} = -6.81$ eV。

7.2 Nb-X（110）合金干净表面性质

为了研究 Nb-X(110) 合金表面的氧化行为，首先需要了解 Nb-X(110) 合金干净表面的性质。因此，本小节研究了 Nb-X(110) 合金干净表面的相对表面能，图 7-2 分别给出了干净的 Ni-Tb(110)、Nb-Al(110) 和 Nb-Si(110) 合金表面的相对表面能随 X（X = Ti、Al、Si）化学势变化的曲线。从能量的观点可知，表面能越低，体系也就越稳定。

为了便于讨论，将含有 1、2、3、4 个 X 原子偏析的 Nb(110)-(2×2) 合金表面分别标记为 Nb(110)-1X、Nb(110)-2X、Nb(110)-3X 和 Nb(110)-4X。值得一提的是，Nb(110)-4X 合金表面的最外层表面全部变成了 X（X = Ti、Al、Si）原子。

从图 7-2（a）可见，在高 Ti 化学势的情况下，含有 Ti 偏析的 Nb(110) 表面变得比纯的 Nb(110) 更稳定，且 Nb(110)-4Ti 是最稳定的。图 7-2（b）和（c）所示在高 Ti 化学势的情况下，含有 Al 和 Si 偏析的 Nb(110) 表面也比纯的 Nb(110) 更稳定，且在极高 Ti 化学势的情况下，Nb(110)-4Al 和 Nb(110)-3Si 是最稳定的。

为了研究 Nb-X(110) 合金表面的氧化行为，需要先了解 Nb-X(110) 合金的干净表面的性质。表 7-1 所示为合金元素 Ti、Al 和 Si 在 Nb-X(110) 合金的最外层表面和压表面的偏析能，其定义为 X（X = Ti、Al、Si）原子从体内到表面所需

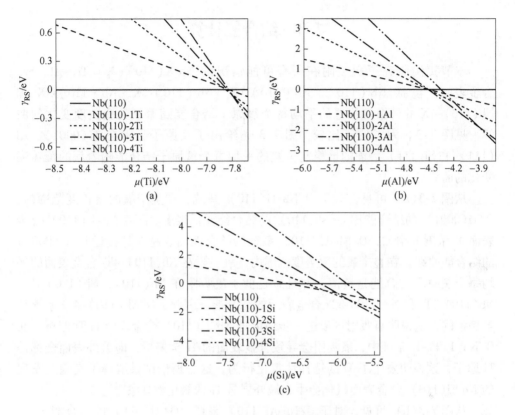

图 7-2 干净的 Nb-X(110) 合金表面的相对表面能随 X(X = Ti、Al、Si) 化学势变化的曲线

(a) Nb-Ti(110) 合金表面；(b) Nb-Al(110) 合金表面；
(c) Nb-Si(110) 合金表面

要的能量，即通过计算 X(X = Ti, Al, Si) 原子在表面和体内的能量差得到的。从表 7-1 可见，合金化的 X(X = Ti, Al, Si) 原子处在最外层表面的能量比处在亚表面和体内更低一些，这表明合金化的 X(X = Ti, Al, Si) 原子偏析到 Nb-X(110) 合金的最外表面。

表 7-1 合金元素 Ti、Al 和 Si 在 Nb-X(110) 合金的表面偏析能

X-位点	E_{seg}^{Ti}/eV	E_{seg}^{Al}/eV	E_{seg}^{Si}/eV
第一层	-0.14	-0.28	-0.53
第二层	-0.04	0.08	0.06
第三层	-0.03	-0.11	-0.26

7.3 结合能计算

本节我们研究了氧吸附在所有可能情况的 Nb-X(110)(X = Ti、Al、Si) 合金表面，包括 Nb(110)、Nb(110)-1X、Nb(110)-2X、Nb(110)-3X 和 Nb(110)-4X 的最稳定位置的平均每个氧原子结合能随着氧的覆盖度变化的曲线，见图 7-3。为了便于比较，图 7-3 还给出了氧原子吸附在 Ti(0001)、Al(111) 和 Si(111) 表面的最稳定位置的平均每个氧原子结合能随着氧的覆盖度变化的曲线。

从图 7-3(a) 可见，对于 O/Nb-Ti(110) 系统，在整个氧的覆盖度范围内，O/Ti(0001) 的结合能比 O/Nb(110) 的结合能要低很多。随着 Nb-Ti(110) 合金表面 Ti 浓度的增加，O/Nb-Ti(110) 系统的结合能曲线越来越接近 O/Ti(0001) 的结合能曲线。在整个氧的覆盖度范围内，氧吸附在 Nb(110)-4Ti 合金表面的平均每个氧原子结合能是负值，并且总是低于氧吸附在 Nb(110)、Nb(110)-1Ti、Nb(110)-2Ti 和 Nb(110)-3Ti 合金表面的结合能。因此，O/Nb(110)-4Ti 系统是最稳定的，这说明氧吸附可以进一步地促进 Nb-Ti(110) 合金表面的 Ti 偏析。在 O/Nb(110)-Ti 系统中，氧吸附会导致合金表面的 Ti 全偏析，即最外表面全都是 Ti 原子，这说明发生了 Ti 的选择性氧化行为。这一理论结果解释了实验上发现的 Nb-Ti(110) 合金表面氧化会生成最外层是 Ti 的氧化物现象[11]。

从图 7-3(b) 可见，对于 O/Nb-Al(110) 系统，O/Al(111) 的结合能比 O/Nb(110) 的结合能低一些。随着氧覆盖度的增加，O/Nb(110) 的平均每个氧原子的结合能在升高，这是由于在 Nb(110) 表面吸附的氧原子之间具有排斥作用[37]。相反，氧吸附在 Al(111) 表面的平均每个氧原子的结合能随着覆盖度的增加而降低，这是由于在 Al(111) 表面吸附的氧原子之间有吸引作用，这有利于 Al_2O_3 氧化物岛状物的形成[17]。随着 Nb-Al(110) 合金表面 Al 浓度的增加，在高 Al 浓度情况下的 O/Nb-Al(110) 系统 [O/Nb(110)-4Al] 的结合能曲线变得与 O/Al(111) 的结合能曲线十分相近。而且在高氧覆盖度 ($\Theta \geq 0.75$ ML) 时，氧吸附在 Nb(110)-4Al 的结合能总是低于氧吸附在其他的 Nb(110)-1Al、Nb(110)-2Al、Nb(110)-3Al 和纯的 Nb(110) 表面，这表明高氧覆盖度的氧吸附会可以进一步促进合金表面的 Al 偏析。与 O/Nb-Ti(110) 系统相似，氧吸附引起了合金表面的 Al 全偏析，即最外表面全都是 Al 原子，进而导致了在 Nb-Al(110) 合金表面发生了 Al 的选择性氧化行为，解释了实验上合金元素 Al 可以提高 Nb 的氧化阻抗的现象[12-13]。

对于 O/Nb-Si(110) 系统，在稍高的氧覆盖度 ($\Theta \geq 0.50$ ML) 条件下，从图 7-3(b) 可以发现 O/Nb(110) 的结合能都比 O/Nb-Si(110) 和 Si(111) 的结

合能要低一些,这表明氧不能导致 Si 的选择性氧化并且氧化时不会形成 Si 的氧化物。因此,Nb-Si 二元合金的氧化产物只有 Nb 的氧化物,这与实验结果是一致的[11]。

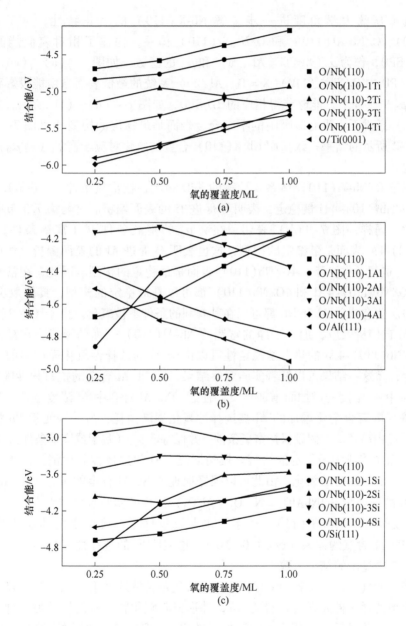

图 7-3　氧原子吸附在 Nb-Ti(110)(a)、Nb-Al(110)(b) 和 Nb-Si(110)(c) 合金表面的最稳定位置的平均每个氧原子的结合能随氧的覆盖度变化曲线

7.4 二元合金表面氧化的热力学相图分析

为了从热力学角度进一步了解 Nb-X(110) 的氧化特性，对于 O/Nb-Ti(110)、O/Nb-Al(110) 和 O/Nb-Si(110) 体系，构建了相对表面能的三维 (3D) SPD，作为 μ_X（X = Ti、Al、Si）和 μ_O 的函数，如图 7-4(a) ~ (c) 所示。将 3D SPD 中 O/Nb-X(110)(X = Ti、Al、Si) 系统的最低表面自由能投影到二维 ($\mu_O - \mu_X$) 平面上，能够获得相应的 2D SPD，如图 7-4(d) ~ (f) 所示。在贫氧（低 μ_O）条件下，没有氧吸附的干净合金表面是最稳定的构型（见图 7-4），这与图 7-2 所示的结果一致，而 Nb-X(110) 合金的氧化对应于富氧（高 μ_O）条件的情况。

对于 O/Nb-Ti(110) 体系，计算的 SPD 表明，在富氧条件下，$\Theta = 1.00$ ML 时的 O/Nb(110)-4Ti 最稳定，表明 O 促进 Ti 的表面偏析。这与第 7.3 节中的结果一致。同样，图 7-4(b) 表明，在高 μ_{Al} 的富氧条件下（富铝条件），4O/Nb(110)-4Al 表面是最稳定的构型，这也表明 O 促进 Al 的表面偏析。然而，在低 μ_{Al}（贫铝条件）下，4O/Nb(110) 表面是最稳定的构型。因此，在富氧条件下，4O/Nb(110)-4Al 和 4O/Nb(110) 都可以是最稳定的构型，具体取决于 Al 化学势。这意味着 Al 和 Nb 都可以在其有利的条件下被氧化。由于图 7-2(b) 所示的 Al 自偏析效应，加上干净的富铝的 Nb-Al(110) 表面的形成，在富铝条件下 4O/Nb(110)-4Al 的热力学稳定性可以由于 Al 的选择性氧化而产生的氧化铝层的生长。这一结果可以解释实验观察结果，即 Nb-Al 合金的抗氧化性随着 Nb-Al 合金中 Al 浓度的增加而增加[12-13]。注意，Nb-Al 合金中 Al 浓度越高，产生的 μ_{Al} 越高。随着合金化添加的 Al 被选择性氧化逐渐消耗，另一种元素 Nb 将变得富集，μ_{Al} 由高转低。假设保持富氧条件，并保持低 μ_{Al}（贫铝或富铌条件），4O/Nb(110) 系统将成为最稳定的构型。换句话说，Al 的选择性氧化消耗产生了富铌条件，进而导致铌的氧化。由此可以很好地理解 Nb-Al 合金的氧化皮由 Al_2O_3 和 $NbAlO_4$ 的混合物（$2NbAlO_4 = Nb_2O_5 + Al_2O_3$）组成的实验观察结果[12-13]。

但是对于 O/Nb-Si(110) 体系，在富氧条件下，最稳定的体系仍然是纯 Nb(110) 上含氧的体系（$\Theta = 1.00$ ML），这表明 Si 的选择性氧化不会发生，与第 7.4 节中显示的结果一致。

当二元 (A-B) 合金氧化时，选择性氧化是否持续发生？二元合金表面的初始氧化会消耗一种元素（假设为 A），并形成其氧化物，从而导致另一种元素 B 的丰富化，并降低 μ_A。图 7-4(a) 所示的 O/Nb-Ti(110) 系统的 SPDs 表明，在富氧条件下，无论是富钛条件还是贫钛条件，都在能量上有利于钛氧化物层的形成，这表明氧总是能够长时间选择性地氧化 Ti，也意味着 Ti 的持续完全选择性

7.4 二元合金表面氧化的热力学相图分析

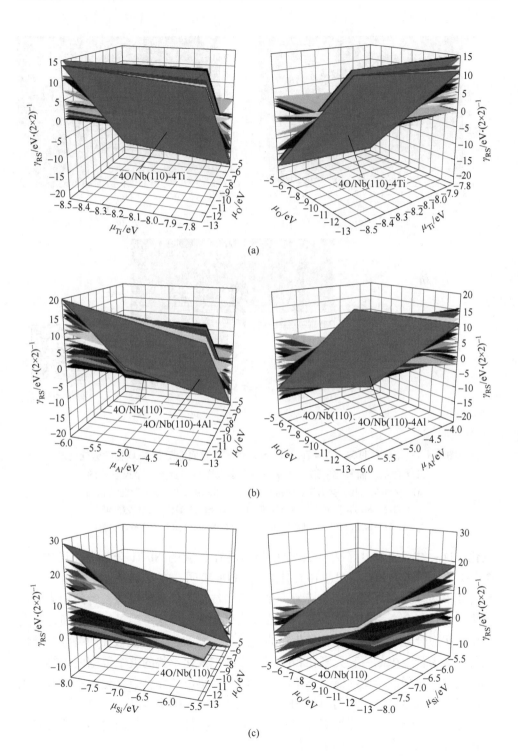

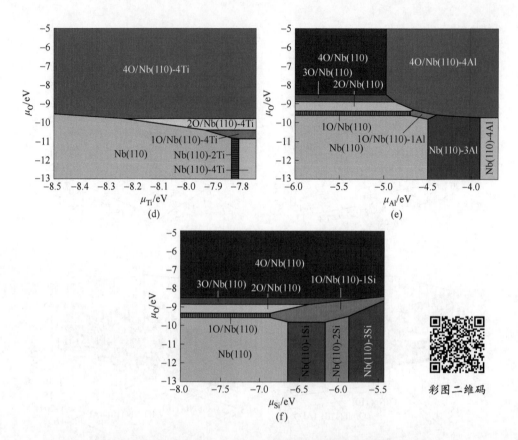

图 7-4 O/Nb-X(110)（X = Ti、Al、Si）系统的表面能随 X 和 O 化学势变化的二元合金表面氧化的第一性原理热力学表面相图及其二维投影相图

(a) O/Nb-Ti(110) 热力学表面相图；(b) O/Nb-Al(110) 热力学表面相图；
(c) O/Nb-Si(110) 热力学表面相图；(d) O/Nb-Ti(110) 二维投影相图；
(e) O/Nb-Al(110) 二维投影相图；(f) O/Nb-Si(110) 二维投影相图

氧化。这一结果也解释了为什么 TiO_2 很容易在相应的 Nb-Ti 合金表面形成[11]。图 7-4(b) 所示的 O/Nb-Al(110) 体系的 SPDs 表明，在富氧条件下，由于该二元合金中两种元素之间的竞争行为，在富铝和贫铝条件下不可能长时间形成单一氧化层，是指合金表面的非持续部分选择性氧化行为。这一结果解释了通过长期氧化在相应合金表面形成混合氧化物的原因[12-13]。我们将合金表面的持续选择性氧化定义为合金中的一种元素在相应表面相图中其化学势的整个范围内始终被选择性氧化的过程。因此从热力学角度，我们可以得出二元合金氧化的一般微观机制：即在富氧条件下，均匀单相 SPD（类型Ⅰ型）和非均匀双相 SPD（类型Ⅱ）分别对应于持续完全选择性氧化和非持续部分选择性氧化。利用这种微观机制可以预测任何二元合金表面的氧化行为。

7.5 三元合金氧化的热力学框架

当三元合金被氧化时,组成合金的三种金属元素的氧化的顺序是什么呢?而且,三元合金(A-B-C,其中 A 是主要的基体元素)的氧化和两个单独的二元合金(A-B、A-C)的氧化的区别和联系又是什么?很明显,三元合金中 A、B 和 C 元素的浓度比例 $C_A : C_B : C_C$ 能够影响对应组成元素的氧化时间。为了便于研究,假设三元合金(A-B-C)的表面氧化可以看成是对应的两种二元合金的表面氧化(A-B 和 A-C)。接下来指出三元合金(A-B-C)表面的热力学稳定性就可以近似地用两种单独的二元合金(A-B 和 A-C)表面能来确定。因此,三种合金元素的氧化顺序不但依赖于三元合金的组分,而且依赖于两种单独的二元合金(A-B 和 A-C)表面能。

以 Nb-Ti-Al(其中 Nb 是基体元素)三元合金为例,它的表面热力学稳定性可以由 Nb-Ti(110)和 Nb-Al(110)合金的表面能来确定。我们可以通过比较 Nb-Ti(110)和 Nb-Al(110)合金的表面能确定合金元素 Ti 或 Al 的表面偏析情况(见图 7-2)。从图 7-2 可以看出,在富钛的条件下($\mu_{Ti} \geq -7.83$ eV)和在富铝的条件下($\mu_{Al} \geq -4.5$ eV),Nb-Ti(110)和 Nb-Al(110)合金表面变得都比纯 Nb(110)表面更稳定。然而,只要在富铝条件下($\mu_{Al} \geq -4.4$ eV),不管 μ_{Ti} 如何变化,Nb-Al(110)合金的表面能总是低于 Nb-Ti(110)合金的表面能,这表明在富钛和富铝的条件下 Nb-Al(110)合金表面总是比 Nb-Ti(110)合金表面更稳定。因此,在三元中,Al 元素比 Ti 元素更容易发生表面偏析。

三元合金氧化的热力学稳定性也可以近似地由两个独立的二元合金氧化的表面能来确定。例如,为了确定 Nb-Ti-Al 三元合金的组成元素的选择性氧化顺序,可以比较二元合金 O/Nb-Ti(110)系统和二元合金 O/Nb-Al(110)系统的表面能。图 7-4(a)和(b)给出了 O/Nb-Ti(110)系统和 O/Nb-Al(110)系统的表面能随着 X(Ti、Al)和 O 化学势变化的图像。从图中可以看出,在整个 X(Ti、Al)化学势 μ_X 的范围内,O/Nb-Ti(110)系统比二元合金 O/Nb-Al(110)系统的表面能要低,这说明在铌基 Nb-Ti-Al(110)三元合金中,合金元素 Ti 最优先发生选择性氧化,这解释了三元合金表面氧化最先生成的 TiO_2 膜的现象。随着 Ti 的选择性氧化,Ti 会逐渐地被耗尽,元素 Nb 和 Al 局部地变得富有。从如图 7-4(b)、(e)所示的 O/Nb-Al(110)系统的热力学相图可知,在富氧的条件下,4O/Nb(110)和 4O/Nb(110)-4Al 都分别在富铌和富铝的条件下是最稳定的。因此,Nb-Ti-Al 三元合金的第二阶段的氧化是发生金属 Al 和 Nb 氧化,即三元合金表面长期氧化会生成 Nb 氧化物和 Al_2O_3 的两种氧化产物。当连续的 Al_2O_3 膜层生成时,Nb-Ti-Al 三元合金的氧化就会停止了。这是因为连续的 Al_2O_3 膜层具有致密的结构,它可以阻止氧原子向三元合金内部的扩散,进而阻止了进一步氧化的发生。这些分析结果可以很好地解释实验上发现 Nb-Ti-Al 三元合金在 1400 ℃氧化时,快速生长的 Ti 的氧化物和 Nb 的氧化物会被连续的 Al_2O_3 膜层局部的截断的现象[14]。重要的是,本节的方法可以用来作为其他单相二元和三元甚至多元合金氧化或氮化等微观机理,也可以预测二元和多元合金的氧化行为和氧化产物。因此,基于第一性原理热力学和前面类似的分析,我们可以预测三元甚至多元合金的表面氧化行为。

7.6 本章小结

利用第一性原理和热力学相结合计算,我们研究了铌基二元和三元合金表面的氧化行为。特别的,构建了 Nb-X(110) 二元合金的表面氧吸附的热力学相图,这可以从原子尺度很好地解释相关的铌基二元合金的选择性氧化实验。重要的是,我们总结得出一个广义的热力学微观氧化机制:在富氧的条件下,均一的单相热力学相图和劈裂的双相热力学相图分别对应着持久完全的选择性氧化和非持久部分的选择性氧化。此外,确立了三元合金氧化的热力学框架,即通过比较两个独立的二元合金的氧吸附的表面能,就可以理解三元 Nb-Ti-Al 合金的选择性氧化行为和实验上会生成多个氧化物的现象。利用这个广义的热力学微观氧化机制和热力学框架可以判断和预测任意一种二元和三元合金的氧化行为,也可以为合金的抗氧化性能进行理论的设计。这些关于二元和三元合金氧化的观念和方法还可以推广到二元和三元合金表面的硫化和氮化等化学反应的研究。

参考文献

[1] Over H, Seitsonen A P. Oxidation of metal surfaces [J]. Science, 2002, 297: 2003-2005.

[2] Over H, Kim Y D, Seitsonen A P, et al. Atomic-scale structure and catalytic reactivity of the RuO_2 (110) Surface [J]. Science, 2000, 287: 1474-1476.

[3] Stierle A, Renner F, Streitel R, et al. X-ray diffraction study of the ultrathin Al_2O_3 layer on NiAl(110)[J]. Science, 2004, 303: 1652-1656.

[4] Kresse G, Schmid M, Napetschnig E, et al. Structure of the ultrathin aluminum oxide film on NiAl(110)[J]. Science, 2005, 308: 1440-1442.

[5] Maurice V, Despert G, Zanna S, et al. Self-assembling of atomic vacancies at an oxide/intermetallic alloy interface [J]. Nature Materials, 2004, 3 (10): 687-691.

[6] Lozovoi A Y, Alavi A, Finnis M W. Surface stoichiometry and the initial oxidation of NiAl(110) [J]. Physical Review Letters, 2000, 85 (3): 610-613.

[7] Ghosh G, Olson G B. Integrated design of Nb-based superalloys: Ab initio calculations, computational thermodynamics and kinetics, and experimental results [J]. Acta Materials,

2007, 55: 3281-3303.

[8] Bouillet C, Ciosmak D, Lallemant M, et al. Oxidation of niobium sheets at high temperature [J]. Solid State Ionics, 1997, 101: 819-824.

[9] Chan K S, Davidson D L. Effects of Ti addition on cleavage fracture in Nb-Cr-Ti solid-solution alloys [J]. Metallurgical and Materials Transactions A, 1999, 30: 925-939.

[10] Jackson M R, Jones K D, Huang S C, et al. in Refractory Metals: Extraction, Processing and Applications [M]. TMS: Warrendale, PA, 1990, pp. 335-346.

[11] Sims C T, Klopp W D, Jaffee R I. Studies of Oxidation and Contamination Resistance of Binary Hiobium Alloys [J]. ASM 1959, 51: 226.

[12] Habazaki H, Mitsui H, Ito K, et al. Roles of aluminium and chromium in sulfidation and oxidation of sputter-deposited Al-and Cr-refractory metal alloys [J]. Corrosion Science, 2002, 44: 285-301.

[13] Mitsui H, Habazaki H, Asami K, et al. The sulfidation and oxidation behavior of sputter-deposited amorphous Al-Nb alloys at high temperatures [J]. Corrosion Science, 1996, 38: 1431-1447.

[14] Brady M P, Gleeson B, Wright I G. Alloy design strategies for promoting protective oxide-scale formation [J]. JOM 2000, 52: 16-21.

[15] Stampfl C, Scheffler M. Theoretical study of O adlayers on Ru (0001) [J]. Physical Review B, 1996, 54: 2868.

[16] Ganduglia-Pirovano M V, Scheffler M. Structural and electronic properties of chemisorbed oxygen on Rh (111) [J]. Physical Review B, 1999, 59: 15533.

[17] Kiejna A, Lundqvist B I. First-principles study of surface and subsurface O structures at Al (111) [J]. Physical Review B, 2001, 63: 085405.

[18] Li W X, Stampfl C, Scheffler M. Oxygen adsorption on Ag (111): A density functional theory investigation [J]. Physical Review B, 2002, 65, 075407.

[19] Schröder E, Fasel R, Kiejna A. O adsorption and incipient oxidation of the Mg (0001) surface [J]. Physical Review B, 2004, 69: 115431.

[20] Todorova M, Reuter K, Scheffler M. Oxygen overlayers on Pd (111) studied by density functional theory [J]. The Journal of Physical Chemistry B, 2004, 108: 14477-14483.

[21] Yamamoto M, Chan C T, Ho K M, et al. First-principles calculation of oxygen adsorption on Zr(0001) surface: Possible site occupation between the second and the third layer [J]. Physical Review B, 1996, 54: 14111.

[22] Liu S Y, Wang F H, Zhou Y S, et al. Ab initio study of oxygen adsorption on the Ti(0001) surface [J]. Journal of Physics: Condensed Matter, 2007, 19: 226004.

[23] Wang F H, Liu S Y, Shang J X, et al. Oxygen adsorption on Zr(0001) surfaces: Density functional calculations and a multiple-layer adsorption model [J]. Surface Science, 2008, 602: 2212-2216.

[24] Wagner C. Theoretical analysis of the diffusion processes determining the oxidation rate of alloys

[J]. Journal of the Electrochemical Society, 1952, 99: 369.

[25] Hohenberg P, Kohn W. Inhomogeneous Electron Gas [J]. Physical Review, 1964, 136 (3): B864-B871.

[26] Kohn W, Sham L J. Self-Consistent Equations Including Exchange and Correlation Effects [J]. Physical Review, 1965, 140 (4): 1133-1138.

[27] Kresse G, Hafner J. Ab initio molecular dynamics for open-shell transition metals [J]. Physical Review B, 1993, 48 (17): 13115-13118.

[28] Kresse G, Furthmüller J. Efficient iterative schemes for ab initio total-energy calculations using a plane-wave basis set [J]. Physical Review B, 1996, 54 (16): 11169-11186.

[29] Kresse G, Furthmüller J, Efficiency of ab-initio total energy calculations for metals and semiconductors using a plane-wave basis set [J]. Computational Materials Science, 1996, 6: 15-50.

[30] Perdew J P, Chevary J A, Vosko S H, et al. Atoms, molecules, solids, and surfaces: Applications of the generalized gradient approximation for exchange and correlation [J]. Physical Review B, 1992, 46 (11): 6671-6687.

[31] Blöchl P E. Projector augmented-wave method [J]. Physical Review B, 1994, 50 (24): 17953-17979.

[32] Kresse G, Joubert D. From ultrasoft pseudopotentials to the projector augmented-wave method [J]. Physical Review B, 1999, 59: 1758-1775.

[33] Kittel C. Introduction to Solid State Physics [M]. 4th ed, Wiley: New York, 1971.

[34] Zhang W, Smith J R. Stoichiometry and adhesion of Nb/Al_2O_3 [J]. Physical Review B, 2000, 61: 16883.

[35] Neugebauer J, Scheffler M. Adsorbate-substrate and adsorbate-adsorbate interactions of Na and K adlayers on Al(111)[J]. Physical Review B, 1992, 46 (24): 16067-16080.

[36] Bengtsson L. Dipole correction for surface supercell calculations [J]. Physical Review B, 1999, 59 (19): 12301-12304.

[37] Liu S Y, Shang J X, Wang F H, et al. Oxidation of the two-phase Nb/Nb_5Si_3 composite: The role of energetics, thermodynamics, segregation, and interfaces [J]. The Journal of Chemical Physics, 2013, 138: 014708.

[38] Qian G X, Martin R M, Chadi D J. First-principles study of the atomic reconstructions and energies of Ga-and As-stabilized GaAs(100) surfaces [J]. Physical Review B, 1988, 38: 7649.

[39] Northrup J E. Energetics of GaAs island formation on Si(100), Physical Review Letters, 1989, 62: 2487.

[40] Reuter K, Scheffler M. Composition, structure, and stability of RuO_2(110) as a function of oxygen pressure [J]. Physical Review B 2001, 65: 035406.

[41] Wang F H, Krüger P, Pollmann J. Electronic structure of 1×1 GaN(0001) and GaN(000-1) surfaces [J]. Physical Review B, 2001, 64: 035305.

[42] Reuter K, Scheffler M. Composition, structure, and stability of RuO_2 (110) as a function of oxygen pressure [J]. Physical Review B, 2001, 65: 035406.

[43] Soon A, Todorova M, Delley B, et al. Oxygen adsorption and stability of surface oxides on Cu (111): A first-principles investigation [J]. Physical Review B, 2006, 73: 165424.

[44] Stull D R, Prophet H. JANAF Thermochemical Tables [M]. 2nd ed. U. S. National Bureau of Standards: Washington, DC, 1971.

8 双相复合材料 Nb/Nb_5Si_3 氧化的第一性原理热力学研究

由铌（Nb）和硅化铌（Nb_5Si_3）组成的两相复合材料由于其低密度、高熔点、高抗蠕变和高温强度而成为一种重要的结构材料[1-2]。例如，Nb/Nb_5Si_3 复合材料有望取代涡轮发动机中的镍基超级合金[3-4]。然而，广泛的实验研究表明，Nb/Nb_5Si_3 复合材料在高温下的抗氧化性较低[5-13]。这是开发用于高温应用的 Nb/Nb_5Si_3 基结构材料的主要问题。因此，对氧化机理的理解是非常重要的。

已有实验研究证实，复合材料的氧化物层基本上由 Nb_2O_5 组成，同时在 Nb_2O_5 层下方也形成了内部氧化区，其中 Nb 的晶相含有高达 30 at.% 的溶解氧[6-13]。这两层几乎都不含 Si。这一特征与单相 Nb_5Si_3 金属间合金的氧化截然不同，后者在氧化过程中在氧化物层中形成 Nb_2O_5 和 SiO_2[14]。

虽然单相金属间化合物如 NiAl[15-16]、γ-TiAl[17-21] 和 α_2-Ti_3Al[18,22] 的氧化机制最近已经建立，两相金属/金属间化合物复合材料氧化行为的潜在微观机制仍然缺乏[23-25]。本章通过从头算热力学阐明两相 Nb/Nb_5Si_3 复合材料的原子尺度氧化机制，它是第一性原理密度泛函理论（DFT）计算和原子热力学分析的结合。本章阐述了如何使用从头算热力学计算来理解和预测两相复合材料在原子尺度上的氧化行为，这可用于探索其他两相甚至多相复合材料的氧化和硫化。特别是分析了相关的能量学和热力学，包括作为化学势函数的结合能、形成能和表面能。构建了相关的三维（3D）和二维（2D）表面相图。研究了界面和表面偏析在 Nb/Nb_5Si_3 复合材料氧化中的作用。

8.1 计算方法与模型

采用以密度泛函理论（DFT）为基础维也纳从头计算模拟程序包（VASP）进行第一性原理计算[26-28]。电子交换关联能采用广义梯度近似方法（GGA）中的 PW91 方法[29]。对核区的芯电子采用了 Kresse 和 Joubert 发展的投影缀加波（PAW）赝势[30-31]。对所有的模型测试了不同 K 点和截断能的收敛性，根据计算收敛的结果选取 400 eV 作为所有计算的截断能。对金属 Nb 和金属间化合物 Nb_5Si_3 体的计算分别采用了 $18\times18\times18$ 和 $9\times9\times5$ 的 Monkhors-Pack 方案自动产生的 K 点网格。图 8-1 给出了 Nb_5Si_3 体和 Nb_5Si_3(001) 表面的结构模型。计算的 Nb 晶格常数 a 为 0.3322 nm，与实验结果和以前的第一性原理广义梯度近似计算的结果符合得很好[32-33]。Nb_5Si_3 晶格常数 a 为 0.6621 nm 和 c 为 1.1958 nm，与实验结果和以前的第一性原理广义梯度近似计算的结果符合得很好[34-36]。

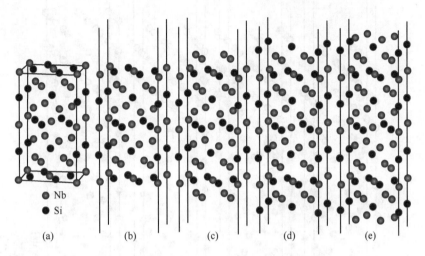

图 8-1 体相 Nb_5Si_3 和 $Nb_5Si_3(001)$ 的结构模型
(a) Nb_5Si_3 体相；(b) $Nb_5Si_3(001)$-NbSi；(c) $Nb_5Si_3(001)$-Nb_1；
(d) $Nb_5Si_3(001)$-Si；(e) $Nb_5Si_3(001)$-Nb_2

对于 O/Nb(110) 系统采用对称的超原胞结构，包括 9 层对称的 Nb 原子的板层和 9 层原子的真空层。对于 O/Nb_5Si_3 系统采用对称的超原胞结构，包括至少 9 层原子的板层和 1.5 nm 的真空层。氧原子将吸附在对称的金属层的两面。对于 Nb(110) 的 $p(2\times2)$ 表面和 $Nb_5Si_3(001)$ 的 $p(1\times1)$ 表面模型都采用了 $9\times9\times1$ 的布里渊区（BZ）网格。此外，我们研究了实验上发现的最完美匹配的 Nb[100](001)-(2×2)/Nb_5Si_3[100](001)-(1×1) 的相干界面[37-38]。对于该界面模型，采用了超原胞结构包括 7 层 Nb 原子的板层和至少 7 层 Nb_5Si_3 原子的板层以及 1.5 nm 的真空层，如图 8-2 所示。该界面模型采用了 $(9\times9\times1)$ 的布里渊区（BZ）网格。在我们计算中，所有超原胞模型中作用在每个原子上的力均小于 0.1 eV/nm 为止。

为了比较各种情况下 O/Nb 和 O/Nb_5Si_3 系统的稳定性，定义了平均每个氧原子的结合能：

$$E_b = \frac{1}{N_0^{atom}}(E_{O-contained}^{tot} - E_{clean}^{tot} - \frac{1}{2}N_0^{atom}E_{O_2}^{tot}) \quad (8-1)$$

式中，N_0^{atom} 为在整个系统中存在的氧原子个数；$E_{O-contained}^{tot}$ 和 E_{clean}^{tot} 分别为含氧和干净的体系（包括表面、界面和体内）总能；$E_{O_2}^{tot}$ 为单个氧分子在一个边长为

1 nm 的立方格子里计算得到的能量。由此定义可知：结合能越低，体系的氧吸附就越稳定。

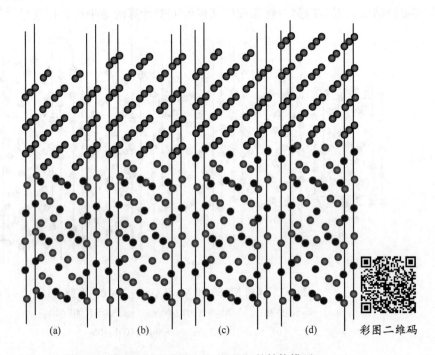

图 8-2 界面 Nb(001)/Nb$_5$Si$_3$(001) 的结构模型
(a) Nb(001)/Nb$_5$Si$_3$(001)-NbSi; (b) Nb(001)/Nb$_5$Si$_3$(001)-Nb1;
(c) Nb(001)/Nb$_5$Si$_3$(001)-Si; (d) Nb(001)/Nb$_5$Si$_3$(001)-Nb2

一个表面的热力学稳定性是由它的表面能决定的，根据前人的热力学理论公式，我们定义了 O/Nb$_5$Si$_3$(001) 系统的表面能 γ_s 的公式[20-22,39-44]：

$$\gamma_s = \frac{1}{2S_0}(E_{tot}^{slab} - N_{Nb}\mu_{Nb} - N_{Si}\mu_{Si} - N_O\mu_O - PV - TS) \tag{8-2}$$

式中，S_0 为表面面积；E_{tot}^{slab} 为 O/Nb$_5$Si$_3$(001) 体系经过弛豫后的总能；N_{Nb}、N_{Si}、N_O 分别为该体系内所含的 Nb、Si 和 O 的原子数；μ_{Nb}，μ_{Si}，μ_O 分别为 Nb、Si 和 O 原子的化学势。我们忽略了 TS 项和压力项对该表面体系的能量贡献[42-43]。在体系平衡的情况下，可以认为金属间化合物 Nb$_5$Si$_3$ 的表面和体内处于平衡的，即 $5\mu_{Nb} + 3\mu_{Si} = \mu_{Nb_5Si_3}^{bulk}$。因此，表面能 γ_s 可以重新写成：

$$\gamma_s = \frac{1}{2S_0}\left[E_{tot}^{slab} - \frac{1}{3}N_{Si}\mu_{Nb_5Si_3}^{bulk} - \left(N_{Nb} - \frac{5}{3}N_{Si}\right)\mu_{Nb} - N_O\mu_O\right] \tag{8-3}$$

同理，O/Nb(110) 系统的表面能 γ_s' 的公式为

$$\gamma_s' = \frac{1}{2S_0}[E_{tot}^{slab} - N_{Nb}\mu_{Nb} - N_O\mu_O] \tag{8-4}$$

式中，S_0 为表面面积；E_{tot}^{slab} 为 O/Nb(110) 体系经过弛豫后的总能；N_{Nb} 和 N_O 分别为该体系内所含的 Nb 和 O 的原子数；μ_{Nb} 和 μ_O 分别为 Nb 和 O 原子的化学势。

一个界面的热力学稳定性由它的界面形成能决定，根据前人的热力学理论公式，我们定义了 Nb/Nb$_5$Si$_3$ 系统的界面形成能 γ_i 的公式[33,45-47]：

$$\gamma_i = \frac{1}{S_0}(E_{tot}^{int} - N_{Nb}^B\mu_{Nb}^B - N_{Nb}\mu_{Nb} - N_{Si}\mu_{Si} - N_O\mu_O - PV - TS) \quad (8-5)$$

式中，S_0 为表面面积；E_{tot}^{int} 为 Nb/Nb$_5$Si$_3$ 界面体系经过弛豫后的总能；N_{Nb}^B，N_{Nb} 和 N_{Si} 分别为该体系内所含的 Nb 金属、Nb 和 Si 的原子数；μ_{Nb}^B、μ_{Nb} 和 μ_{Si} 分别为 Nb 金属、Nb 和 Si 原子的化学势。我们忽略了 TS 项和压力项对该界面体系的能量贡献。在体系平衡的情况下，可以认为 Nb/Nb$_5$Si$_3$ 的界面和它们的体内处于平衡的，即 $5\mu_{Nb} + 3\mu_{Si} = \mu_{Nb_5Si_3}^{bulk}$。因此，界面形成能 γ_i 可以重新写成：

$$\gamma_i = \frac{1}{S_0}\left[E_{tot}^{slab} - N_{Nb}^B\mu_{Nb}^B - \frac{1}{3}N_{Si}\mu_{Nb_5Si_3}^{bulk} - \left(N_{Nb} - \frac{5}{3}N_{Si}\right)\mu_{Nb}\right] \quad (8-6)$$

为了避免形成金属 Nb 相和 Si 相，体系 Nb 和 Si 的化学势应该有 $\mu_{Nb} \leqslant \mu_{Nb}^{bulk}$ 和 $\mu_{Si} \leqslant \mu_{Si}^{bulk}$。考虑到体系的平衡条件 $5\mu_{Nb} + 3\mu_{Si} = \mu_{Nb_5Si_3}^{bulk}$，因此化学势 μ_{Si} 的变化范围是 $\frac{1}{5}(\mu_{Nb_5Si_3}^{bulk} - 3\mu_{Si}^{bulk}) \leqslant \mu_{Nb} \leqslant \mu_{Nb}^{bulk}$。为了避免形成氧气分子相，体系的化学势应该 $\mu_O \leqslant \frac{1}{2}E_{O_2}$。通过第一性原理对体态的 Nb$_5Si_3$、Nb、Si 和氧分子 O$_2$ 的总能的计算，我们可以得到体系化学势 Nb 和 O 的变化范围，即 $-11.11 \leqslant \mu_{Nb} \leqslant -10.06$ eV 和 $\mu_O \leqslant -4.89$ eV。

8.2 复合材料 Nb/Nb$_5$Si$_3$ 干净表面性质

为了研究复合材料 Nb/Nb$_5$Si$_3$ 的表面氧化行为，我们需要先了解复合材料 Nb/Nb$_5$Si$_3$ 干净表面的性质。对于 Nb/Nb$_5$Si$_3$ 复合材料的干净表面，我们首先需要分别研究 Nb 和 Nb$_5$Si$_3$ 的干净表面。对于金属 Nb 的干净表面，Nb(110)、Nb(100) 和 Nb(111) 的表面能分别为 12.6 eV/nm^2，14.4 eV/nm^2 和 18.0 eV/nm^2。因此，最稳定的干净表面为 Nb(110) 表面，这与其他的 bcc 结构金属的表面稳定性情况是一样的。

对于 Nb$_5$Si$_3$(001) 的干净表面，它有 4 种不同的表面端面，即 Nb 和 Si 的混合面、纯 Si 面和两个不同纯 Nb1 和 Nb2 面。为了方便表述，将它们分别记为 Nb$_5$Si$_3$(001)-NbSi，Nb$_5$Si$_3$(001)-Si，Nb$_5$Si$_3$(001)-Nb1 和 Nb$_5$Si$_3$(001)-Nb2。图 8-3 给出了不同表面端的 Nb$_5$Si$_3$(001) 干净表面的表面能随 Nb 化学势变化的曲线。从图 8-3 可见，在整个 Nb 化学势变化区间内，纯 Si 端的 Nb$_5$Si$_3$(001) 表面的表面能是最低的，这表明 Nb$_5$Si$_3$(001) 表面的 Si 端面是最稳定的。

为了分析复合材料 Nb/Nb_5Si_3 的干净表面的热力学稳定性,我们可以比较 $Nb(110)$ 和 $Nb_5Si_3(001)$ 的表面能。为了便于比较,图 8-3 同时示出了 $Nb(110)$ 的表面能和 $Nb_5Si_3(001)$ 的表面能随 Nb 化学势变化的曲线。从图 8-3 可见,在贫铌的环境下,$Nb(110)$ 的表面能比 $Nb_5Si_3(001)$-Si 的表面能高,而在富铌的环境下 $Nb(110)$ 的表面能比 $Nb_5Si_3(001)$-Si 的表面能低。这表明贫铌的环境下 $Nb_5Si_3(001)$-Si 表面是最稳定的,而在富铌的环境下 $Nb(110)$ 表面是最稳定的。对于复合材料 Nb/Nb_5Si_3 的干净表面,由于复合材料中金属 Nb 相的存在形成了富铌的环境条件,因此 $Nb(110)$ 表面是最稳定的。

为什么实验上发现金属 Nb 和金属间化合物 Nb_5Si_3 都会出现在 Nb/Nb_5Si_3 复合材料表面呢?因为对于 Nb/Nb_5Si_3 复合材料的干净表面,复合材料的 Nb 和 Nb_5Si_3 两相体积比例以及 $Nb(110)$ 和 $Nb_5Si_3(001)$ 的表面能的大小都可以影响它们在表面的出现的面积大小。具体地说,一方面,实验上 Nb/Nb_5Si_3 复合材料的 Nb 和 Nb_5Si_3 两相的体积比是相当的,这可以影响它们在表面出现的面积大小。另一方面,$Nb(110)$ 和 $Nb_5Si_3(001)$ 表面能低的那一个表面更容易出现在 Nb/Nb_5Si_3 复合材料的表面。在图 8-3 中有一个两相的表面能交叉点,即在该点 $Nb(110)$ 和 $Nb_5Si_3(001)$-Si 的表面能是相等的。因此,在该点两相出现的表面面积会与两相各自的体相的截面面积相等。在该点的左侧,$Nb_5Si_3(001)$-Si 的表面能比 $Nb(110)$ 的表面能低,所以比 Nb_5Si_3 体相截面面积大一点的 $Nb_5Si_3(001)$-Si 的表面面积会出现在 Nb/Nb_5Si_3 复合材料表面。而在该点的右侧,$Nb(110)$ 的表面能比 $Nb_5Si_3(001)$-Si 的表面能低,所以比 Nb 体相截面面积大一点的 $Nb(110)$ 的表面面积会出现在 Nb/Nb_5Si_3 复合材料表面。总体来说,$Nb(110)$ 和 $Nb_5Si_3(001)$-Si 的表面能相差很小。由于实验上复合材料的 Nb 和 Nb_5Si_3 两相

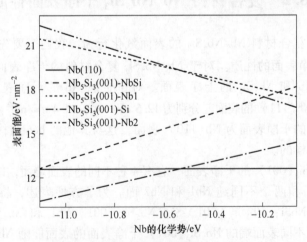

图 8-3 $Nb(110)$ 干净表面的表面能和不同表面端的 $Nb_5Si_3(001)$ 干净表面的表面能随 Nb 化学势变化的曲线

的体积比是相当的,和它们的表面能相差很小,因此 Nb(110) 和 Nb_5Si_3(001) 表面都会出现在复合材料的表面。这与实验上发现 Nb 和 Nb_5Si_3 都会出现在复合材料表面是一致的[48-49]。

8.3 复合材料 Nb/Nb_5Si_3 选择性氧化分析

为了研究复合材料 Nb/Nb_5Si_3 的氧化行为,首先我们研究了氧的覆盖度从零增加到一个单层情况下,氧在最稳定的 Nb(110) 和 Nb_5Si_3(001)-Si 表面吸附情况。为了便于比较,图 8-4 同时画出了氧原子吸附在 Nb(110) 和 Nb_5Si_3(001)-Si 表面最稳定位置的平均每个氧原子结合能随着氧的覆盖度变化的曲线。从图 8-4 可见,在整个氧的覆盖度范围内,O/Nb(110) 系统的结合能比 O/Nb_5Si_3(001)-Si 的结合能低很多。这说明金属 Nb(110) 表面比金属间化合物 Nb_5Si_3(001)-Si 表面吸附氧能力要强,即氧原子偏向于吸附在金属 Nb(110) 表面,而不是金属间化合物 Nb_5Si_3(001) 表面。因此,复合材料 Nb/Nb_5Si_3 的金属 Nb(110) 表面会优先选择性氧化。该结果将会被下面更准确的第一性原理热力学表面能稳定性分析肯定。此外,从图 8-4 还可见,在氧的覆盖度从零增加到一个单层时,优先氧化的 Nb(110) 表面的平均每个氧原子的结合能随着氧覆盖度的增加而增加,这说明 Nb(110) 表面的氧原子之间有排斥作用。

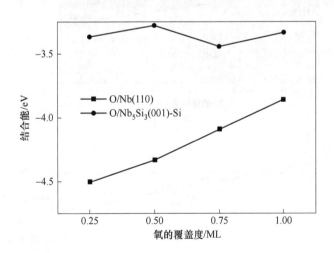

图 8-4 氧原子吸附在 Nb(110) 和 Nb_5Si_3(001)-Si 表面的最稳定位置的平均每个氧原子的结合能随氧的覆盖度变化的曲线

为了分析复合材料 Nb/Nb_5Si_3 选择性氧化的热力学稳定性,我们可以比较 O/Nb(110) 和 O/Nb_5Si_3(001) 系统的热力学稳定性,即比较两相表面 Nb(110)

和 Nb₅Si₃(110) 氧吸附表面能大小。首先，我们研究了 O/Nb₅Si₃(001) 系统的热力学稳定性，图 8-5(a) 给出了氧吸附在不同表面端的 Nb₅Si₃(001) 表面的表面能随 Nb 和 O 化学势变化的热力学相图。其次，我们比较了 O/Nb(110) 和 O/Nb₅Si₃(001) 系统的表面能情况。图 8-5(b) 给出了在贫铌极限环境条件下 O/Nb(110) 和 O/Nb₅Si₃(110) 系统的表面能随氧化学势变化的曲线。图 8-5(c) 给出了在富铌极限环境条件下 O/Nb(110) 和 O/Nb₅Si₃(110) 系统的表面能随 O 化学势变化的曲线。从图 8-5(b) 和(c) 均可见，在贫铌和富铌极限环境条件下，有氧吸附的 O/Nb(110) 系统的表面能总是比 O/Nb₅Si₃(001) 系统的表面能低。而在贫铌和富铌极限环境条件之间的情况，该结论仍然成立。因此在整个 Nb 化学势范围内，O/Nb(110) 系统的热力学稳定性总是比 O/Nb₅Si₃(001)-Si 系统的热力学稳定性强，从热力学上说明 Nb/Nb₅Si₃ 复合材料的金属相 Nb(110) 表面会优先选择性氧化，并且该金属 Nb 相表面的选择性氧化导致 Nb₂O₅ 氧化物的形成。

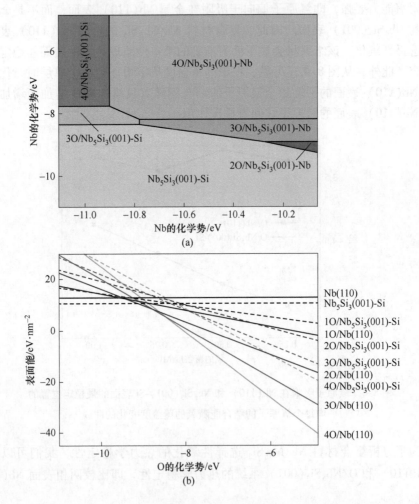

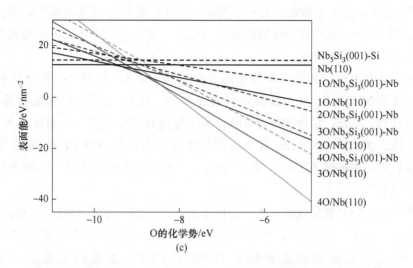

图 8-5 氧吸附不同的 $Nb_5Si_3(110)$ 表面的随化学势 Nb 和 O 变化的
表面热力学相图（a）、在贫铌环境条件（b）和富铌环境条件（c）下
$O/Nb(110)$ 和 $O/Nb_5Si_3(110)$ 系统的表面能随 O 化学势变化的曲线

对于 Nb/Nb_5Si_3 复合材料氧化，随着最初的金属相 $Nb(110)$ 表面的选择性氧化，接下来出现在复合材料表面的金属间化合物相 $Nb_5Si_3(001)$ 表面会发生怎样的情况呢？为了回答这个问题，我们需要深入地分析图 8-5(a)，即金属间化合物 $Nb_5Si_3(001)$ 表面氧吸附的热力学相图。从图 8-5(a) 可见，在贫氧的条件下，干净的 $Nb_5Si_3(001)$ 表面的 Si 端面是最稳定的。在富氧和贫铌的条件下，最稳定的氧吸附结构是从低到高覆盖度的氧吸附在 Si 端的 $Nb_5Si_3(001)$-Si 表面系统，这表明 O 可以导致 Si 原子的全表面偏析。在富氧和富铌的条件下，最稳定的氧吸附结构是从低到高覆盖度的氧吸附在 Nb 端的 $Nb_5Si_3(001)$-Nb 表面系统，这表明 O 可以导致 Nb 原子的全表面偏析。在富氧的环境条件下，$O/Nb_5Si_3(001)$ 系统的热力学表面相图也劈裂成两部分，大部分的相空间被氧吸附在纯 Nb 端 $Nb_5Si_3(001)$ 表面所占据，表明 O 可以导致 Nb 的表面全偏析；而小部分的相空间被氧吸附在纯 Si 端 $Nb_5Si_3(001)$ 表面的所占据，表明 O 可以导致 Si 的表面全偏析。从图 8-5(a) 可以发现，$4O/Nb_5Si_3(001)$-Nb 的相空间面积比 $4O/Nb_5Si_3(001)$-Si 的相空间面积大。因此，Nb 元素和 Si 元素在 $Nb_5Si_3(001)$ 表面氧化中存在竞争行为，这导致了金属间化合物 Nb_5Si_3 长期氧化会形成 Nb_2O_5 和 SiO_2 的混合氧化物实验结果。对于 Nb/Nb_5Si_3 复合材料氧化，随着最初的金属相 $Nb(110)$ 表面的选择性氧化，由于复合材料中金属 Nb 相形成了富铌的环境条件，接下来金属间化合物相 $Nb_5Si_3(001)$ 表面在富铌的环境条件下发生氧化，即对应着图 8-5(a) 的 $4O/Nb_5Si_3(001)$-Nb 的相空间部分，这说明 $Nb_5Si_3(001)$ 表

面的 Nb 元素总是发生氧化,而不是 Nb_5Si_3(001) 表面的 Si 元素发生氧化。即接下来在 Nb/Nb_5Si_3 复合材料表面的金属间化合物相 Nb_5Si_3(001) 表面的氧化只会导致 Nb_2O_5 氧化物的形成。

从结合能的比较和热力学方法的分析可知,对于 Nb/Nb_5Si_3 复合材料的氧化,首先是 Nb/Nb_5Si_3 复合材料表面的金属 Nb(110) 表面的优先选择性氧化,其次总是 Nb/Nb_5Si_3 复合材料表面的金属间化合物 Nb_5Si_3(001) 表面的 Nb 元素发生氧化。因此,Nb/Nb_5Si_3 复合材料的氧化只会总是导致 Nb_2O_5 氧化物的形成,这就成功地解释了实验上 Nb/Nb_5Si_3 复合材料的氧化产物几乎都是 Nb_2O_5 氧化物的现象[6-13]。

图 8-6 给出了氧吸附的两相复合体系 O-Nb/Nb_5Si_3 的随化学势 μ_{Nb} 和 μ_O 变化的三维表面相图。从图 8-6 可以看出,在整个 μ_{Nb} 范围内,在富氧条件下,O/Nb(110) 系统的表面能总是低于 O/Nb_5Si_3(001) 系统的表面能,这表明 Nb(110) 表面首先发生选择性氧化。显然,Nb 相的选择性氧化导致在 Nb/Nb_5Si_3 复合物的顶层形成 Nb 氧化物。这也成功地解释了实验上 Nb/Nb_5Si_3 复合材料的氧化产物几乎都是 Nb_2O_5 氧化物的现象[6-13]。

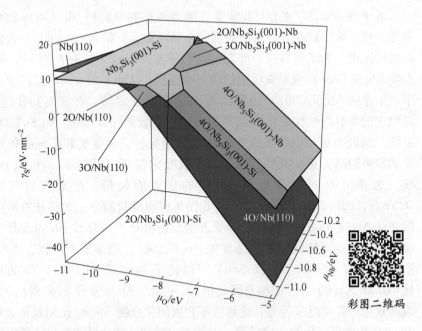

图 8-6 氧吸附的两相复合体系 O-Nb/Nb_5Si_3 随化学势 μ_{Nb} 和 μ_O 变化的三维表面相图
(三维表面相图包含最稳定的 O-Nb(110) 和 O-Nb_5Si_3(001) 系统的表面能,
2O、3O 和 4O 分别表示吸附在 Nb(110) 或 Nb_5Si_3(001) 表面上具有 2 个、3 个和
4 个氧原子,分别对应于 0.50 ML、0.75 ML 和 1.0 ML 的氧覆盖率)

8.4 Nb/Nb$_5$Si$_3$ 亚表面氧化与内氧化分析

对于 Nb/Nb$_5$Si$_3$ 复合材料氧化，为什么金属 Nb 相会发生内氧化行为呢？众所周知，氧化的第一步是表面的氧吸附，其次是氧原子进入亚表面甚至是体内。首先，我们研究了金属 Nb 相和金属间化合物 Nb$_5$Si$_3$ 相体内溶解氧的情况。图 8-7(a) 给出了氧原子分别在 Nb 和 Nb$_5$Si$_3$ 体内的最稳定位置的平均每个氧原子的结合能随着氧浓度百分比变化的曲线。从图 8-7(a) 可见，在整个氧的浓度

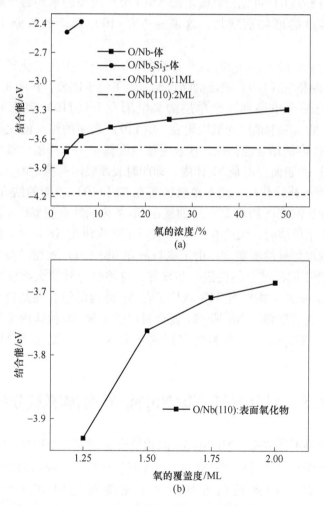

图 8-7 (a) 氧原子分别在 Nb 和 Nb$_5$Si$_3$ 体内的最稳定位置的平均每个氧原子的结合能随着氧浓度百分比变化的曲线 (a) 以及氧原子吸附在 Nb(110) 表面的最稳定位置的平均每个氧原子的结合能随着氧覆盖度变化的曲线 (b)

范围内，氧在 Nb 体内的结合能比氧在 Nb_5Si_3 体内的结合能要低，这说明氧原子倾向于待在金属 Nb 体内，这与前文的界面溶解氧的结果一致。此外，从图8-7(a)还可见一个共同的特征：氧在复合材料 Nb 和 Nb_5Si_3 体内的结合能随着氧的百分比浓度的增加而增加，这说明在复合材料 Nb 和 Nb_5Si_3 体内的氧原子之间有排斥作用。

其次，我们研究了氧原子进入优先氧化的 Nb(110) 亚表面的情形，这将会导致表面氧化物薄层的形成。图 8-7(b) 给出了氧的覆盖度从一个单层增加到两个单层时，O/Nb(110) 系统最稳定位置的平均每个氧原子结合能随覆盖度变化的曲线。从图8-7(b) 可见，氧吸附的 Nb(110) 表面的平均每个氧原子的结合能随着氧覆盖度的增加而增加，这说明 Nb(110) 表面的氧原子之间有排斥作用。

最后，为了分析 Nb/Nb_5Si_3 复合材料的 Nb 相会发生内氧化行为，我们比较了氧在 Nb 体内和 Nb(110) 表面的结合能。为了便于比较，在图 8-7(a) 里也画出了覆盖度为一个单层和两个单层的氧吸附在 Nb(110) 表面的结合能。从图8-7(a) 可见，一个单层的氧吸附在 Nb(110) 表面的结合能比所有百分比浓度的氧在 Nb 体内的结合能都低，这表明覆盖度低于一个单层的氧原子都喜欢吸附在 Nb(110) 的表面而不是 Nb 体内，即此时表面吸附是稳定的。由于氧与氧在 Nb(110) 表面的排斥作用，两个单层的氧在 Nb(110) 表面的结合能有所增加，而且比低百分比浓度（约6.25%）的氧在 Nb 体内的结合能都高，这表明当氧的覆盖度大于2个单层时，大约有6.25%氧原子喜欢待在 Nb 体内。因此，我们推断随着进一步增加氧的覆盖度，由于氧与氧在 Nb(110) 表面的排斥作用，氧在 Nb(110) 表面吸附的结合能会进一步增加，这将会导致更大浓度的氧原子喜欢待在 Nb 体内。此外，大约有50%氧原子在 Nb 体内的结合能是负值，即是稳定的发热反应。这就解释了 Nb/Nb_5Si_3 复合材料的金属 Nb 相体内会发生内氧化的现象，即在 Nb/Nb_5Si_3 复合材料的表面氧化层 Nb_2O_5 下面金属 Nb 相溶解了约30%氧原子。

8.5 复合材料 Nb/Nb_5Si_3 界面溶解氧分析

与单相材料不同的是，Nb/Nb_5Si_3 两相复合材料存在 $Nb(001)/Nb_5Si_3(001)$ 相界面。为了研究复合材料 Nb/Nb_5Si_3 的界面氧化行为，我们需要先了解复合材料 Nb/Nb_5Si_3 的干净界面的性质。对于完美匹配的 $Nb(001)$-$(2×2)/Nb_5Si_3(001)$-$(1×1)$ 界面，它有 4 种不同的界面结构[48]。为了方便表述，将它们分别记为 $Nb(001)/Nb_5Si_3(001)$-NbSi、$Nb(001)/Nb_5Si_3(001)$-Nb1、$Nb(001)/Nb_5Si_3(001)$-Si、$Nb(001)/Nb_5Si_3(001)$-Nb2。$Nb(001)/Nb_5Si_3(001)$-Nb1 和

8.5 复合材料 Nb/Nb₅Si₃ 界面溶解氧分析

Nb(001)/Nb₅Si₃(001)-NbSi 经几何优化会形成同一种界面结构；而 Nb(001)/Nb₅Si₃(001)-Nb2 和 Nb(001)/Nb₅Si₃(001)-Si 经几何优化会形成同一种界面结构。这是因为它们都有相同成分的层状排列和顺序，只是不同的界面分割点而已。图 8-8(a) 给出了不同界面结构的 Nb(001)/Nb₅Si₃(001) 干净界面的界面形成能随 Nb 化学势变化的曲线。从图 8-8(a) 可见，Nb(001)/Nb₅Si₃(001)-Nb2 和 Nb(001)/Nb₅Si₃(001)-Nb1 的界面形成能分别在贫铌和富铌条件下是最低的，这表明界面 Nb(001)/Nb₅Si₃(001)-Nb2 和 Nb(001)/Nb₅Si₃(001)-Nb1 分别在贫铌和富铌条件下是最稳定的。

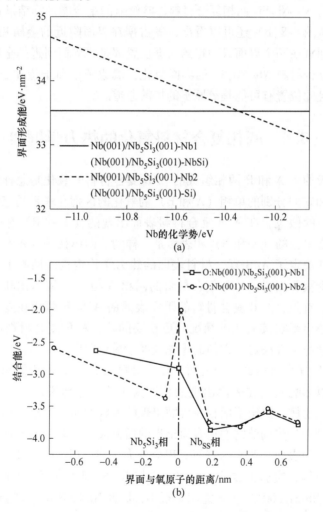

图 8-8 不同界面端的 Nb(001)/Nb₅Si₃(001) 纯净界面的界面形成能随 Nb 化学势变化的曲线（a）和氧原子在 Nb(001)/Nb₅Si₃(001)-Nb2 和 Nb(001)/Nb₅Si₃(001)-Nb1 界面系统最稳定位置的平均每个氧原子结合能随界面与氧原子距离的变化曲线（b）

对于 Nb/Nb$_5$Si$_3$ 复合材料氧化，它们的相界面 Nb(001)/Nb$_5$Si$_3$(001) 会起到怎样的作用？为了回答这个问题，我们研究了最稳定的 Nb(001)/Nb$_5$Si$_3$(001)-Nb2 和 Nb(001)/Nb$_5$Si$_3$(001)-Nb1 界面的氧溶解和氧分布情况。图 8-8(b) 给出了氧原子在 Nb(001)/Nb$_5$Si$_3$(001)-Nb2 和 Nb(001)/Nb$_5$Si$_3$(001)-Nb1 界面系统最稳定位置的平均每个氧原子结合能随界面与氧原子距离的变化曲线。从图 8-8(b) 可见，总体上说，氧原子在界面的金属相 Nb 部分的结合能比氧原子在界面的金属间化合物相 Nb$_5$Si$_3$ 部分的结合能要低，这说明氧原子倾向于待在界面的金属相 Nb 部分。因此，Nb/Nb$_5$Si$_3$ 复合材料的金属相 Nb 会优先氧化。该结果将被下面的 Nb/Nb$_5$Si$_3$ 两相复合材料体溶解氧的结合能计算结果肯定。

此外，从图 8-8(b) 还可以看出，氧占据在界面附近的金属相 Nb 部分的结合能最低，即氧在两个界面最稳定的占据位置都是在界面附近的金属相 Nb 部分。因此，对于复合材料 Nb/Nb$_5$Si$_3$ 的界面氧化，氧原子偏向于待在金属相 Nb 的界面附近，并且此位置有可能是氧原子的扩散通道。

8.6 两相复合材料氧化的热力学框架

对于一般的由 A 和 B 两相组成的 A/B 复合材料的氧化是怎样的？复合材料 A/B 的氧化和它们分别的单相（A 和 B）的氧化的区别和联系是怎样的？这里需要做一个简单的假设，在 A/B 复合材料表面出现的（A 和 B）相表面近似地认为和它们各自单独的（A 和 B）相表面是一样的，即单独的（A 和 B）相表面的热力学稳定性决定了 A/B 复合材料表面的热力学稳定性。回答上面的问题，需要考虑到两个重要因素：A/B 复合材料的两相 A 与 B 的体积比和它们的氧化热力学稳定性。首先，A/B 复合材料的干净表面的 A 与 B 两相在复合材料表面出现的面积大小会影响其氧化的情况。更重要的是，A/B 复合材料的两相 A 与 B 的氧化热力学稳定性决定了它们的优先选择性氧化顺序。

对于 A/B 复合材料的干净表面，复合材料的 A 和 B 两相体积比例和表面能的大小都可以影响它们在表面出现的面积大小。具体地说，复合材料的 A 和 B 两相原始体积比例，决定了两相在表面出现的大致的面积大小，而它们的表面能差值的大小会进一步调节它们在表面出现的面积大小，即表面能低的相更容易出现在复合材料的表面，此相的表面面积会变大一些。以 Nb/Nb$_5$Si$_3$ 两相复合材料的干净表面为例，实验上复合材料的 Nb 与 Nb$_5$Si$_3$ 两相的体积比是相当的，和 Nb(110) 与 Nb$_5$Si$_3$(001) 表面能相差很小，因此 Nb 和 Nb$_5$Si$_3$ 都会出现在复合材料的表面，这与实验的结果是一致的。

对于 A/B 复合材料的氧化，复合材料的 A 和 B 两相氧化热力学的稳定性决定了它们的优先选择性氧化顺序，即氧化表面能低的相是容易发生优先选择性氧化。以 Nb/Nb$_5$Si$_3$ 两相复合材料的氧化为例，图 8-5(b) 和图 8-5(c) 分别给出了在贫铌和富铌极限环境条件 O/Nb(110) 和 O/Nb$_5$Si$_3$(110) 系统的表面能随 O 化学势变化的曲线。从图中可见，有氧吸附的 O/Nb(110) 系统的表面能总是比 O/Nb$_5$Si$_3$(001) 系统的表面能低，从热力学上说明 Nb/Nb$_5$Si$_3$ 复合材料的金属相 Nb(110) 表面会优先选择性氧化。随着最初的金属相 Nb(110) 表面的选择性氧化，复合材料表面的金属间化合物相 Nb$_5$Si$_3$(001) 表面也会发生氧化。图 8-5(a) 给出了 Nb$_5$Si$_3$(001) 表面氧吸附的热力学相图。由于 Nb/Nb$_5$Si$_3$ 复合材料中金属 Nb 相形成了富铌的环境条件，接下来金属间化合物相 Nb$_5$Si$_3$(001) 表面是在富铌的环境条件下发生氧化，即对应着图 8-5(a) 的 4O/Nb$_5$Si$_3$(001)-Nb 的相空间部分，这说明 Nb$_5$Si$_3$(001) 表面的 Nb 元素总是发生氧化。同理，从图 8-6 可以看出，在整个 μ_{Nb} 范围内，在富氧条件下，O/Nb(110) 系统的表面能总是低于 O/Nb$_5$Si$_3$(001) 系统的表面能，这表明铌(110) 表面首先发生选择性氧化。这也成功地解释了实验上 Nb/Nb$_5$Si$_3$ 复合材料的氧化产物几乎都是 Nb$_2$O$_5$ 的现象。

基于上面的单独（A 和 B）相表面的热力学稳定性决定了 A/B 复合材料表面的热力学稳定性的假设，我们成功地解释了 Nb/Nb$_5$Si$_3$ 两相复合材料氧化的结果，并揭示了 Nb/Nb$_5$Si$_3$ 两相复合材料氧化的热力学微观机理。因此，相信本章提出的观念和方法可以应用在两相甚至多相复合材料的氧化和氮化等化学反应研究。

8.7 本章小结

本章利用密度泛函理论和热力学相结合计算，分析了 Nb/Nb$_5$Si$_3$ 复合材料的干净表面及其氧化行为。计算结果表明，对于 Nb/Nb$_5$Si$_3$ 复合材料的干净表面，由于 Nb 和 Nb$_5$Si$_3$ 两相的体积比是相当的，且它们的表面能相差很小，Nb(110) 和 Nb$_5$Si$_3$(001) 表面都会出现在复合材料的表面，这与实验上发现 Nb 和 Nb$_5$Si$_3$ 都会出现在复合材料表面是一致的。对于 Nb/Nb$_5$Si$_3$ 复合材料的氧化，分别研究了氧在两相 Nb 和 Nb$_5$Si$_3$ 的表面、界面和体内的相互作用，并把它们的作用强弱做了比较分析。结果表明，复合材料 Nb/Nb$_5$Si$_3$ 的氧化始于金属 Nb(110) 表面的优先选择性氧化，其次总是金属间化合物 Nb$_5$Si$_3$(001) 表面的 Nb 元素发生氧化，这成功地解释了实验上 Nb/Nb$_5$Si$_3$ 复合材料的氧化产物几乎都是 Nb$_2$O$_5$ 的现象。此外，氧原子倾向于待在 Nb(001)/Nb$_5$Si$_3$(001) 界面的金属 Nb 相部分并和金属 Nb 相有很大的氧溶解度，这也成功解释了 Nb/Nb$_5$Si$_3$ 复合材料会在金属 Nb 相体内发生氧化的现象。最后，提出了复合材料氧化的热力学思路和框架，此观念和方法可以应用在两相甚至多相复合材料的氧化和氮化等化学反应研究。

参 考 文 献

[1] Mendiratta M G, Dimiduk D M. Phase relations and transformation kinetics in the high Nb region of the Nb-Si system [J]. Scripta Metallurgica, 1991, 25: 237-242.

[2] Subramanian P R, Parthasarathy T A, Mendiratta M G, et al. Compressive creep behavior of Nb_5Si_3 [J]. Scripta Metallurgica, 1995, 32: 1227-1232.

[3] Subramanian P R, Mendiratta M G, Dimiduk D M, et al. Advanced intermetallic alloys—beyond gamma titanium aluminides [J]. Materials Sciences and Engineering A, 1997, 239/240: 1-13.

[4] Li Z, Peng L M. Microstructural and mechanical characterization of Nb-based in situ composites from Nb-Si-Ti ternary system [J]. Acta Materialia, 2007, 55: 6573-6585.

[5] Bewlay B P, Jakson M R, Lipsitt H A. The balance of mechanical and environmental properties of a multielement niobium-niobium silicide-basedIn Situ composite [J]. Metallurgical Materials Transactions A, 1996, 27: 3801-3808.

[6] Subramanian P R, Mendiratta M G, Dimiduk D M. The development of niobium based advanced intermetallic alloys for structural applications [J]. JOM, 1996, 48 (1): 33-38.

[7] Jackson M R, Bewlay B P, Rowe R G, et al. High-temperature refractory metal-intermetallic composites [J]. JOM, 1996, 48 (1): 39-44.

[8] Bewlay B P, Jackson M R, Zhao J C, et al. A review of very high temperature Nb-silicide-based composites [J]. Metallurgical Materials Transactions A, 2003, 34: 2043-2052.

[9] Murayama Y, Hanada S. High temperature strength, fracture toughness and oxidation resistance of Nb-Si-Al-Ti multiphase alloys [J]. Science Technology of Advanced Materials, 2002, 3: 145-156.

[10] Geng J, Tsakiropoulos P, Shao G. The effects of Ti and Mo additions on the microstructure of Nb-silicide based in situ composites [J]. Intermetallics, 2006, 14: 227-235.

[11] Zelenitsas K, Tsakiropoulos P. Study of the role of Al and Cr additions in the microstructure of Nb-Ti-Si in situ composites [J]. Intermetallics, 2005, 13: 1079-1095.

[12] Zelenitsas K, Tsakiropoulos P. Study of the role of Ta and Cr additions in the microstructure of Nb-Ti-Si-Al in situ composites [J]. Intermetallics, 2006, 14: 639-659.

[13] Zelenitsas K, Tsakiropoulos P. Effect of Al, Cr and Ta additions on the oxidation behaviour of Nb-Ti-Si in situ composites at 800 ℃ [J]. Materials Science and Engineering A, 2006, 416: 269-280.

[14] Menon E S K, Mendiratta M G, Dimiduk D M. in Structural Intermetallics [M]. TMS: The Minerals, Metals, and Materials Society, 2001: 591-600.

[15] Lozovoi A Y, Alavi A, Finnis M W. Surface stoichiometry and the initial oxidation of NiAl (110) [J]. Physical Review Letters, 2000, 85 (3): 610-613.

[16] Stierle A, Renner F, Streitel R, et al. Observation of bulk forbidden defects during the oxidation of NiAl(110) [J]. Physical Review B, 2001, 64: 165413.

[17] Maurice V, Despert G, Zanna S, et al. Self-assembling of atomic vacancies at an oxide/

intermetallic alloy interface [J]. Nature Materials, 2004, 3: 687-691.

[18] Maurice V, Despert G, Zanna S, et al. Marcus P., XPS study of the initial stages of oxidation of α_2-Ti$_3$Al and γ-TiAl intermetallic alloys, Acta Materialia, 2007, 55, 3315-3325.

[19] Liu S Y, Shang J X, Wang F H, et al. Surface segregation of Si and its effect on oxygen adsorption on a γ-TiAl(111) surface from first principles [J]. Journal of Physics: Condensed Matter, 2009, 21 (22): 225005.

[20] Liu S Y, Shang J X, Wang F H, et al. Ab initio study of surface segregation on the oxygen adsorption on the γ-TiAl(111) surface [J]. Physical Review B, 2009, 79: 075419.

[21] Liu S Y, Shang J X, Wang F H, et al. Ab initio atomistic thermodynamics study on the selective oxidation mechanism of the surfaces of intermetallic compounds [J]. Physical Review B, 2009, 80: 085414.

[22] Liu S Y, Liu S Y, Li D J, et al. Oxidation mechanism of the intermetallic compound Ti$_3$Al from ab initio thermodynamics [J]. Physical Chemistry Chemical Physics, 2012, 14: 11160.

[23] Copland E H, Gleeson B, Young D J. Formation of Z-Ti$_{50}$Al$_{30}$O$_{20}$ in the sub-oxide zones of γ-TiAl-based alloys during oxidation at 1000 ℃ [J]. Acta Mater. 1999, 47: 2937-2949.

[24] Young D J, Gleeson B. Alloy phase transformations driven by high temperature corrosion processes [J]. Corrosion Science, 2002, 44: 345-357.

[25] Brady M P, Tortorelli P F. Alloy design of intermetallics for protective scale formation and for use as precursors for complex ceramic phase surfaces [J]. Intermetallics, 2004, 12, 779-789.

[26] Kresse G, Hafner J. Ab initio molecular dynamics for open-shell transition metals [J]. Physical Review B, 1993, 48 (17): 13115-13118.

[27] Kresse G, Furthmüller J. Efficient iterative schemes for ab initio total-energy calculations using a plane-wave basis set [J]. Physical Review B, 1996, 54 (16): 11169-11186.

[28] Kresse G, Furthmüller J. Efficiency of ab-initio total energy calculations for metals and semiconductors using a plane-wave basis set [J]. Computational Materials Science, 1996, 6: 15-50.

[29] Perdew J P, Chevary J A, Vosko S H, et al. Atoms, molecules, solids, and surfaces: Applications of the generalized gradient approximation for exchange and correlation [J]. Physical Review B, 1992, 46 (11): 6671-6687.

[30] Blöchl P E. Projector augmented-wave method [J]. Physical Review B, 1994, 50 (24): 17953-17979.

[31] Kresse G, Joubert D. From ultrasoft pseudopotentials to the projector augmented-wave method [J]. Physical Review B, 1999, 59: 1758-1775.

[32] Kittle C. Introduction to Solid State Physics, 4th ed. Wiley, New York 1971.

[33] Zhang W, Smith J R. Stoichiometry and adhesion of Nb/Al$_2$O$_3$ [J]. Physical Review B, 2000, 61 (24): 16883-16889.

[34] M C Morris, H F McMurdie, E H Evans, et al. Standard X-ray Diffraction Power Patterns: Section 15. Date for 112 Substances, Natl. Bur. Stand. (U. S.) Monograph No. 25 (U. S. GPO,

Washington, D. C., 1978), p. 43.

[35] Chen Y, Shang J. X., Zhang Y., Bonding characteristics and site occupancies of alloying elements in different Nb_5Si_3 phases from first principles [J]. Physical Review B, 2007, 76: 184204.

[36] Chen Y, Hammerschmidt T, Pettifor D G, et al. Influence of vibrational entropy on structural stability of Nb-Si and Mo-Si systems at elevated temperatures [J]. Acta Materialia, 2009, 57: 2657-2664.

[37] Miura S, Aoki K, Saeki Y, et al. Effects of Zr on the eutectoid decomposition behavior of Nb_3Si into (Nb)/Nb_5Si_3 [J]. Metallurgical Materials Transactions A, 2005, 36: 489-496.

[38] Miura S, Ohkubo K, Mohri T. Microstructural control of Nb-Si alloy for large Nb grain formation through eutectic and eutectoid reactions [J]. Intermetallics, 2007, 15: 783-790.

[39] Northrup J E. Energetics of GaAs island formation on Si(100), Physical Review Letters, 1989, 62: 2487.

[40] Rapcewicz K, Chen B, Yakobson B, et al. Consistent methodology for calculating surface and interface energies [J]. Physical Review B, 1998, 57: 7281.

[41] Wang F H, Krüger P, Pollmann J. Electronic structure of 1×1 GaN(0001) and GaN(000-1) surfaces [J]. Physical Review B, 2001, 64: 035305.

[42] Reuter K, Scheffler M. Composition, structure, and stability of RuO_2(110) as a function of oxygen pressure [J]. Physical Review B, 2001, 65: 035406.

[43] Kitchin J R, Reuter K, Scheffler M. Alloy surface segregation in reactive environments: First-principles atomistic thermodynamics study of Ag_3Pd(111) in oxygen atmospheres [J]. Physical Review B, 2008, 77: 075437.

[44] Qin N, Liu S Y, Li Z, et al. First-principles studies for the stability of a graphene-like boron layer on CrB_2(0001) and MoB_2(0001), Journal of Physics: Condensed Matter, 2011, 23: 225501.

[45] Zhang W, Smith J R. Nonstoichiometric interfaces and Al_2O_3 adhesion with Al and Ag [J]. Physical Review Letters, 2000, 85: 3225.

[46] Zhang W, Smith J R, Evans A G. The connection between ab initio calculations and interface adhesion measurements on metal/oxide systems: Ni/Al_2O_3 and Cu/Al_2O_3 [J]. Acta Materialia, 2002, 50: 3803-3816.

[47] Liu L M, Wang S Q, Ye H Q. First-principles study of polar Al/TiN(111) interfaces [J]. Acta Materialia, 2004, 52, 3681-3688.

[48] Kim W Y, Tanaka H, Kasama A, et al. Microstructure and room temperature fracture toughness of Nb_{ss}/Nb_5Si_3 in situ composites [J]. Intermetallics, 2001, 9: 827-834.

[49] Kim W Y, Yeo I D, Ra T Y, et al. Effect of V addition on microstructure and mechanical property in the Nb-Si alloy system [J]. Journal of Alloysand Compounds, 2004, 364: 186-192.

9 Al 对复合材料 Nb/Nb$_5$Si$_3$ 氧化影响的第一性原理热力学研究

具有优异的力学性能的复合材料 Nb/Nb$_5$Si$_3$ 是高温结构材料研究的重点，有望在航空、航天、机械等行业被广泛应用。然而，复合材料 Nb/Nb$_5$Si$_3$ 较差的高温抗氧化性能限制了其广泛使用，其高温下抗氧化性能不足也是亟待解决的关键问题之一。通过合金化的方式可以提高和改善它们的高温抗氧化性能，但是需要进行大量昂贵的、耗时的反复筛选实验来实现。Nb/Nb$_5$Si$_3$ 复合材料的氧化行为和合金化元素对于 Nb/Nb$_5$Si$_3$ 复合材料的氧化的影响已经在实验上做了大量的研究，并且得到了许多重要的信息[1-10]。虽然理解氧化的微观机制对控制最初阶段的氧化起着非常关键的作用，但是由于实验条件的复杂性和实验手段的限制，氧化的微观机制到目前为止还不太清楚。

在合金元素中，Al 是一种典型的提高抗氧化性能的有益元素。实验上，在 Nb/Nb$_5$Si$_3$ 复合材料里掺杂 Al 可以很好地提高和改善 Nb/Nb$_5$Si$_3$ 复合材料的高温抗氧化性能，但合金化元素 Al 影响 Nb/Nb$_5$Si$_3$ 复合材料氧化的理论微观机制尚不太清楚。在本章中，我们利用第一性原理热力学研究了合金元素 Al 在 Nb/Nb$_5$Si$_3$ 复合材料表面的偏析情况，接下来又研究了 Al 金化元素对 Nb/Nb$_5$Si$_3$ 复合材料表面氧吸附影响，包括它们的结合能、原子结构和电子结构的变化。从原子尺度上，来揭示合金元素 Al 偏析对提高 Nb/Nb$_5$Si$_3$ 复合材料抗氧化性能的微观本质。

9.1 计算方法与模型

采用以密度泛函理论（DFT）为基础的维也纳从头计算模拟程序包（VASP）进行第一性原理计算[11-15]。电子交换关联能采用广义梯度近似方法（GGA）中的 PW91 方法[16]。对核区的芯电子采用了 Kresse 和 Joubert 发展的投影缀加波（PAW）赝势[17-18]。我们对所有的模型测试了不同 K 点和截断能的收敛性。根据计算收敛的结果选取 400 eV 作为所有计算的截断能。对于 O/Nb(110) 系统，我们采用了的超原胞结构包括 7 层原子的板层（每层含有 4 个共 28 个原子）和 7 层原子的真空层，氧原子将吸附在金属层的一面。在垂直表面方向加有极化修正。表面模型计算中取了 $p(2 \times 2)$ 的表面单元，采用 $9 \times 9 \times 1$ 的布里渊区（BZ）

网格。对于 O/Nb_5Si_3 系统，我们采用了超原胞结构包括至少 8 层原子的板层和 1.5 nm 的真空层，氧原子将吸附在金属层的一面。在垂直表面方向加有极化修正。表面模型计算中取 $p(1\times1)$ 的表面单元，采用 $9\times9\times1$ 的布里渊区（BZ）网格。在所有的超原胞模型计算中，底 3 层金属原子被固定住，其他所有的金属原子和吸附的氧原子允许自由弛豫，直到作用在每个原子上的力均小于 0.01 eV/nm 为止。

为了计算各种情况的缺陷形成能和表面偏析能，我们在 $Nb(110)$-(2×2) 和 $Nb_5Si_3(001)(1\times1)$ 表面及 $(2\times2\times2)Nb$ 和 $(1\times1\times1)Nb_5Si_3$ 体中替换一个 Al 原子计算模拟。表面和体掺杂 Al 原子的杂质形成能定义如下：

$$E_{imp}^M = E_t^{M-Al} - E_t^M + E_X^{bulk} - E_{Al}^{bulk} \tag{9-1}$$

式中，M 为 $Nb(110)$ 和 $Nb_5Si_3(001)$ 表面及 Nb 和 Nb_5Si_3 体；X 为被替换的原子；E_t^M、E_t^{M-Al} 分别为纯净的和 Al 掺杂体系的总能；E_X^{bulk}、E_{Al}^{bulk} 分别为平均成单个原子的被替换 X 和 Al 体态能量。由此定义可知：杂质形成能越低，掺杂体系越稳定。为了分析掺杂 Al 原子的表面偏析情况，我们定义了杂质 Al 的表面偏析能 E_{seg}：

$$E_{seg} = E_{imp}^{surf} - E_{imp}^{bulk} \tag{9-2}$$

式中，E_{imp}^{surf} 和 E_{imp}^{bulk} 分别代表掺杂 Al 在 $Nb(110)$ 和 $Nb_5Si_3(001)$ 表面及 Nb 和 Nb_5Si_3 体的杂质形成能。由此定义可知：负的表面偏析能代表 Al 容易偏析于表面；相反正的表面偏析能代表 Al 不容易偏析于表面。

为了比较各种情况氧原子吸附在 $Nb(110)$ 和 $Nb_5Si_3(001)$ 表面的稳定性，我们定义了平均每个氧原子的结合能：

$$E_b = \frac{1}{N_O^{atom}}(E_{O-adsorbed}^{tot} - E_{Clean}^{tot} - \frac{1}{2}N_O^{atom}E_{O_2}^{tot}) \tag{9-3}$$

式中，N_O^{atom} 为在整个系统中存在的氧原子个数；$E_{O-adsorbed}^{tot}$、E_{Clean}^{tot} 分别为氧吸附的和干净的 $Nb(110)$ 或 $Nb_5Si_3(001)$ 表面总能；$E_{O_2}^{tot}$ 为氧分子的能量，即单个氧分子在一个边长为 1 nm 的立方格子里计算得到的能量。由此定义可知：结合能越低，表面吸附越稳定。

9.2 研究结果及讨论

9.2.1 表面偏析能及稳定性分析

为了分析合金化元素 Al 在复合材料 Nb/Nb_5Si_3 的表面偏析稳定性和选择性，我们可以比较合金化元素 Al 在 $Nb(110)$ 和 $Nb_5Si_3(001)$ 表面的表面偏析能。为了计算表面偏析能，我们需要计算合金化元素 Al 在 $Nb(110)$ 和 $Nb_5Si_3(001)$ 表面及 Nb 和 Nb₅Si₃ 体的杂质形成能。在计算中，我们在 (2×2×2) Nb 体和 Nb(110)-(2×2) 表面中用一个合金化元素 Al 替换一个 Nb，在 (1×1×1) Nb₅Si₃ 体和 Nb₅Si₃(001)(1×1) 表面中用一个合金化元素 Al 替换一个 Si 或 Nb。表 9-1 给出了合金化元素 Al 分别在 Nb、Nb₅Si₃ 的体和表面的替代最稳定位置的杂质形成能。从表中可见，合金化元素 Al 在 Nb 和 Nb₅Si₃ 体内杂质形成能的均为负值，这表明合金元素 Al 在 Nb 和 Nb₅Si₃ 体内都可以存在。接下来我们计算了合金化元素 Al 在 Nb(110) 和 Nb₅Si₃(001) 表面的表面偏析能，也列于表 9-1。对于 Nb(110) 的最外表面，合金元素 Al 的表面偏析能为负值，这说明 Al 容易偏析于 Nb(110) 的最外表面。与 Nb(110) 表面的情况相反，对于 Nb₅Si₃(001) 的表面，合金元素 Al 的表面偏析能为正值，这说明合金元素 Al 不会偏析于 Nb₅Si₃(001) 的表面。因此，合金元素 Al 容易偏析于复合材料 Nb/Nb₅Si₃ 的 Nb(110) 表面。

表 9-1 合金元素 Al 在 Nb 体和 Nb 表面以及 Nb₅Si₃ 体和 Nb₅Si₃ 表面的替代最稳定位置的杂质形成能 E_{imp} 以及表面偏析能 E_{seg} (eV)

相	E_{imp}	E_{imp}	E_{seg}	E_{seg}
	Nb-相	Nb₅Si₃-相	Nb-相	Nb₅Si₃-相
位点	Nb	Si	Nb	Si
第一层	-0.81	-1.91	-0.28	0.25
第二层	-0.45	-2.12	0.08	0.04
体内	-0.53	-2.16	—	—

为了分析干净复合材料 Nb/Nb₅Si₃ 中 Al 偏析的 Nb(110) 表面和 Nb₅Si₃(001)-Si 表面的热力学稳定性以及合金元素 Al 的影响，我们计算了它们的热力学表面能。图 9-1 给出了不同 Al 偏析的 Nb(110) 的表面能随 Al 化学势变化的曲线和最稳定的 Nb₅Si₃(001)-Si 的表面能随 Si 化学势变化的曲线。这里我们研究了偏析 1 个、2 个、3 个和 4 个 Al 原子 4 种不同 Al 偏析的合金化 Nb(110) 表面，将它们分别记为 Nb(110)-1Al、Nb(110)-2Al、Nb(110)-3Al 和 Nb(110)-4Al。从图 9-1(a) 可见，合金元素 Al 的偏析 Nb(110) 表面的表面能比纯净的 Nb(110) 表面的表面能低。从能量的角度来说，表面能低的表面比较容易稳定存在。从图 9-1(a) 还可见，随着 Al 化学势的增加，有 Al 偏析的 Nb(110) 表面能很快下降到比纯净的 Nb(110) 表面能要低，有趣的是，表面能从 Nb(110)-1Al 表面几乎瞬间过渡到 Nb(110)-3Al 表面，最后才是 Nb(110)-4Al 表面。这说明通常情况下 Al 合金化的 Nb(110) 表面非常可能出现的是 Nb(110)-3Al 表面，只有在高 Al 化学势情况下 Al 合金化的 Nb(110) 表面可能出现的是 Nb(110)-4Al 表面。图 9-1(b) 给出了纯净的 Nb/Nb₅Si₃ 复合材料的 Nb(110) 表面能和 Nb₅Si₃(001)-Si 表面能随 Si 化学势变化的曲线。比较图 9-1(b) 和图 9-1(a) 可见 Al 合金化的

Nb/Nb$_5$Si$_3$ 复合材料前后变化情况，Al 合金化的 Nb(110) 表面的表面能比 Nb$_5$Si$_3$(001)-Si 的表面能低一些，这说明 Al 合金化的 Nb(110) 表面非常容易出现在合金化 Nb/Nb$_5$Si$_3$ 复合材料表面。因此，考虑到合金元素 Al 在 Nb/Nb$_5$Si$_3$ 复合材料选择性表面偏析效应，下面将主要研究氧在纯净的 Nb(110) 表面和不同 Al 偏析在 Nb(110) 表面以及最稳定的 Nb$_5$Si$_3$(001)-Si 表面的吸附稳定性情况。

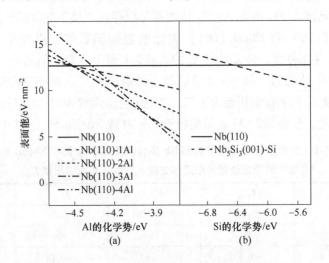

图 9-1　不同 Al 偏析的 Nb(110) 的表面能随 Al 化学势变化的曲线（a）及最稳定的 Nb$_5$Si$_3$(001)-Si 的表面能随 Si 化学势变化的曲线（b）

9.2.2　氧的结合能计算

合金元素 Al 容易在复合材料 Nb/Nb$_5$Si$_3$ 的金属相 Nb(110) 表面偏析，那么合金元素 Al 会对氧化产生怎样的影响？为了比较复合材料 Nb/Nb$_5$Si$_3$ 中 Al 偏析的 Nb(110) 表面（定义为 Nb(110)-Al）和 Nb$_5$Si$_3$(001) 表面的氧化强弱以及合金元素 Al 对氧化的影响，我们研究了氧在 4 种不同 Al 偏析的 Nb(110) 表面（Nb(110)-1Al、Nb(110)-2Al、Nb(110)-3Al 和 Nb(110)-4Al）和 Nb$_5$Si$_3$(001)-Si 表面吸附，氧的覆盖度从零增加到一个单层情况，如图 9-2 所示。为了便于比较，图 9-2 同时画出了氧原子吸附在 Nb(110)、Nb(110)-1Al、Nb(110)-2Al、Nb(110)-3Al、Nb(110)-4Al、Al(111) 和 Nb$_5$Si$_3$(001)-Si 表面最稳定位置的平均每个氧原子结合能随着氧的覆盖度变化的曲线。从图 9-2 可见，在整个氧的覆盖度范围内，O/Nb(110)-Al 系统的结合能都比 O/Nb$_5$Si$_3$(001)-Si 的结合能要低很多。这说明 Al 偏析的 Nb(110)-Al 表面吸附氧能力比金属间化合物 Nb$_5$Si$_3$(001)-Si 表面要强，即氧原子偏向于吸附在 Al 偏析的 Nb(110)-Al 表面。因此，复合材料 Nb/Nb$_5$Si$_3$ 的 Al 偏析的 Nb(110)-Al 表面会优先氧化。

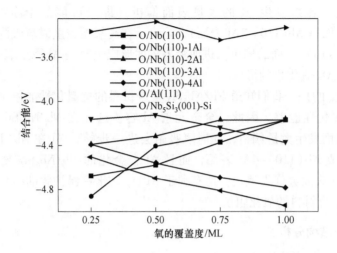

图 9-2 氧原子分别吸附在 Nb(110)、Nb(110)-1Al、Nb(110)-2Al、Nb(110)-3Al、Nb(110)-4Al、Al(111) 和 Nb_5Si_3(001)-Si 表面的最稳定位置的平均每个氧原子的结合能随氧的覆盖度变化的曲线

为了进一步阐明氧在 Nb(110)、Nb(110)-1Al、Nb(110)-2Al、Nb(110)-3Al 和 Nb(110)-4Al 表面的吸附本质以及合金元素 Al 对氧化产生的影响,我们计算了氧原子吸附在 Al(111) 表面情况以便对比研究。在图 9-2 给出了氧原子吸附在 Nb(110)、Nb(110)-1Al、Nb(110)-2Al、Nb(110)-3Al、Nb(110)-4Al 和 Al(111) 表面最稳定位置的平均每个氧原子结合能随覆盖度变化的曲线。从图中可见,在整个氧的覆盖度范围内,氧原子吸附在 Nb(110) 表面的平均每个氧原子的结合能随着氧的覆盖度的增加而增加,这是由于在 Nb(110) 表面吸附氧原子之间有排斥作用;而氧原子吸附在 Al(111) 表面的平均每个氧原子的结合能随着氧的覆盖度的增加而减小,这是由于在 Al(111) 表面吸附氧原子之间有吸引作用,这有利于 Al_2O_3 氧化物岛状物的形成。有趣的是,考虑到 Al 在 Nb(110) 表面的偏析效应,随着 Al 偏析的增加,氧吸附在 Al 偏析的 Nb(110) 表面的结合能变化曲线趋势逐渐地接近氧吸附在 Al(111) 表面的结合能变化曲线。特别是,O/Nb(110)-4Al 的结合能曲线变化趋势几乎与 O/Al(111) 的结合能曲线相同,这可能是因为 Nb(110)-4Al 最外表面全部是 Al 原子。氧吸附在 Nb(110)-4Al 表面的平均每个氧原子的结合能随着覆盖度的增加而减小,这有利于 Al_2O_3 氧化物岛状物的形成和发生 Al 偏析的选择性氧化。从图 9-2 还可以发现,在氧的覆盖度大于 0.75 ML 时,Nb(110)-4Al 表面氧吸附的结合能比 Nb(110)-1Al、Nb(110)-2Al、Nb(110)-3Al 和 Nb(110) 表面氧吸附的结合能都要低,这与高覆盖度时 Al(111) 表面氧吸附的结合能比 Nb(110) 表面氧吸附的结合能低是一致的。即在覆盖度大于 0.75 ML 时 O/Nb(110)-4Al 系统是最稳定的,基于干净

Nb(110) 表面容易发生 Al 的大量表面偏析（即最可能的干净的 Al 合金化 Nb(110) 表面是 Nb(110)-3Al 表面），这表示在高氧覆盖度时氧吸附会进一步导致 Al 在 Nb(110) 表面的偏析，进而最外表面形成全部是 Al 原子氧吸附的情况，这有利于 Al_2O_3 氧化物的形成。

值得一提的是，我们知道 Nb/Nb_5Si_3 复合材料的抗氧化性能差主要是因为金属 Nb 相抗氧化性能差。因此，合金元素 Al 容易选择在 Nb/Nb_5Si_3 复合材料的 Nb(110) 表面发生大量偏析，同时氧吸附会进一步导致 Al 在 Nb(110) 表面的完全偏析变成 Nb(110)-4Al 表面，而且 Al 合金化的 Nb/Nb_5Si_3 复合材料中的 Nb(110)-4Al 表面会优先氧化，这有利于 Al_2O_3 氧化物保护膜的生成，进而提高 Nb/Nb_5Si_3 复合材料的氧化阻抗。

9.2.3 原子结构分析

为了分析 Al 的表面偏析效应对原子结构的影响，我们分别计算了 O-Nb 的空间距离（R_{O-Nb}）和垂直距离（Z_{O-Nb}）以及 O-Al 的空间距离（R_{O-Al}）和垂直距离（Z_{O-Al}），还计算了在表面的 Al 和 Nb 原子之间的表面褶皱值 ΔZ，其定义为 $\Delta Z = Z_{Nb} - Z_{Al} = Z_{O-Al} - Z_{O-Nb}$。由此定义可知，正负值的表面褶皱值分别对应着 Al 原子和 Nb 原子在表面的上方。不同覆盖度的 O/Nb(110)、O/Nb(110)-1Al、O/Nb(110)-2Al、O/Nb(110)-3Al 和 O/Nb(110)-4Al 的最稳定的原子结构列于表 9-2。

表 9-2 不同覆盖度氧原子吸附在纯净及不同 Al 偏析的合金化 Nb(110) 表面的最稳定位置的空间距离 R 和垂直距离 Z 结构参量以及表面褶皱参量 ΔZ（nm）

Θ/ML	表 面	位点	R_{O-Nb}	R_{O-Al}	Z_{O-Nb}	Z_{O-Al}	ΔZ_{Nb-Al}
0.00	Nb(110)	—	—	—	—	—	—
	Nb(110)-1Al	—	—	—	—	—	-0.0078
	Nb(110)-2Al	—	—	—	—	—	-0.0052
	Nb(110)-3Al	—	—	—	—	—	-0.0023
	Nb(110)-4Al	—	—	—	—	—	—
0.25	Nb(110)	TH	0.2073	—	0.1147	—	—
	Nb(110)-1Al	TH	0.2066	—	0.1154	—	—
	Nb(110)-2Al	TH	0.2078	0.1884	0.0869	0.0834	-0.0035
	Nb(110)-3Al	TH	0.2100	0.1858	0.0807	0.0874	0.0067
	Nb(110)-4Al	TH	—	0.1871	—	0.0744	—
0.50	Nb(110)	TH	0.2035	—	0.1182	—	—
	Nb(110)-1Al	TH-1	0.2074	0.1878	0.0952	0.1220	0.0268
		TH-2	0.2089	—	0.1058	—	—
	Nb(110)-2Al	TH	0.2102	0.1819	0.0729	0.0752	0.0023

续表9-2

Θ/ML	表面	位点	$R_{\text{O-Nb}}$	$R_{\text{O-Al}}$	$Z_{\text{O-Nb}}$	$Z_{\text{O-Al}}$	$\Delta Z_{\text{Nb-Al}}$
0.50	Nb(110)-3Al	TH-1	0.2185	0.1849	0.0712	0.0745	0.0033
		TH-2	0.2086	0.1836	0.0769	0.0912	0.0143
	Nb(110)-4Al	TH	—	0.1851	—	0.0738	—
0.75	Nb(110)	TH-1	0.2026	—	0.0943	—	—
		TH-2	0.2060	—	0.0861	—	—
	Nb(110)-1Al	TH-1	0.2063	0.1815	0.0776	0.1076	0.0300
		TH-2	0.2057	—	0.1135	—	—
	Nb(110)-2Al	TH-1	0.2117	0.1795	0.0766	0.0872	0.0106
		TH-2	0.2032	0.1870	0.0809	0.0907	0.0098
	Nb(110)-3Al	TH-1	0.2078	0.1834	0.0774	0.0785	0.0011
		TH-2	0.2069	0.1835	0.0764	0.0890	0.0126
	Nb(110)-4Al	TH-1	—	0.1836	—	0.0590	—
		TH-2	—	0.1843	—	0.0799	—
1.00	Nb(110)	TH	0.2041	—	0.1066	—	—
	Nb(110)-1Al	TH-1	0.2023	0.1806	0.0690	0.0876	0.0186
		TH-2	0.2023	0.1806	0.0690	0.0876	0.0186
		TH-3	0.2009	0.1907	0.0916	0.1102	0.0186
		TH-4	0.2060	—	0.1045	—	—
	Nb(110)-2Al	TH-1	0.2065	0.1787	0.0924	0.0779	-0.0145
		TH-2	0.2047	0.1838	0.0880	0.0737	-0.0143
	Nb(110)-3Al	TH-1	0.2093	0.1817	0.0770	0.0765	-0.0005
		TH-2	0.2093	0.1817	0.0770	0.0765	-0.0005
		TH-3	0.2045	0.1839	0.0706	0.0807	0.0101
		TH-4	—	0.1902	—	0.0466	—
	Nb(110)-4Al	TH	—	0.1827	—	0.0650	—

比较表9-2中5种不同系统的原子结构发现，氧吸附在Al偏析的Nb(110)表面的O-Al距离比氧吸附在干净的Nb(110)表面的O-Al距离短；同时，氧吸附在Al偏析的Nb(110)表面的O-Nb距离比氧吸附在纯净的Nb(110)表面的O-Nb距离长。这说明有Al偏析的表面的O原子和Al(Nb)原子的相互作用比干净表面的O原子和Al(Nb)原子的相互作用更强（弱）。从表中还可见，随着氧覆盖度和Al偏析的增加，O-Al的空间距离和垂直距离越变越短，这表明O原子和Al原子的相互作用越变越强，该结果在态密度分析时也被证实。

对于干净表面,合金化的 Nb(110)-Al 的表面褶皱值是负值,表明表面层的 Al 原子在表面层的 Nb 原子的上方。氧在低覆盖度吸附时,氧吸附的合金化 Nb(110)-Al 的表面褶皱值从负值增加到正值,表明氧吸附会导致从表面层的 Al 原子在上方变为 Nb 原子在上方。随着氧覆盖度和 Al 偏析的增加,氧吸附的合金化 Nb(110)-Al 的表面褶皱值增加从负值变到正值,表明高覆盖度的氧吸附会导致从表面层的 Nb 原子是上方变到表面层的 Al 原子是上方,直到上方全部变为 Al 原子。这意味着氧原子和 Al 原子的相互作用比氧原子和 Nb 原子的相互作用强。对于 O/Nb(110)-4Al 系统,随着氧覆盖度的增加,O-Al 的空间距离和垂直距离越变越短,表明随着氧覆盖度的增加 O 原子和 Al 原子的相互作用越变越强,这是随着氧覆盖度的增加 O/Nb(110)-4Al 的结合能降低的原因,可能也是有利于 Al_2O_3 氧化物岛状物形成的原因。

9.2.4 投影态密度分析

为了分析合金元素 Al 表面偏析效应对氧原子与表面结合作用的影响,我们分别计算了不同覆盖度的 O/Nb(110)、O/Nb(110)-1Al、O/Nb(110)-2Al、O/Nb(110)-3Al 和 O/Nb(110)-4Al 系统的投影态密度,如图 9-3 所示。

如图 9-3(a) 所示的 0.25 ML 的 O/Nb(110) 系统,O 的 2s、2p 态和 Nb 的 4p、5s 和 4d 态在约 -5.0 eV 相互作用。如图 9-3(b) 所示的 0.25 ML 的 1O/Nb(110)-1Al 系统,它除了有在 1O/Nb(110) 体系存在 O 的 2p 态和 Nb 的 4d 态在约 -5.0 eV 相互作用,还有 O 的 2s 态和 Nb 的 4d 态在约 -18.7 eV 相互作用。如图 9-3(c) 所示的 0.25 ML 的 1O/Nb(110)-2Al 系统,相比于 1O/Nb(110) 系统,O 的 2p 态在 -5.0 eV 的峰展宽了并且和 Al 的 3s、3p 态有很强的相互作用。如图 9-3(d) 所示的 0.25 ML 的 1O/Nb(110)-3Al 系统,与 1O/Nb(110)-2Al 系统相比,该系统中 O 的 2p 态和 Al 的 3s、3p 态的相互作用向低能级移动,与 O 的 2s、2p 态相互作用的 Nb 的 3d 态在 -5.0 eV 降低。如图 9-3(e) 所示的 0.25 ML 的 1O/Nb(110)-4Al 系统,与 1O/Nb(110)-3Al 系统相比,O 的 2p 态和 Al 的 3s 态的相互作用向低能级移动。

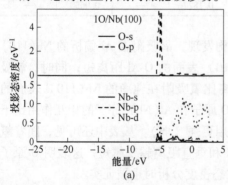

(a)

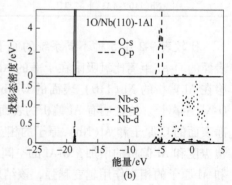

(b)

9.2 研究结果及讨论

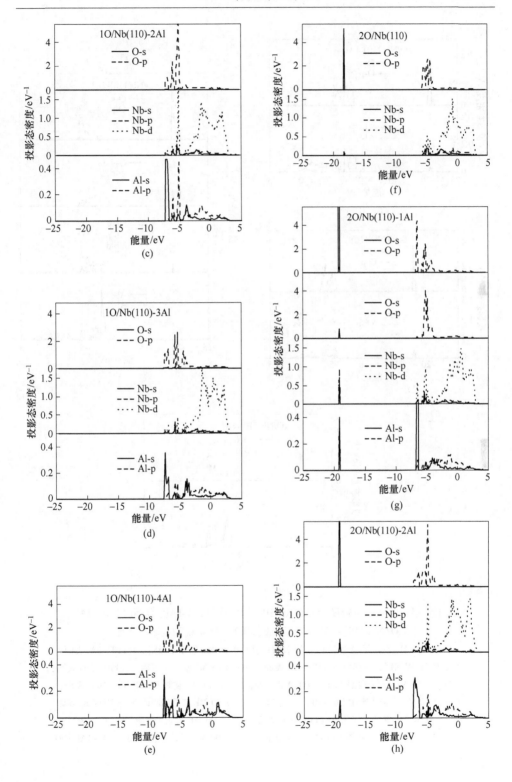

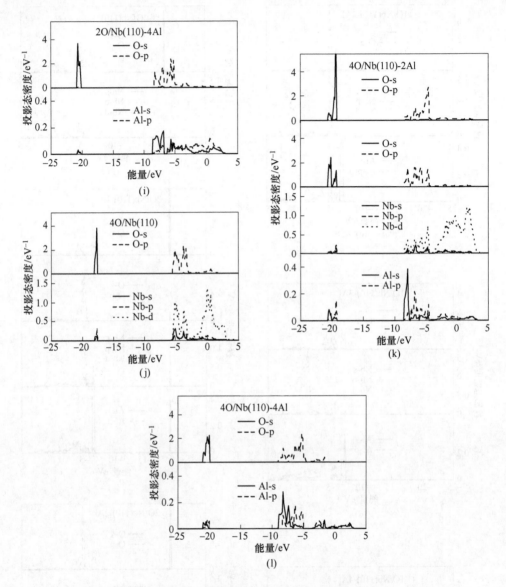

图 9-3 不同氧覆盖度的 O/Nb(110)、O/Nb(110)-1Al、O/Nb(110)-2Al、
O/Nb(110)-3Al 以及 O/Nb(110)-4Al 系统的投影态密度

(a) 0.25 ML 氧原子吸附 Nb(110) 表面；(b) 0.25 ML 氧原子吸附 Nb(110)-1Al 表面；
(c) 0.25 ML 氧原子吸附 Nb(110)-2Al 表面；(d) 0.25 ML 氧原子吸附 Nb(110)-3Al 表面；
(e) 0.25 ML 氧原子吸附 Nb(110)-4Al 表面；(f) 0.50 ML 氧原子吸附 Nb(110) 表面；
(g) 0.50 ML 氧原子吸附 Nb(110)-1Al 表面；(h) 0.50 ML 氧原子吸附 Nb(110)-2Al 表面；
(i) 0.50 ML 氧原子吸附 Nb(110)-3Al 表面；(j) 1.00 ML 氧原子吸附 Nb(110) 表面；
(k) 1.00 ML 氧原子吸附 Nb(110)-2Al 表面；(l) 1.00 ML 氧原子吸附 Nb(110)-4Al 表面

转到高氧覆盖度为 0.50 ML 和 1.0 ML，它们的投影态密度特征与 0.25 ML 有些相似。如图 9-3(f) 所示 0.50 ML 的 2O/Nb(110) 系统，O 的 2p 态和 Nb 的 4p、5s 和 4d 态主要在 $-5.6\sim-3.8$ eV 相互作用；O 的 2s 态和 Nb 的 4p、5s 和 4d 态在约 -18 eV 相互作用。如图 9-3(g) 所示的 0.50 ML 的 2O/Nb(110)-1Al 系统，与 2O/Nb(110) 系统相比，该系统其中一个 O 的 2p 态的峰展宽了并和 Al 的 3s 及 3p 态有强烈的相互作用，另一个 O 的 2s 和 2p 态变化不大。如图 9-3(h) 所示的 0.50 ML 的 2O/Nb(110)-2Al 系统，与 2O/Nb(110)-1Al 系统相比，O 的 2p 态的峰展宽了并和 Al 的 3s 及 3p 态有更强烈的相互作用。如图 9-3(i) 所示的 0.50 ML 2O/Nb(110)-4Al 系统，与 2O/Nb(110)-2Al 系统相比，O 的 2s 和 2p 态的峰都展宽了，并分别与 Al 的 3s 和 3p 态有强烈的相互作用；同时 O 的 2s 态和 Al 的 3s、3p 态在约 -20.0 eV 相互作用。

图 9-3(j) 所示 1.0 ML 的 4O/Nb(110) 系统，O 的 2p 态和 Nb 的 4p、5s、4d 态主要在 $-5.5\sim-3.0$ eV 相互作用；O 的 2s 态和 Nb 的 4p、5s、4d 态在约 -18 eV 相互作用。与 4O/Nb(110) 系统相比，图 9-3(k) 所示的 1.0 ML 的 O/Nb(110)-2Al 系统 O 的 2s 态和 2p 态的峰都展宽了，分别和 Al 的 3s、3p 态有更强烈的相互作用，并且向低能级移动。与 2O/Nb(110)-2Al 系统相比，图 9-3(l) 所示的 1.0 ML 的 O/Nb(110)-4Al 系统 O 的 2s 态和 2p 态都展宽了并且向低能级移动，分别与 Al 的 3s 和 3p 态有强烈的相互作用，表明高覆盖度 1.00 ML 的 4O/Nb(110)-4Al 系统的 O 和 Al 的相互作用比 1.0 ML 的 4O/Nb(110) 的 O 和 Nb 的相互作用强。投影态密度的结果表明 Al 偏析的增加和氧覆盖度的增加都会使 O 和 Al 的相互作用越变越强，这一结果也与前文的原子结构和结合能的结果分析一致。

9.3 本章小结

本章利用密度泛函理论，在广义梯度近似下分析了随着氧的覆盖度从零增加到一个单层时，合金元素 Al 的表面偏析以及其 Al 表面偏析效应对复合材料 Nb/Nb$_5$Si$_3$ 表面氧吸附的影响。计算结果表明，对于干净的 Al 合金化复合材料表面，合金元素 Al 喜欢偏析于 Nb/Nb$_5$Si$_3$ 复合材料的 Nb(110) 表面，并且会发生大量的 Al 表面偏析。复合材料 Nb/Nb$_5$Si$_3$ 的 Al 偏析的 Nb(110)-Al 表面会优先氧化，氧吸附也会进一步导致 Al 在 Nb(110) 全偏析，发生 Al 的选择性氧化并生成 Al$_2$O$_3$ 氧化物保护膜，进而提高 Nb/Nb$_5$Si$_3$ 复合材料的氧化阻抗。另外，原子结构和态密度的分析结果也表明随着 Al 偏析的增加和氧覆盖度的增加，O 和 Al 的相互作用越变越强。因此，这种理论上有趣的 Al 表面偏析效应可以导致 Al 的选择性氧化，进而导致 Al$_2$O$_3$ 氧化物保护膜的生成，提高 Nb/Nb$_5$Si$_3$ 复合材料的抗氧化性能。

参考文献

[1] Jackson M R, Bewlay B P, Rowe R G, et al. High-temperature refractory metal-intermetallic composites [J]. JOM, 1996, 48 (1): 39-44.

[2] 曲士昱, 王荣明, 韩雅芳. 热处理对 Nb-10Si 合金显微组织的影响 [J]. 航空材料学报 2001, 21: 9-12.

[3] 曲士昱, 王荣明, 韩雅芳. Nb-Si 系金属间化合物的研究进展 [J]. 材料导报 2002, 16: 31-34.

[4] 宋立国, 曲士昱, 宋尽霞, 等. 一种多元铌硅系原位复合材料的高温氧化行为 [J]. 航空学报, 2007, 28 (1): 201-206.

[5] Liu A Q, Sun L, Li S S, et al. Effect of Cerium on Microstructures and High Temperature Oxidation Resistance of An Nb-Si System In-Situ Composite [J]. Journal of Rare Earths, 2007, 25: 474-479.

[6] 曲士昱. Nb/Nb_5Si_3 复合材料基础研究 [D]. 北京: 北京航空材料研究院, 2002.

[7] 白新德, 邱钦伦, 甘东文, 等. Nb 在空气中的氧化动力学及成膜机制的研究 [J]. 清华大学学报, 1998, 38 (6): 71-73.

[8] 李美栓. 金属的高温腐蚀 [M]. 北京: 冶金工业出版社, 2001.

[9] 高丽梅, 郭喜平. 超高温铌硅化物基自生复合材料的成分设计及性能点 [J]. 材料导报, 2005, 19 (7): 72-75.

[10] Shao G. Thermodynamic modelling of the Cr-Nb-Si system. Intermetallics, 2005, 13: 69-78.

[11] Hohenberg P, Kohn W. Inhomogeneous Electron Gas [J]. Physical Review, 1964, 136 (3): B864-871.

[12] Kohn W, Sham L J. Self-Consistent Equations Including Exchange and Correlation Effects [J]. Physical Review, 1965, 140 (4): A1133-A1138.

[13] Kresse G, Hafner J. Ab initio molecular dynamics for open-shell transition metals [J]. Physical Review B, 1993, 48 (17): 13115-13118.

[14] Kresse G, Furthmüller J. Efficient iterative schemes for ab initio total-energy calculations using a plane-wave basis set [J]. Physical Review B, 1996, 54 (16): 11169-11186.

[15] Kresse G, Furthmüller J. Efficiency of ab-initio total energy calculations for metals and semiconductors using a plane-wave basis set [J]. Computational Materials Science, 1996, 6: 15-50.

[16] Perdew J P, Chevary J A, Vosko S H, et al. Atoms, molecules, solids, and surfaces: Applications of the generalized gradient approximation for exchange and correlation [J]. Physical Review B, 1992, 46 (11): 6671-6687.

[17] Blöchl P E. Projector augmented-wave method [J]. Physical Review B, 1994, 50 (24): 17953-17979.

[18] Kresse G, Joubert D. From ultrasoft pseudopotentials to the projector augmented-wave method [J]. Physical Review B, 1999, 59: 1758-1775.

10 BC_3 单层在 NbB_2（0001）上的稳定性和电子性质的第一性原理热力学研究

石墨烯自被发现以来，其二维纳米片结构因非凡的物理和化学性质以及前瞻性的技术应用而吸引学者展开了大量研究[1-5]。在二维原子薄材料中，类似石墨烯的 BC_3 蜂窝结构的独特之处在于，它不仅在电子器件和机械材料中具有潜在的应用潜力[6-7]，在简单的二元系统的超导性中也发挥着重要作用[6,8-11]。BC_3 单层是半导体，而多层和块状 BC_3 表现出金属特性[12]。BC_3 在基地上的结合也可能改变其导电行为。这些特性可以针对二维原子薄 BC_3 在下一代纳米电子学中的应用。此外，二维的 BC_3 具有强大的共价键特性，表明其具有优异的力学性能，例如高硬度和良好的耐磨性，使其在工程材料中的应用成为可能[7]。此外，含硼和碳的层状蜂窝结构材料可能导致反常的超导性能，其临界温度 T_c 与 MgB_2 的 T_c 相当或更高，尽管 MgB_2 是目前在简单的二元系统中临界温度最高的[8-10,13]（T_c = 39 K）。

通过外延法在 NbB_2(0001) 表面成功生长了类似石墨烯的二维 BC_3 蜂窝片[6,14-18]。实验表明，二维 BC_3 片是由 NbB_2(0001) 表面最上面的硼蜂窝层中的碳取代和 NbB_2 中碳杂质的热表面偏析形成的。扫描隧道显微镜（STM）观察结果和低能电子衍射（LEED）测量结果证实，在 1000～1100 ℃的温度范围内进行热处理后，NbB_2(0001) 上相应的 BC_3 蜂窝板（有缺陷）显示出（$\sqrt{3} \times \sqrt{3}$）的周期性[16-18]。在 1500 K 的温度下进行热处理时，观察到相称的（$\sqrt{3} \times \sqrt{3}$）BC_3 蜂窝板变为不相称层，即没有缺陷。不相称结构在 1800 K 以下是稳定的，因此最稳定的层是不相称层[18]。此外，在碳偏析的初始阶段，当温度约 1000 K 相对较低时观察到具有 $BC_x(x \approx 1)$ 片的（$\sqrt{7} \times \sqrt{7}$）结构，但该结构没有表现出蜂窝网格[18]。到目前为止，实验工作和相关理论计算主要集中在生长的 BC_3 蜂窝板的性能研究，而对 NbB_2 基板的作用关注较少[6,14-18]。BC_3 板和 NbB_2 表面的结合特性尚未确定。事实上，所有先前的研究都假设了一种特定的键合构型，即 BC_3 片材的硼原子直接键合在铌原子顶部的结构（以下称为硼顶部或 B 顶部构型）。然而，这种配置的稳定性尚未通过实验测量和第一性原理计算检验。因此，当明确包括 BC_3 片和衬底之间的结合时，NbB_2 上外延 BC_3 蜂窝片的原子结构和电子性质还需通过实验测量和第一性原理量子理论来研究。这里需要强调一点，二维单层结构和基底之间的结合在决定二维结构的生长和热力学稳定性方面具有重要意义。此外，二维原子薄材料和基底之间的受控结合可用于提高相关纳米电子产品的质量[19]。

本章，我们给出了从头算热力学计算和分析的结果，结合了第一性原理密度泛函理论（DFT）计算，以及经典热力学分析，用于分析 $NbB_2(0001)$-$(\sqrt{3}\times\sqrt{3})$ 表面上相应 BC_3 片的热力学稳定性、键合结构和电子性质。确定了一种比先前假设的 B 顶部构型更稳定的键合构型。这种配置涉及 BC_3 片的碳原子与表面层的铌原子之间的直接键合（以下称为碳顶或 C 顶配置）。我们阐明了 BC_3 在 $NbB_2(0001)$ 上热力学稳定性的原子尺度机制，进一步提供了 $NbB_2(0001)$ 上 BC_3 片的原子结构和电子性质的详细数据。

本章描述了使用的超原胞模型和计算方法和公式，介绍并讨论了得出的理论结果。最后总结了从计算和分析中获得的主要结论。

10.1 计算方法与模型

第一性原理计算是基于密度泛函理论，使用赝势方法和平面波基组[20-21]。本章结果由剑桥系列总能量包（CASTEP）获得[20]。交换相关效应采用 Perdew-Burke-Ernzerhof（PBE）方案中实现的广义梯度近似（GGA）处理[22]。在计算中使用了 400 eV 的平面波截断能量，确保 10^{-6} eV/原子的总能量收敛。对于使用原始晶胞的 NbB_2 的计算，布里渊区采样设置为 $10\times10\times8$ Monkhorst-Pack k 点网格[23]。我们的 GGA 计算得出大体积 NbB_2 的晶格常数 a 为 0.3106 nm，c 为 0.3318 nm，这与室温下得出的实验值 a 为 0.3107 nm，c 为 0.3282 nm[24]以及之前的 DFT-GGA 计算结果非常一致[25-26]。

纯的硼端接的 $NbB_2(0001)$ 表面和 $NbB_2(0001)$ 上的单个 BC_3 蜂窝板的结构模型如图 10-1 所示。$NbB_2(0001)$ 表面由对称的重复板模拟。我们考虑了硼端接的纯 $NbB_2(0001)$ 表面是因为实验工作和理论计算都证实它比 Nb 端表面更稳定[25-26]。我们测试了由不同尺寸的真空区分隔的 3、5、7、9、11 层板坯，检查收敛性后，使用由至少 1.5 nm 的真空层分隔的 9 层重复板的超原胞来模拟 $NbB_2(0001)$ 表面。考虑一个 $(\sqrt{3}\times\sqrt{3})$ 模拟表面细胞。当 BC_3 参与计算时，将外延 BC_3 蜂窝板放置在板的两侧。使用 $7\times7\times1$ Monkhorst-Pack 的 k 点网格设置 $(\sqrt{3}\times\sqrt{3})$ 表面单元的二维布里渊区的不可约部分中的采样 k 点。对每个超原胞进行原子结构的优化，允许除每个超原胞中的中心层的原子之外的所有原子进行优化，直到作用在每个原子上的力小于 0.1 eV/nm 为止。这里需要注意，我们的超原胞模型中包括的相应 BC_3 片不含缺陷，而实验观察到的 BC_3 片具有缺陷结构，但是经实验测量发现缺陷只占很小的一部分[18]。虽然模型不涉及缺陷，但我们仍然可以根据我们的计算来研究缺陷的影响（见第 10.2 节）。

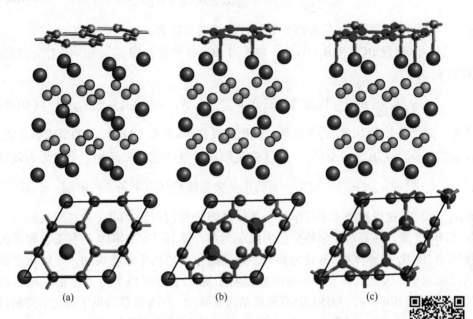

图 10-1　干净的硼端接 $NbB_2(0001)$-$(\sqrt{3}\times\sqrt{3})$ 表面的侧视和顶视图（a）、$NbB_2(0001)$-$(\sqrt{3}\times\sqrt{3})$ 表面上的单个 BC_3-(1×1) 蜂窝片和 Nb 原子的顶部位置上有两个 C 原子（C 顶部配置）（b）以及 $BC_3/NbB_2(0001)$-$(\sqrt{3}\times\sqrt{3})$ 的 B 顶位模型（c），其中硼原子位于顶部位置

（大的蓝色球体表示 Nb 原子；中等的粉红色球体表示 NbB_2 表面的 B 原子；粉红色和绿色的小球分别代表顶层的 B 原子和 C 原子）

表面能 γ 通常可以计算为[27-31]：

$$\gamma = \frac{1}{2S}(E_{\text{slab}} - \sum_i N_i\mu_i) \tag{10-1}$$

式中，S 为表面积；E_{slab} 为表面的平板总能量；N_i 为超原胞中每种类型原子的数量；μ_i 为相应单个物种的化学势。

对于纯的 $NbB_2(0001)$ 表面，其表面能为

$$\gamma_p = \frac{1}{2S}(E_{\text{slab}} - N_{\text{Nb}}\mu_{\text{Nb}} - N_B\mu_B) \tag{10-2}$$

假设 $NbB_2(0001)$ 表面与本体 NbB_2 平衡，即 $\mu_{\text{Nb}} + 2\mu_B = \mu_{\text{NbB}_2}^{\text{bulk}}$，则 γ_p 可以重新定义为

$$\gamma_p = \frac{1}{2S}[E_{\text{slab}} - N_{\text{Nb}}\mu_{\text{NbB}_2}^{\text{bulk}} + (2N_{\text{Nb}} - N_B)\mu_B] \tag{10-3}$$

将具有粘合 BC_3 片的 $NbB_2(0001)$ 表面表示为 $BC_3/NbB_2(0001)$，其表面能为

$$\gamma_d = \frac{1}{2S}(E_{slab} - N_{Nb}\mu_{Nb} - N_B\mu_B - N_C\mu_C) \tag{10-4}$$

式中，E_{slab} 为包含 NbB_2 层和两个 BC_3 片的板的总能量。

进一步假设 $BC_3/NbB_2(0001)$ 表面与 BC_3 片平衡，即 $\mu_B + 3\mu_C = \mu_{BC_3}^{sheet}$，则表面能 γ_d 为：

$$\gamma_d = \frac{1}{2S}[E_{slab} - N_{Nb}\mu_{NbB_2}^{bulk} - \frac{1}{3}N_C\mu_{BC_3}^{sheet} + (2N_{Nb} - N_B)\mu_B + \frac{1}{3}N_C\mu_B] \tag{10-5}$$

式中，$\mu_{NbB_2}^{bulk}$ 为块状 NbB_2 的化学势，其值与其在 $T = 0\ K$ (ΔH_f^0) 时的形成热有关，即 $\mu_{NbB_2}^{bulk} = \mu_{Nb}^{bulk} + 2\mu_B^{bulk} + \Delta H_f^{NbB_2}$。为了避免形成单独的铌相和硼相，化学势必须遵循 $\mu_{Nb} \leq \mu_{Nb}^{bulk}$ 和 $\mu_B \leq \mu_B^{bulk}$。因此，硼的化学势范围受到以下条件的限制：$\frac{1}{2}\Delta H_f^{NbB_2} \leq \mu_B - \mu_B^{bulk}$。这里选择参考化学势一部分是因为我们假设 $NbB_2(0001)$ 表面与本体 NbB_2 平衡，并且对化学势变化的限制与单个本体 Nb 和本体 B 有关。如果使用体相 Nb_3B_4 代替体相 Nb 作为参考，则硼的化学势的下限将增加，导致化学势的范围减小。因此，体相 Nb 的选择涵盖了硼化学势的整个可能范围。对体相 NbB_2、体相 $Nb(bcc)$ 和体相具有菱形结构 $\alpha\text{-}B_{12}$ 的 GGA 计算提供了硼化学势的范围，即 $-1.109 \leq \mu_B - \mu_B^{bulk} \leq 0$ eV。计算得出 $\mu_{NbB_2}^{bulk}$ 和 $\mu_{BC_3}^{sheet}$ 的值分别为 -1708.29203 eV 和 -541.74488 eV。

10.2 研究结果及讨论

图 10-2 显示了纯硼端的 $NbB_2(0001)$ 表面和两种 BC_3 键合端的 $NbB_2(0001)\text{-}(\sqrt{3}\times\sqrt{3})$ 表面随着硼的化学势 ($\mu_B - \mu_B^{bulk}$) 变化的表面能。从图中可以观察到以下 3 个重要特征。

(1) 当比较 BC_3 在 $NbB_2(0001)$ 上的两种不同键合构型，即 B 顶和 C 顶的相对稳定性时发现，无论硼化学势的值如何，C 顶构型的表面能总是低于 B 顶构型的表面能。因此，C 顶配置更加稳定。在 C 顶构型中，BC_3 链段中的 3 个碳原子之一直接键合在表面 Nb 原子的顶部上，见图 10-1(b)。然而，在 B 顶构型中，硼原子直接键合在表面 Nb 原子的顶部，见图 10-1(c)。如果我们注意到碳的电负性比硼强，会认为碳和铌之间的键合比硼和铌之间更强。这与事实一致，如图 10-2 所示，C 顶部键合结构更稳定。

(2) 在热力学允许的硼化学势 ($\mu_B - \mu_B^{bulk}$) 的整个范围内，$BC_3/NbB_2(0001)$ 表面两种构型的表面能都低于纯的 $NbB_2(0001)$ 表面的表面能，这意味着 $NbB_2(0001)$ 表面上的 BC_3 片在热力学上是稳定的，与实验工作的结果一致，即

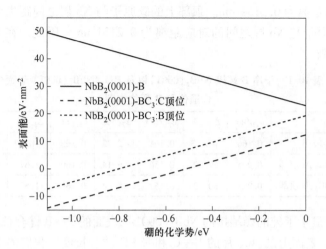

图 10-2 NbB$_2$(0001) 和 BC$_3$/NbB$_2$(001) 的表面能随硼的化学势变化的曲线

(NbB$_2$(0001)-B 为干净的硼端接的 NbB$_2$(0001) 表面;

NbB$_2$(0001)-BC$_3$ 为 BC$_3$ 结合的 NbB$_2$(0001) 表面)

通过最上面的硼蜂窝层中的碳取代和 NbB$_2$ 中碳杂质的热表面偏析,可以在 NbB$_2$ (0001) 表面上生长 BC$_3$ 蜂窝片[16-17]。

(3) 当硼的化学势增加时,纯的 NbB$_2$(0001) 的表面能逐渐降低,如图 10-1(a) 所示,而 BC$_3$/NbB$_2$(0001) 的表面能增加,如图 10-1(b) 和 (c) 所示。当硼的化学势增加时, NbB$_2$(0001) 和 BC$_3$/NbB$_2$(0001) 之间的表面能差变小,但 BC$_3$ 键合表面的表面能总是低于纯表面的表面能。

此外,当硼的化学势增加时,两种构型的表面能也都随之增加,但与任何特定化学势相对应的表面能的差异保持不变。因此,当涉及能量差时,硼化学势抵消,此时 C 顶构型具有比 B 顶构型低的表面能的事实与硼化学势无关,这是由于 C 顶和 B 顶构型具有相同的化学计量学。

表 10-1 为纯的 NbB$_2$(0001) 表面以及 BC$_3$/NbB$_2$(0001) 表面的 C 顶位和 B 顶位构型的表面弛豫结果。我们将 NbB$_2$(0001) 表面的层间距 Δ_{ij} 的变化率定义为[32-34]:

$$\Delta_{ij} = \frac{\Delta d_{ij}}{d_0} = \frac{d_{ij} - d_0}{d_0} \tag{10-6}$$

式中,d_{ij} 为第 i 层和第 j 层之间的层间距离;d_0 为体积上的对应距离。Δd_{ij} 为弛豫后层间距离的变化,定义为 $d_{ij} - d_0$。从表 10-1 中可以观察到,BC$_3$/NbB$_2$(0001) 表面经历了显著的结构弛豫,而纯的 NbB$_2$(0001) 表面仅具有较小的弛豫,二者形成对比。因此,外延 BC$_3$ 蜂窝片增加了 NbB$_2$(0001) 的表面弛豫。除表 10-1 中所示的数据外,位于 C 顶部构型中的桥位上的 BC$_3$ 的硼原子与最顶部的金属

Nb 层之间的距离为 0.2154 nm。顶部上的碳原子与 Nb 层之间距离为 0.2190 nm，而桥位上碳原子与 Nb 层之间的对应距离为 0.2131 nm。因此，在 BC₃ 片材中存在轻微的褶皱。

表 10-1　干净 B 端接 NbB$_2$(0001) 以及 BC$_3$/NbB$_2$(0001) 表面的
C 顶位和 B 顶位构型

表　面	d_{12}/nm	Δ_{12}/%	d_{23}/nm	Δ_{23}/%	d_{34}/nm	Δ_{34}/%	d_{45}/nm	Δ_{45}/%
NbB$_2$(0001)-B	0.166	−0.03	0.161	−2.72	0.165	−0.29	0.167	−0.38
NbB$_2$(0001)-BC$_3$：C 顶部	0.215	29.70	0.156	−6.14	0.169	1.67	0.162	−0.29
NbB$_2$(0001)-BC$_3$：B 顶部	0.217	30.53	0.157	−5.44	0.169	1.67	0.162	−0.29

表 10-2 显示了纯的硼端接的 NbB$_2$(0001) 表面的 B—B 键合长度以及结合在 NbB$_2$(0001) 表面上的 BC$_3$ 片的 B—C 和 C—C 键合长度。我们的 DFT 计算中确定的键长与相应的实验数据非常一致[14,35]。从表中可以看到 l_{B-B} > l_{B-C} > l_{C-C}，即 NbB$_2$(0001) 上的 BC$_3$ 片的 B—C 和 C—C 键长短于纯的 NbB$_2$(0001) 表面的顶部硼层的 B—B 键长，意味着 BC$_3$ 片内的结合比硼层内的结合更强，也说明了 BC$_3$ 片在表面上热力学稳定性，即用 BC$_3$ 片代替纯表面的硼层在能量上更有利，与实验观察结果一致[14-18]。

表 10-2　理论与实验的 NbB$_2$(0001) B—B 键长以及 NbB$_2$(0001)-BC$_3$ 片的
B—C 和 C—C 键长　　　　　　　　　　　(nm)

研究方法	l_{B-B}	l_{B-C}	l_{C-C}
理论	0.1794	0.1605	0.1496
实验	0.180	0.16	0.14

NbB$_2$(0001) 上的 ($\sqrt{3} \times \sqrt{3}$) BC$_3$ 层的相干性质显然是由于 BC$_3$ 和基底之间的结合。同时，相应层的 BC$_3$ 片被轻微拉伸，因为它的键合长度（l_{B-C} = 0.1605 nm 和 l_{C-C} = 0.1496 nm，如表 10-2 所示）比自由（隔离）BC$_3$ 片的键合长度长（l_{B-C} = 0.1561 nm 和 l_{C-C} = 0.1481 nm）。因此，虽然 BC$_3$ 和基底之间的结合倾向于保持结构的相称性，但 BC$_3$ 片内的结合将改变结构的不相称性，以减轻应力并使 BC$_3$ 片尽可能自由。在相应的层上实验观察到的缺陷（可能是缺碳缺陷）可能是由于这种竞争[18]。此外，当在 1500 K 及以上温度下进行热处理时，可以增加层间距离，减少 BC$_3$ 和衬底之间的结合，使得 BC$_3$ 片几乎是自由的。几乎自由的 BC$_3$ 片很可能在非常高的温度下诱导了实验观察到的不相称层[6,14-18]。

图 10-3 显示了干净的 NbB$_2$(0001) 和 BC$_3$ 键合的 NbB$_2$(0001) 表面的总电子态密度和投影电子态密度（DOS）曲线。从图 10-3(a) 所示的总 DOS 曲线可以观察到，纯和 BC$_3$ 结合的 NbB$_2$(0001) 表面都是金属的。从图 10-3(b) 可知，

10.2 研究结果及讨论

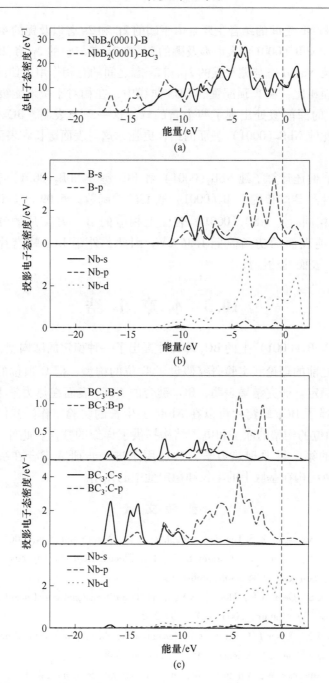

图 10-3 干净的 $NbB_2(0001)$ 和 BC_3 键合的 $NbB_2(0001)$ 表面的
总电子态密度和投影电子态密度

(a) 干净和 BC_3 结合的 $NbB_2(0001)$ 表面的总态密度；(b) 干净的 $NbB_2(0001)$ 表面的顶部两层的投影态密度；(c) BC_3 键合 $NbB_2(0001)$ 表面的 C 顶位构型的顶部两层的投影态密度

纯表面的 B 和 Nb 之间的结合主要是由于硼的 2p 和 2s 态以及铌的 4d 态之间的相互作用。$BC_3/NbB_2(0001)$ 表面涉及硼的 2p 和 2s 态与碳的 2p 和 2s 态之间的相互作用，以及 Nb 4d 态与硼和碳的 2p 和 2s 态之间的互相作用，如图 10-3(c) 所示。与纯表面相比，在 C 顶配置的 DOS 曲线中，在相对于费米能级约 -16.8 eV 和 -14.6 eV 的深能级处出现了两个新的峰。这一现象表明，$BC_3/NbB_2(0001)$ 的整体结合比纯 $NbB_2(0001)$ 表面的结合更强，这与表面键长和表面能的计算结果一致。

此外，我们还计算了纯 $NbB_2(0001)$ 和 BC_3 键合 $NbB_2(0001)$ 表面的电子功函数，得出纯的 B 端接的 $NbB_2(0001)$ 表面的功函数为 6.09 eV。该值与实验值 6.1 eV 几乎相同[14]。$NbB_2(0001)$ 表面上相应的 BC_3 蜂窝片的计算功函数为 4.73 eV，比纯表面的功函数低 1.36 eV。因此，外延 BC_3 蜂窝片显著降低了 $NbB_2(0001)$ 表面的功函数。

10.3 本章小结

本章为 $NbB_2(0001)$ 上的 BC_3 蜂窝片提出了一种稳定的结构型，即 C 顶位的构型。尽管之前的理论和实验研究假设了 B 位的构型，但 C 顶位的构型比 B 顶位的构型更稳定。研究结果表明，BC_3 键合的 NbB_2 表面在热力学上比纯表面更有利，这解释了 BC_3 蜂窝片可以在 NbB_2 上生长的实验工作。我们还为 BC_3 在 NbB_2 的 C-顶位的构型的原子和电子结构提供了详细的数据。此外，我们认为本工作中使用的第一性原理热力学方法适用于进一步研究键合在决定其他二维 (2D) 原子薄结构在基底上的生长和稳定性中的作用。

参 考 文 献

[1] Geim A K, Novoselov K S. The rise of grapheme [J]. Nature Materials, 2007, 6: 183-191.

[2] Novoselov K S, Geim A K, Morozov S V, et al. Electric field effect in atomically thin carbon films [J]. Science, 2004, 306: 666-669.

[3] Novoselov K S, Geim A K, Morozov S V, et al. Two-dimensional gas of massless dirac fermions in grapheme [J]. Nature, 2005, 438: 197-200.

[4] Lee C, Wei X, Kysar J W, et al. Measurement of the elastic properties and intrinsic strength of monolayer graphene [J]. Science, 2008, 321: 385-388.

[5] Corso M, Auwarter W, Muntwiler M, et al. Boron nitride nanomesh [J]. Science, 2004, 303: 217-220.

[6] Yanagisawa H, Tanaka T, Ishida Y, et al. Phonon dispersion curves of a honeycomb epitaxial sheet [J]. Physical Review Letters, 2004, 93: 177003.

[7] Han S, Ihm J, Louie S G, et al. Enhancement of surface hardness: Boron on diamond (111)

[J]. Physical Review Letters, 1998, 80: 995.

[8] Choi H J, Roundy D, Sun H, et al. The origin of the anomalous superconducting properties of MgB_2 [J]. Nature, 2002, 418: 758-760.

[9] Rosner H, Kitaigorodsky A, Pickett W E. Prediction of High T_c Superconductivity in Hole-Doped LiBC [J]. Physical Review Letters, 2002, 88: 127001.

[10] Wilke R H T, Budko S L, Canfield P C, et al. Systematic Effects of Carbon Doping on the Superconducting Properties of $Mg(B_{1-x}C_x)_2$ [J]. Physical Review Letters, 2004, 92: 217003.

[11] Ribeiro F J, Cohen M L. Possible superconductivity in hole-doped BC_3 [J]. Physical Review B, 2004, 69: 212507.

[12] Tomanek D, Wentzcovitch R M, Louie S G, et al. Calculation of electronic and structural properties of BC_3 [J]. Physical Review B, 1988, 37: 3134.

[13] Nagamatsu J, Nakagawa N, Muranaka T, et al. Superconductivity at 39 K in magnesium diboride [J]. Nature, 2001, 410: 63-64.

[14] Tanaka H, Kawamata Y, Simizu H, et al. Novel macroscopic BC_3 honeycomb sheet [J]. Solid State Communication, 2005, 136: 22-25.

[15] Yanagisawa H, Tanaka T, Ishida Y, et al. Phonon dispersion curves of stable and metastable BC_3 honeycomb epitaxial sheets and their chemical bonding: Experiment and theory [J]. Physical Review B, 2006, 73: 045412.

[16] Ueno A, Fujita T, Yanagisawa H, et al. Scanning tunneling microscopy study on a BC_3 covered NbB_2 (0001) surface [J]. Surface Science, 2006, 600: 3518-3521.

[17] Yanagisawa H, Ishida Y, Tanaka T, et al. Metastable BC_3 honeycomb epitaxial sheets on the NbB_2 (0001) surface [J]. Surface Science, 2006, 600: 4072-4076.

[18] Oshima C. BC_x layers with honeycomb lattices on an NbB_2 (0001) surface [J]. Journal of Physics: Condensed Matter, 2012, 24: 314206.

[19] Dean C R, Young A F, Meric I, et al. Boron nitride substrates for high-quality graphene electronics [J]. Nature Nanotechnology, 2010, 5: 722-726.

[20] Segall M D, Linadan P L D, Probert M J, et al. First-principles simulation: ideas, illustrations and the CASTEP code [J]. Journal of Physics: Condensed Matter, 2002, 14(11): 2717-2744.

[21] Vanderbilt D. Soft self-consistent pseudopotentials in a generalized eigen alue formalism [J]. Physical Review B, 1990, 41: 7892-7895.

[22] Perdew J P, Burke K, Ernzerhof M, Generalized Gradient Approximation Made Simple [J]. Physical Review Letters, 1996, 77: 3865-3868.

[23] Monkhorst H J, Pack J D. Special points for brillouin zone integrations [J]. Physical Review B, 1976, 13: 5188-5192.

[24] Matkovich V I, Samsonov G V, Hagenmuller P, et al. Boron and Refractory Borides [M]. Springer: Berlin, 1977.

[25] Aizawa T, Suehara S, Hishita S, et al. Surface core-level shift and electronic structure on

transition-metal diboride (0001) surfaces [J]. Physical Review B, 2005, 71: 165405.

[26] Suehara S, Aizawa T, Sasaki T. Graphenelike surface boron layer: Structural phases on transition-metal diborides (0001)[J]. Physical Review B, 2010, 81: 085423.

[27] Qian G X, Martin R M, Chadi D J. First-principles study of the atomic reconstructions and energies of Ga-and As-stabilized GaAs (100) surfaces [J]. Physical Review B, 1988, 38: 7649.

[28] Rapcewicz K, Chen B, Yakobson B, et al. Consistent methodology for calculating surface and interface energies [J]. Physical Review B, 1998, 57: 7281.

[29] Liu S Y, Shang J X, Wang F H, et al. Ab initio study of surface segregation on the oxygen adsorption on the γ-TiAl(111) surface [J]. Physical Review B, 2009, 79: 075419.

[30] Qin N, Liu S Y, Li Z, et al. First-principles studies for the stability of a graphene-like boron layer on CrB_2(0001) and MoB_2(0001)[J]. Journal of Physics: Condensed Matter, 2011, 23: 225501.

[31] Liu S Y, Liu S Y, Li D J, et al. Oxidation mechanism of the intermetallic compound Ti_3Al from ab initio thermodynamics [J]. Physical Chemistry Chemical Physics, 2012, 14: 11160-11166.

[32] Wang S, Rikvold P A, Ab initio calculations for bromine adlayers on the Ag (100) and Au (100) surfaces: The c (2×2) structure [J]. Physical Review B, 2002, 65: 155406.

[33] Wang S, Cao Y, Rikvold P A. First-principles calculations for the adsorption of water molecules on the Cu (100) surface [J]. Physical Review B, 2004, 70: 205410.

[34] Wang F H, Liu S Y, Shang J X, et al. Oxygen adsorption on Zr(0001) surfaces: Density functional calculations and a multiple-layer adsorption model [J]. Surface Science, 2008, 602: 2212-2216.

[35] Aizawa T, Hayami W, Otani S. Surface phonon dispersion of ZrB_2(0001) and NbB_2(0001) [J]. Physical Review B, 2001, 65: 024303.

11 高熵四元金属二硼化物的相图和力学性能第一性原理热力学研究

由 4 种或更多种浓度相等或接近相等的金属元素组成的高熵合金通常是通过调节"混合熵"和"化学无序"生成的结构有序的金属材料[1-4]。最近,高熵合金的研究已扩展到高熵陶瓷,包括高熵氧化物、氮化物、碳化物、二硼化物等材料[5-13]。在这些陶瓷材料中,高熵金属二硼化物(HEMB$_2$)代表了一种全新的材料类型,扩展了超高温陶瓷的化学成分[11]。特别是由过渡金属二硼化物的固溶体形成的高熵金属二硼化物陶瓷引起了相当大的关注,因为它们相对于单个过渡金属二硼化物陶瓷具有改善机械性能和热稳定性的潜力[14-23]。

作为结构中最简单的高熵金属二硼化物,等原子四元高熵金属二硼化物涉及交替的刚性二维硼片和高熵 2D 金属层阳离子,如图 11-1 所示。Liu 等实验研究了几个等原子四元 HEMB$_2$ 并通过硼/碳热还原制备了高纯超细四元高熵二硼化物 $(Hf_{0.25}Ta_{0.25}Nb_{0.25}Ti_{0.25})B_2$ 粉末[24]。Ye 等采用低温还原法合成了单相 $(Zr_{0.25}Ta_{0.25}Nb_{0.25}Ti_{0.25})B_2$、$(Hf_{0.25}Ta_{0.25}Nb_{0.25}Ti_{0.25})B_2$ 和 $(Hf_{0.25}Zr_{0.25}Ta_{0.25}Nb_{0.25})B_2$[25],这些粉末由单相金属二硼化物组成,包含大量超细单晶纳米颗粒,具有高度成分同质性。Failla 等以粉末为原料,采用电弧熔炼技术合成了高熵金属二硼化物 (Hf、Zr、Ti、Ta)B$_2$ 固溶体混合物[26]。Feng 等通过两步放电等离子烧结工艺获得了致密的高熵 (Hf, Zr, Ti, Ta)B$_2$ 陶瓷,并通过 X 射线衍射证实了 (Hf, Zr, Ti, Ta)B$_2$ 陶瓷的单相六方结构[27]。Feng 等还研究了 (Hf, Zr, Ti, Ta)B$_2$ 高熵陶瓷的机械性能[27]。Feltrin A. C. 等通过热退火制备了单相 $(Ti_{0.25}V_{0.25}Zr_{0.25}Hf_{0.25})B_2$ 高熵二硼化物并测量其力学性能[28]。

虽然高熵金属二硼化物的实验研究取得了重大进展,但仍缺乏关于 HEMB$_2$ 理论工作的相关研究。对可能的单相 HEMB$_2$ 的相稳定性和形成的理论预测是合理发现新材料的重要前提。寻找、合成具有高硬度和高韧性的独特机械性能的陶瓷材料也是一项科学挑战[29]。为了解决这些问题,本章结合了第一性原理中密度泛函计算和热力学分析了由硼、ⅣB 族和ⅤB 族难熔过渡金属(Ti、Zr、Hf、V、Nb 和 Ta)形成的四元 HEMB$_2$ 的相稳定性和机械性能,同时分析了 HEMB$_2$ 的熔点。根据 15 种等原子四元金属二硼化物的热力学和结构参数,如熔点、混合焓、混合熵和晶格常数差等构建三维相图,进一步使用相图和热力学-结构稳定性标准了解 5 种实验实现的四元 HEMB$_2$ 的性质并预测 10 个新的四元高熵金属二硼化物 HEMB$_2$。

11.1　计算方法与模型

基于密度泛函理论（DFT）、模守恒赝势和 Perdew-Burke-Ernzerhof 广义梯度近似的第一性原理计算在剑桥系列总能量包中实现[30-34]。将虚晶近似（VCA）[35-38] 和超原胞（SC）[39] 模型用于第一性原理计算。采用原始晶胞中的虚晶近似模拟高熵四元金属二硼化物（$Me^1_{0.25}Me^2_{0.25}Me^3_{0.25}Me^4_{0.25}$）B$_2$，其中 Me 代表ⅣB 族或ⅤB 族难熔过渡金属，如图 11-1（a）所示。在虚晶近似方法中，使用结晶 MeB$_2$ 的晶胞，但 Me 被等原子混合比为 0.25 的虚拟四元金属取代。因此，虚晶近似方法中的六角结构（$Me^1_{0.25}Me^2_{0.25}Me^3_{0.25}Me^4_{0.25}$）B$_2$ 始终保持 P6/mmm 对称性。为了比较，混合的 $Me^1Me^2Me^3Me^4B_8$ 也通过具有不同替代的超原胞方法建模，如图 11-1（b）所示。所有原子结构都完全优化，直到每个原子上的力小于 0.1 eV/nm 为止。在 DFT 计算中使用了 660 eV 的平面波截断能量和布里渊区的 18×18×16 Monkhorst Pack 的 k 点网格，对应于 10^{-6} eV/atom 的总能量收敛。

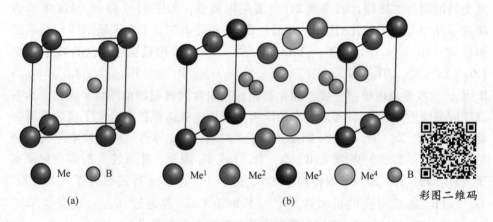

图 11-1　金属二硼化物（MeB$_2$）（a）和等原子四金属二硼化物（b）的超原胞的晶体结构

根据 Voigt、Reuss 和 Hil 近似[40]，高熵金属二硼化物固溶体的体积模量 B_V、B_R 和 B，剪切模量 G_V、G_R 和 G 为

$$B_V = \frac{2(C_{11}+C_{12})+C_{33}+C_{13}}{9} \tag{11-1}$$

$$B_R = \frac{1}{(2S_{11}+S_{33})+2(S_{12}+S_{13})} \tag{11-2}$$

$$B = \frac{B_V + B_R}{2} \tag{11-3}$$

$$G_V = \frac{C_{11} + C_{33} - 2C_{13} + 6C_{44} + 5C_{66}}{15} \tag{11-4}$$

$$G_R = \frac{15}{8S_{11} + 4S_{33} - 4S_{12} - 8S_{13} + 6S_{44} + 3S_{66}} \tag{11-5}$$

$$G = \frac{G_V + G_R}{2} \tag{11-6}$$

式中，C_{ij} 为弹性常数；S_{ij} 为弹性柔度常数。其中 $S_{11} + S_{12} = C_{33}/C$，$S_{11} - S_{12} = 1/(C_{11} - C_{22})$，$S_{13} = -C_{13}/C$，$S_{33} = (C_{11} + C_{12})/C$，$S_{44} = 1/C_{44}$，$S_{66} = 1/C_{66}$ 和 $C = C_{33}(C_{11} + C_{12}) - 2C_{13}^2$。

杨氏模量 E 和泊松比 v 可以使用 Hill 的体积模量 B 和剪切模量 G 计算得到[40]：

$$E = \frac{9GB}{3B + G} \tag{11-7}$$

$$v = \frac{3B - 2G}{2(3B + G)} \tag{11-8}$$

维氏硬度 H_V[41]，断裂韧性 K_{IC}[42] 和临界能量释放率 G_{IC}[43] 计算如下：

$$H_V = 0.92k^{1.137}G^{0.708} \tag{11-9}$$

$$K_{IC} = V_0^{\frac{1}{6}} G \left(\frac{B}{G}\right)^{\frac{1}{2}} \tag{11-10}$$

$$G_{IC} = K_{IC}^2 \left(\frac{1 - v^2}{E}\right) \tag{11-11}$$

式中，k 和 V_0 分别为 G/B 和原子的平均体积。

11.2 研究结果及讨论

11.2.1 能量学和混溶性

晶体结构中混合元素构成的四元金属二硼化物的化学稳定性可以通过形成能 E_{form}[10,44] 来评估，形成能可通过四元金属二硼化物总能量 E_{tot} 和稳定的元素晶体中单原子能量 $E_{i\text{-bulk}}$ 进行 DFT 计算，计算方法为

$$E_{form} = \left(E_{tot} - \sum N_i E_{i\text{-bulk}}\right) \Big/ \sum N_i \tag{11-12}$$

式中，E_{tot} 为四元金属二硼化物的总能量，$E_{i\text{-bulk}}$ 为第 i 个元素晶体中的一个原子能量，N_i 为第 i 个元素的原子数。一般来说，形成能越低，其化学稳定性越高。图 11-2(a) 所示，15 种四元金属二硼化物的形成能均为负值，也是形成这些四

金属二硼化物的有利条件。

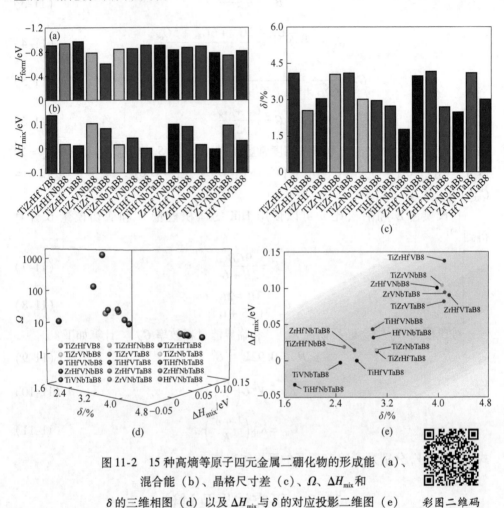

图 11-2　15 种高熵等原子四元金属二硼化物的形成能（a）、
混合能（b）、晶格尺寸差（c）、Ω、ΔH_{mix} 和
δ 的三维相图（d）以及 ΔH_{mix} 与 δ 的对应投影二维图（e）　彩图二维码

由 4 种单独的金属二硼化物混合而成的高熵固溶体（$\text{Me}_{0.25}^{1}\text{Me}_{0.25}^{2}\text{Me}_{0.25}^{3}\text{Me}_{0.25}^{4}$）$\text{B}_2$ 的热力学稳定性和混溶性可以通过混合吉布斯自由能（ΔG_{mix}）表示，ΔG_{mix} 可以用混合焓和混合熵表示[10,45]：

$$\Delta G_{\text{mix}} = \Delta H_{\text{mix}} - T\Delta S_{\text{mix}} \tag{11-13}$$

式中，ΔH_{mix} 为混合焓；ΔS_{mix} 为混合熵；T 为绝对温度。混合焓基本上取决于从单金属二硼化物能量到四元金属二硼化物的总能量的变化[10,45]，

$$\Delta H_{\text{mix}} = \left(E_{\text{tot}} - \sum N_i E_i^{\text{MeB}_2}\right) \Big/ \sum N_i \tag{11-14}$$

式中，E_{tot} 为四元金属二硼化物的总能量；$E_i^{\text{MeB}_2}$ 为单金属二硼化物的能量；N_i 为

单个金属二硼化物的数量。

图 11-2(b) 显示出 15 种四元金属二硼化物的混合焓。除 TiHfNbTaB8 外，所有混合焓均为正值，表明由 4 种单独的金属二硼化物形成四元金属二硼化物是一个吸热过程。然而，所有混合焓的数值都很小，最大的只有 0.13 eV。TiHfNbTaB8 混合焓为 – 0.03 eV，表明 TiHfNbTaB8 的形成是一个放热过程。

在均匀极限下混合熵可以评估如下[10]：

$$\Delta S_{mix} = -k_B \sum_{i=1}^{N} x_i \ln x_i = k_B \ln N \tag{11-15}$$

式中，k_B 为玻尔兹曼常数；x_i 为混合浓度（本节 $x_i = 0.25$），N 为四元等原子 $HEMB_2$ 的金属元素种类数（本节 $N=4$）。如式（11-13）所示，混合焓和混合熵共同决定了能否形成稳定无序的高熵二硼化物。当温度足够高时，式（11-15）中混合熵项的影响将超过混合焓。此时混合吉布斯自由能为负值，可以形成高熵金属二硼化物 $HEMB_2$。

表达上述论点的一种简便方法是引入一个参数 Ω [46]：

$$\Omega = \frac{T_m \Delta S_{mix}}{|\Delta H_{mix}|} \tag{11-16}$$

式中，T_m 为 $HEMB_2$ 的熔点，可以根据弹性常数 C_{ij} 计算[47-49]：

$$T_m = 354K + \frac{4.5(2C_{11} + C_{33})}{3} \tag{11-17}$$

显然，当 $\Omega > 1$ 时，式（11-13）中熵项大于焓项，混合吉布斯自由能为负值。则多组分金属二硼化物可以形成单相的 $HEMB_2$。

除了热力学参数 Ω，经验参数的晶格常数差 δ 也可以用来评估 $HEMB_2$ 可否形成。晶格常数差因子表示为[50]：

$$\delta = \sqrt{\sum_{i=1}^{N} \frac{x_i}{2} \left[\left(1 - \frac{a_i}{\sum_{i=1}^{N} x_i a_i}\right)^2 + \left(1 - \frac{c_i}{\sum_{i=1}^{N} x_i c_i}\right)^2 \right]} \tag{11-18}$$

式中，a_i 和 c_i 为第 i 个单独的过渡金属二硼化物 MeB_2 的晶格常数；x_i 为 MeB_2 的摩尔分数（本节 $x_i = 0.25$）。一般来说，晶格常数差 δ 值越小，表明固溶体的形成越可行。有研究发现临界晶格常数差 δ 为 6.6%[46]。图 11-2(c) 所示的 15 种四元金属二硼化物的晶格常数差 δ 均小于 6.6%，表明四元金属二硼化物 $HEMB_2$ 满足固溶体形成的经验准则[46]。

图 11-2(d) 显示了 15 种等原子四元金属二硼化物的 Ω、ΔH_{mix} 和 δ 的三维相图，而图 11-2(e) 显示了 ΔH_{mix} 和 δ 的投影二维图。如上所述，$\Omega > 1$ 和 $\delta < 6.6\%$（Ω-δ 准则）是有利于单相固溶体的形成条件。显然，图 11-2(d) 和图 11-2(e) 表明单相 $HEMB_2$ 形成的 15 种四元金属二硼化物均满足 Ω-δ 准则，这一结果与可用的实验工作一致，5 种高熵四元金属二硼化物：TiZrHfVB8、TiZrHfTaB8、

TiZrNbTaVB8、TiHfVbTaB8 和 ZrHfNbTaB8 已经成功合成[24-28]。此外，该计算结果也表明可以合成其他 10 种单相 HEMB$_2$ 固溶体：TiZrHfNbB8、TiZrVNbB8、TiZrVTaB8、TiHfVNbB8、TiHfVTaB8、ZrHfVNbB8、ZrHfVTaB8、TiVNbTaB8、ZrVNbTaB8 和 HfVNbTaB8。其中，TiHfNbTaB8 具有最大的 Ω 值和最小的 δ 值，表明它可以很容易地合成。

11.2.2 几何结构

表 11-1 为通过虚晶近似和超原胞方法所计算的 15 个四元 HEMB$_2$ 的六方晶格常数和体积。从表中可知两种方法得到的数值非常一致，证实了虚晶近似方法对四元高熵固溶体计算的可靠性。TiZrHfTaB8 和 TiZrHfVB8 的计算值与可用的实验测量值一致[26-27]。对于高熵固溶体（$Me_{0.25}^1 Me_{0.25}^2 Me_{0.25}^3 Me_{0.25}^4$）B$_2$ 的情况，虚晶近似方法在结构和力学性质上与实验数据直接比较具有相同对称性的优势，而超原胞方法降低了 HEMB$_2$ 体系的对称性[10]。

表 11-1 通过虚晶近似和超原胞方法计算的 15 种高熵四元金属二硼化物的晶格常数和体积

高熵四元金属二硼化物	SC:a/nm	SC:b/nm	VCA:a/nm	SC:c/nm	VCA:c/nm	SC:V/nm^3	VCA:V/nm^3
TiZrHfVB8	0.306	0.305	0.306	0.331	0.329	0.107	0.107
TiZrHfNbB8	0.309	0.309	0.310	0.336	0.336	0.111	0.112
TiZrHfTaB8	0.308	0.308	0.308	0.332	0.333	0.109	0.110
TiZrVNbB8	0.307	0.306	0.307	0.329	0.328	0.107	0.107
TiZrVTaB8	0.305	0.305	0.305	0.326	0.325	0.105	0.105
TiZrNbTaB8	0.308	0.308	0.309	0.331	0.332	0.109	0.109
TiHfVNbB8	0.305	0.304	0.305	0.325	0.325	0.105	0.104
TiHfVTaB8	0.302	0.303	0.303	0.322	0.321	0.102	0.102
TiHfNbTaB8	0.306	0.306	0.307	0.327	0.328	0.106	0.107
ZrHfVNbB8	0.308	0.308	0.308	0.333	0.331	0.110	0.109
ZrHfVTaB8	0.306	0.306	0.307	0.330	0.328	0.107	0.107
ZrHfNbTaB8	0.310	0.309	0.310	0.334	0.333	0.111	0.111
TiVNbTaB8	0.304	0.304	0.304	0.319	0.320	0.102	0.103
ZrVNbTaB8	0.307	0.307	0.308	0.328	0.327	0.107	0.107
HfVNbTaB8	0.305	0.306	0.306	0.324	0.323	0.105	0.105

11.2.3 力学性能和熔点

表 11-2 为通过虚晶近似方法计算的 15 个 HEMB$_2$ 的 5 个独立弹性常数计算

值。值得注意的是，每个 HEMB$_2$ 的弹性常数都满足机械稳定性的 Born-Huang 标准[51]，即 $C_{12}>0$、$C_{33}>0$、$C_{66}=(C_{11}-C_{12})/2>0$、$C_{44}>0$ 和 $(C_{11}+C_{12})C_{33}-2C_{13}^2>0$。因此，所有 15 种高熵四元金属二硼化物都是机械稳定的。在 HEMB$_2$ 中，TiHfVTaB8 的 C_{11} 值最大，HfVNbTaB8 的 C_{12}、C_{13} 和 C_{33} 值最大，而 TiZrHfTaB8 的 C_{44} 值最大，其中 TiHfVTaB8 和 HfVNbTaB8 属于新预测的 10 个四元 HEMB$_2$，而 TiZrHfTaB8 已由实验合成[27]。表 11-2 还列出了根据式（11-17）确定的 15 种高熵金属二硼化物的熔点。从表中可以看出，四元 HEMB$_2$ 的熔点计算值在 3000 K 左右，表明这些高熵四元金属二硼化物固溶体将是超高温陶瓷。

表 11-2 通过虚晶近似方法计算的 15 种高熵四元金属二硼化物的弹性常数 C_{ij} 和熔点 T_m

	C_{11}/GPa	C_{12}/GPa	C_{13}/GPa	C_{33}/GPa	C_{44}/GPa	T_m/K
TiZrHfVB8	623	91	148	460	262	2913
TiZrHfNbB8	601	90	153	449	259	2831
TiZrHfTaB8	621	90	152	465	270	2915
TiZrVNbB8	626	100	150	462	244	2925
TiZrVTaB8	644	104	152	480	255	3006
TiZrNbTaB8	619	106	160	468	254	2913
TiHfVNbB8	649	105	153	485	257	3028
TiHfVTaB8	667	107	156	502	270	3108
TiHfNbTaB8	641	109	162	489	268	3012
ZrHfVNbB8	623	107	162	472	255	2930
ZrHfVTaB8	639	110	164	488	267	3003
ZrHfNbTaB8	618	111	167	477	264	2923
TiVNbTaB8	659	113	161	499	247	3078
ZrVNbTaB8	635	117	170	484	244	2986
HfVNbTaB8	662	119	172	511	258	3106

图 11-3(a)~(c) 显示了通过虚晶近似方法计算得到的 HEMB$_2$ 的体积模量、剪切模量和杨氏模量，以及通过混合规则（ROM）计算的 4 种单二硼化物构成的 HEMB$_2$ 的相应平均值[52]。两种方法计算的对应值非常接近，虚晶近似方法计算的体积模量值略大于 ROM 方法估计的体积模量值。总体而言，所有 15 种四元 HEMB$_2$ 都表现出对体积变形、剪切变形和压缩的强大抵抗力。例如，所有 15 种高熵二硼化物的杨氏模量均大于 550 GPa。此外，虚晶近似计算和估计的剪切模量和杨氏模量与可用的实验数据非常吻合[26-28]。

作为材料脆性和延展性的依据，图 11-3(d) 显示了 15 种高熵金属二硼化物的计算出的 Pugh 比率 $(B/G)^{[53]}$ 与泊松比 v 的关系。其中泊松比定义为横向应变与轴向应变之比[54]。Pugh 比率，即 $B/G<1.75$，表明固体会表现出脆性。如果 $B/G>1.75$，固体会表现出延展性。如果 $v<0.26$，则固体会表现出脆性。如果 $v>0.26$，固体将表现出延展性。由图 11-3（d）可知，$B/G<1.75$，$v<0.26$，15 个四元高熵金属二硼化物（$HEMB_2$）的 Pugh 比率和泊松比均在脆性范围内，表明 15 种高熵四元金属二硼化物都是脆性材料。

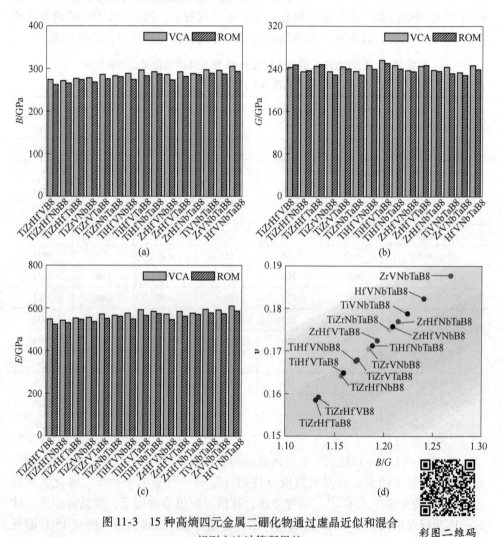

图 11-3 15 种高熵四元金属二硼化物通过虚晶近似和混合规则方法计算所得的
体积模量 B（a）、剪切模量 G（b）、杨氏模量 E（c）和 B/G 与泊松比 v 的关系（d）

由于传统陶瓷的局限，目前设计兼具高硬度（H_V）和高断裂韧性（K_{IC}）的陶瓷材料是一个挑战[29]。然而，如图 11-4 所示，15 种高熵四元金属二硼化物中

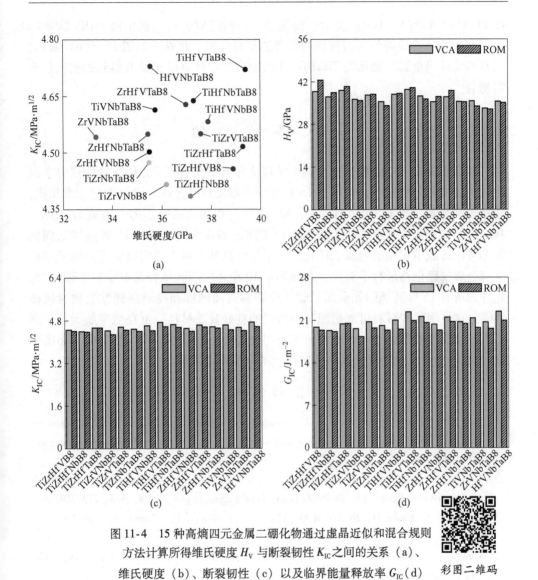

图 11-4 15 种高熵四元金属二硼化物通过虚晶近似和混合规则方法计算所得维氏硬度 H_V 与断裂韧性 K_{IC} 之间的关系（a）、维氏硬度（b）、断裂韧性（c）以及临界能量释放率 G_{IC}（d）

彩图二维码

的每一种都会表现出兼具高硬度和高断裂韧性，特别是图 11-4(a)。对 15 种高熵四元金属二硼化物的维氏硬度和断裂韧性的计算表明，预测的高熵金属二硼化物 TiHfVTaB8 将同时具有最高的维氏硬度（接近 40 GPa）和最高的断裂韧性，这是一种不寻常的特性，具有硬度-韧性的协同作用，可能是由于高熵效应。这与最近的高熵金属碳化物实验结果相似[55]。此外，图 11-4(b) 所示的现有四元高熵金属二硼化物 TiZrHfTaB8 和 TiZrHfVB8 的维氏硬度计算值分别与实验数据非常一致[26-28]。与断裂韧性类似，临界能量释放率从能量角度描述了材料的抗断裂性。15 种高熵金属二硼化物的计算 G_{IC} 显示出与其断裂韧性相同的顺序，如

图 11-4(c) 和图 11-4(d) 所示。特别是，预测高熵金属二硼化物 TiHfVTaB8 和 HfVNbTaB8 具有最高的断裂韧性和临界能量释放率。此外，如图 11-4(c) 所示，现有四元高熵金属二硼化物 TiZrHfVB8 的断裂韧性计算值与最近得到的实验值非常吻合[28]。

11.3 本章小结

本章通过第一性原理计算和热力学理论分析了高熵四元二硼化物的热力学混溶性、结构和力学性能，构建了 15 种等原子四元高熵金属二硼化物的三维相图，涉及过渡金属，如 Ti、Zr、Hf、V、Nb 和 Ta。相图由两个热力学参数 Ω、ΔH_{mix} 和一个结构参数 δ 表示。结果表明，由于满足 Ω-δ 准则，所有 15 种金属二硼化物都可以形成单相高熵金属二硼化物。根据计算结果对 5 个实验实现的四元单相高熵金属二硼化物进行了对比，并预测了 10 个新的四元单相高熵金属二硼化物。此外，所有 15 种高熵四元金属二硼化物都具有高硬度和高断裂韧性的独特机械性能，这表明这些材料可能是超高温陶瓷的良好候选材料，可在航空航天、切削工具、核反应堆等应用。本章的研究表明应用第一性原理计算、热力学、相图和 Ω-δ 准则可以预测和设计具有独特性能的新型高熵陶瓷。

参 考 文 献

[1] Yeh J W, Chen S K, Lin S J, et al. Nanostructured high-entropy alloys with multiple principal elements: novel alloy design concepts and outcomes [J]. Advanced Engineering Materials, 2004, 6: 299-303.

[2] Cantor B, Chang I T H, Knight P, et al. Microstructural development in equiatomic multicomponent alloys [J]. Materials Science and Engineering A, 2004, 375: 213-218.

[3] George E P, Raabe D, Ritchie R O, High-entropy alloys [J]. Nature Reviews Materials, 2019, 4: 515-534.

[4] Huang S, Dong Z, Mu W, et al. Thermo-elastic properties of bcc Mn-rich high-entropy alloy [J]. Applied Physics Letters, 2020, 117: 164101.

[5] Rost C M, Sachet E, Borman T, et al. Entropy-stabilized oxides [J]. Nature Communications, 2015, 6: 8485-8492.

[6] Jin T, Sang X, Unocic R R, et al. Mechanochemical-assisted synthesis of high-entropy metal nitride via a soft urea strategy [J]. Advanced Materials, 2018, 30: 1707512.

[7] Castle E, Csanádi T, Grasso S, et al. Processing and properties of high-entropy ultra-high temperature carbides [J]. Scientific Reports, 2018, 8: 8609.

[8] Zhou J Y, Zhang J Y, Zhang F, et al. High-entropy carbide: A novel class of multicomponent ceramics [J]. Ceramics International, 2018, 44: 22014-22018.

[9] Zhang Q, Zhang J, Li N, et al. Understanding the electronic structure, mechanical properties,

and thermodynamic stability of (TiZrHfNbTa) C combined experiments and first-principles simulation [J]. Journal of Applied Physics, 2019, 126: 025101.

[10] Liu S Y, Zhang S, Liu S, et al. Phase stability, mechanical properties and melting points of high-entropy quaternary metal carbides from first-principles [J]. Journal of the European Ceramic Society, 2021, 41: 6267-6274.

[11] Gild J, Zhang Y, Harrington T, et al. High-entropy metal diborides: A new class of high-entropy materials and a new type of ultrahigh temperature ceramics [J]. Scientific Reports, 2016, 6: 37946.

[12] Chen L, Wang Y, Hu M, et al. Achieved limit thermal conductivity and enhancements of mechanical properties in fluorite RE_3NbO_7 via entropy engineering [J]. Applied Physics Letters, 2021, 118: 071905.

[13] Patel R K, Ojha S K, Kumar S, et al. Epitaxial stabilization of ultra thin films of high entropy perovskite [J]. Applied Physics Letters, 2020, 116: 071601.

[14] Feng L, Fahrenholtz W G, Hilmas G E. Processing of dense high-entropy boride ceramics [J]. Journal of the European Ceramic Society, 2020, 40: 3815-3823.

[15] Gu J F, Zou J, Sun S K, et al. Dense and pure high-entropy metal diboride ceramics sintered from self-synthesized powders via boro/carbothermal reduction approach [J]. Science China Materials, 2019, 62: 1898-1909.

[16] Tallarita G, Licheri R, Garroni S, et al. Novel processing route for the fabrication of bulk high-entropy metal diborides [J]. Scripta Materialia, 2019, 158: 100-104.

[17] Tallarita G, Licheri R, Garroni S, et al. High-entropy transition metal diborides by reactive and non-reactive spark plasma sintering: A comparative investigation [J]. Journal of the European Ceramic Society, 2020, 40: 942-952.

[18] Zhang Y, Guo W M, Jiang Z B, et al. Dense highentropy boride ceramics with ultra-high hardness [J]. Scripta Materialia, 2019, 164: 135-1139.

[19] Zhang Y, Jiang Z B, Sun S K, et al. Microstructure and mechanical properties of high-entropy borides derived from boro/carbothermal reduction [J]. Journal of the European Ceramic Society, 2019, 39: 3920-3924.

[20] Zhang Y, Sun S K, Zhang W, et al. Improved densification and hardness of high-entropy diboride ceramics from fine powders synthesized via borothermal reduction process [J]. Ceramics International, 2020, 46: 14299-14303.

[21] Gild J, Wright A, Quiambao-Tomko K, et al. Thermal conductivity and hardness of three single-phase high-entropy metal diborides fabricated by borocarbothermal reduction and spark plasma sintering [J]. Ceramics International, 2020, 46: 6906-6913.

[22] Ma M, Ye B, Han Y, et al. High-pressure sintering of ultrafine-grained high-entropy diboride ceramics [J]. Journal of the American Ceramic Society, 2020, 102: 6655-6658.

[23] Li M, Zhao X, Shao G, et al. Oscillatory pressure sintering of high entropy $(Zr_{0.2}Ta_{0.2}Nb_{0.2}Hf_{0.2}Mo_{0.2})B_2$ ceramic [J]. Ceramics International, 2021, 47: 8707-8710.

[24] Liu D, Liu H, Ning S, et al. Synthesis of high-purity high-entropy metal diboride powders by

boro/carbothermal reduction [J]. Journal of the American Ceramic Society, 2019, 102: 7071-7076.

[25] Ye B, Fan C, Han Y, et al. Synthesis of high-entropy diboride nanopowders via molte salt-mediated magnesio thermic reduction [J]. Journal of the American Ceramic Society, 2020, 103: 4738-4741.

[26] Failla S, Galizia P, Fu S, et al. Formation of high entropy metal diborides using arcmelting and combinatorial approach to study quinary and quaternary solid solutions [J]. Journal of the European Ceramic Society, 2020, 40: 588-593.

[27] Feng L, Fahrenholtz W G, Hilmas G E, et al. Effect of Nb content on the phase composition, densification, microstructure, and mechanical properties of high-entropy boride ceramics [J]. Journal of the European Ceramic Society, 2021, 41: 92-100.

[28] Feltrin A C, Hedman D, Akhtar F. Transformation of metastable dual-phase ($Ti_{0.25}V_{0.25}Zr_{0.25}Hf_{0.25}$)$B_2$ to stable high-entropy single-phase boride by thermal annealing [J]. Applied Physics Letters, 2021, 119: 161905.

[29] Ritchie R O, The conflicts between strength and toughness [J]. Nature Materials, 2011, 10: 817-822.

[30] Hohenberg P, Kohn W. Inhomogeneous Electron Gas [J]. Physical Review, 1964, 136: B864-871.

[31] Kohn W, Sham L J, Self-Consistent Equations Including Exchange and Correlation Effects [J]. Physical Review, 1965, 140: A1133.

[32] Segall M D, Lindan P J D, Probert M J, et al. First-principles simulation: ideas, illustrations and the CASTEP code [J]. Journal of Physics: Condensed Matter, 2002, 14: 2717-2744.

[33] Hamann D R. Generalized norm-conserving pseudopotentials [J]. Physical Review B, 1989, 40: 2980.

[34] Perdew J P, Burke K, Ernzerhof M. Generalized Gradient Approximation Made Simple [J]. Physical Review Letters, 1996, 77: 3865-3868.

[35] Ramer N J, Rappe A M. Virtual-crystal approximation that works: Locating a compositional phase boundary in Pb($Zr_{1-x}Ti_x$)O_3 [J]. Physical Review B, 2000, 62, 743-746.

[36] Liu S Y, Liu S, Li D, et al. Structure, Phase Transition, and Electronic Properties of K_{1-x}-$Na_x NbO_3$ Solid Solutions from First-Principles Theory [J]. Journal of the American Ceramic Society, 2014, 97: 4019-4023.

[37] Liu S Y, Zhang E, Liu S, et al. Composition-and Pressure-Induced Relaxor Ferroelectrics: First-Principles Calculations and Landau-Devonshire Theory [J]. Journal of the American Ceramic Society, 2016, 99: 3336-3342.

[38] Liu S Y, Meng Y, Liu S, et al. Phase Stability, Electronic Structures, and Superconductivity Properties of the $BaPb_{1-x}Bi_xO_3$ and $Ba_{1-x}K_xBiO_3$ Perovskites [J]. Journal of the American Ceramic Society, 2017, 100 (3): 1221-1230.

[39] Payne M C, Teter M P, Allan D C, et al. Iterative minimization techniques for ab initio total-energy calculations: molecular dynamics and conjugate gradients [J]. Reviews of Modern

Physics, 1992, 64: 1045-1097.
[40] Hill R. The Elastic Behaviour of a Crystalline Aggregate [J]. Proceedings of the Physical Society Section A, 1952, 65: 349-354.
[41] Tian Y J, Xu B, Zhao Z H. Microscopic theory of hardness and design of novel superhard crystals [J]. International Journal of Refractory Metals & Hard Materials, 2012, 33: 93-106.
[42] Niu H, Niu S, Oganov A R. Simple and accurate model of fracture toughness of solids [J]. Journal of Applied Physics, 2019, 125: 065105.
[43] Broek D. Elementary Engineering Fracture Mechanics [M]. 3rd ed. Netherlands: Martinus Nijhoff Publishers, 1982.
[44] Liu S Y, Shang J X, Wang F H, et al. Surface segregation of Si and its effect on oxygen adsorption on a γ-TiAl(111) surface from first principles [J]. Journal of Physics: Condensed Matter, 2009, 21: 225005.
[45] Liu S Y, Sun M, Zhang S X, et al. First-principles study of thermodynamic miscibility, structures, and optical properties of $Cs_2Sn(X_{1-x}Y_x)_6$ (X, Y = I, Br, Cl) lead-free perovskite solar cells [J]. Applied Physics Letters, 2021, 118: 141903.
[46] Yang X, Zhang Y, Prediction of high-entropy stabilized solid-solution in multi-component alloys [J]. Materials Science Communication, 2012, 132: 233-238.
[47] Fine M E, Brown L D, Marcus H L. Elastic constants versus melting temperature in metals [J]. Scripta Metallurgica, 1984, 18: 951-956.
[48] Alouani M, Albers R C, Methfessel M. Calculated elastic constants and structural properties of Mo and $MoSi_2$ [J]. Physical Review B, 1991, 43: 6500-6509.
[49] Mehl M J, Osburn J E, Papaconstantopoulos D A, et al. Structural properties of ordered high-melting-temperature intermetallic alloys from first-principles total-energy calculations [J]. Physical Review B, 1990, 41: 10311-10323.
[50] Liu S Y, Meng Y, Liu S, et al. Compositional phase diagram and microscopic mechanism of $Ba_{1-x}Ca_xZr_yTi_{1-y}O_3$ relaxor ferroelectrics [J]. Physical Chemistry Chemical Physics, 2017, 19: 22190-22196.
[51] Born M, Huang K. Dynamical Theory of Crystal Lattices [M]. London: Oxford University Press, 1954.
[52] Senkov O N, Miller J D, Miracle D B, et al. Accelerated exploration of multi-principal element alloys with solid solution phases [J]. Nature Communications, 2015, 6: 6529.
[53] Pugh S F. Relations between the elastic moduli and the plastic properties of polycrystalline pure metals [J]. Philosophical Magazine and Journal of Science, 1954, 45: 823-843.
[54] Frantsevich I N, Voronov F F, Bokuta S A. Elastic Constants and Elastic Moduli of Metals and Insulators [M]. Naukova Dumka: Kiev. , 1983: 60-180.

12 高熵四元金属碳化物的相稳定性和力学性能第一性原理热力学研究

自高熵合金（HEAs）概念被提出以后，高熵类材料引起了研究者的广泛关注[1-2]。而且近年来高熵陶瓷（HECs）的发现，为研究高熵体系的物理特性以及具有独特性能和应用前景的材料开辟了新的思路[3]。HEAs 是由五种或五种以上的金属元素以等摩尔或近等摩尔比组成的单一相化合物，与高熵合金类似，高熵陶瓷是一种不少于四种阳离子或阴离子的单相固溶陶瓷。由于其高熵效应的影响，高熵陶瓷不同于其他传统陶瓷材料[1,3-4]。近几年，各种高熵陶瓷在实际生活中得到了大量的应用，包括高熵金属氧化物[3]、碳化物[5-8]、氮化物[9]、二硼化物[10]等。作为新兴的高熵陶瓷的一员，高熵金属碳化物（HEMCs）因其在各个领域的潜在应用而引起了人们的关注，如航空航天、刀具、微电子、核反应堆等[11-14]。

在高熵金属碳化物中，具有立方岩盐结构的高熵等原子四元金属碳化物是结构最简单的一种。研究学者对此展开实验研究 Castle 等[5,15]通过球磨和放电等离子烧结方法制备了（Hf-Ta-Zr-Nb）C 和（Hf-Ta-Zr-Ti）C 高熵超高温陶瓷（HEUHTC），结果表明相对于单个组分的碳化物而言，所研究的高熵超高温陶瓷硬度有明显提高。Csanadi 等[16]利用微悬臂梁弯曲实验研究了（Hf-Ta-Zr-Nb）C 高熵金属碳化物的断裂行为。Ye 等[17]采用热压烧结技术制备了高熵（$Zr_{0.25}Nb_{0.25}Ti_{0.25}V_{0.25}$）C 碳化物陶瓷，同时 Ye 等[18]采用一步碳热还原法合成了高熵（$Zr_{0.25}Ta_{0.25}Nb_{0.25}Ti_{0.25}$）C 碳化物陶瓷粉，并分析了粉体的晶体结构、形貌以及组成。Ning 等[19]也通过一步碳热还原法制备了高熵（$Ta_{0.25}Nb_{0.25}Ti_{0.25}V_{0.25}$）C 微/亚微米粉体，并研究了其微观结构、成分均匀性和形成机理。Du 等[20]采用聚合物衍生陶瓷的方法合成了高熵（$Hf_{0.25}Nb_{0.25}Zr_{0.25}Ti_{0.25}$）C 碳化物陶瓷粉。

Yang 和 Zhang 采用热力学方法，并引入了高熵合金（HEA）的两个参数 δ_a（高熵合金组分的晶格常数差）和 Ω[21]，其定义为 $T_m \Delta S_{mix} / |\Delta H_{mix}|$（其中 T_m、ΔS_{mix} 和 ΔH_{mix} 分别为高熵合金的熔点、混合熵和混合焓）。他们基于二元液态合金的经验模型计算了混合焓，并提出了一个 Ω-δ 准则，即 $\Omega > 1$ 和 $\delta_a < 6.6\%$，来预测大量的高熵合金[22-23]。

本章对 15 种ⅣB 族和ⅤB 族难熔金属（RM = Ti、Zr、Hf、V、Nb 和 Ta）的

高熵等原子四元金属碳化物的能量学、混合熵、混合焓、结构、熔点和力学性质进行了第一性原理计算。我们试图揭示如何改变构型熵,组分和浓度来影响高熵碳化物的形成和力学性质。此外,我们根据热力学参数和结构参数构建了三维相图,可用于确定单相高熵四元金属碳化物形成的可能性。我们发现 15 种高熵碳化物均满足 $\Omega>1$ 和 $\delta_a<6.6\%$ 的形成标准。本章为 6 种实验合成的四元高熵碳化物提供了解释,并预测了 9 种新的四元高熵碳化物。此外,我们发现这些高熵碳化物陶瓷既具有超高的硬度又具有高的断裂韧性。众所周知,设计一种具有高硬度和高韧性的材料仍然是一个挑战[24]。

12.1 计算方法与模型

基于密度泛函理论,我们使用 CASTEP 软件对高熵四元金属碳化物进行了第一性原理的计算[25]。采用广义梯度近似下的 PBE 泛函描述交换关联影响[26]。电子-离子势使用模守恒赝势处理[27]。图 12-1(a) 显示了使用虚晶近似方法[28-30]构建的高熵金属碳化物 ($RM_{0.25}^1 RM_{0.25}^2 RM_{0.25}^3 RM_{0.25}^4$)C 固溶体几何模型。采用这种方法可以使固溶体的单胞与金属碳化物晶体保持一致,而难熔金属被虚拟四金属以 0.25 等原子混合比例取代。为了更好地比较,图 12-1(b) 给出了采用超元胞方法构建的等原子四元金属碳化物 ($RM_{0.25}^1 RM_{0.25}^2 RM_{0.25}^3 RM_{0.25}^4$)C 模型。与超元胞方法相比,由于具有相同的对称性优势虚晶近似方法在结构和力学性质方面可以与实验结果直接比较。有研究表明,虚晶近似方法的结果与可用的实验数据和对少量和大量掺杂的固溶体系计算更精确的超原胞计算结果一致[31-33]。然而,虚晶近似方法通常仅适用于混合原子/元素具有相似电子构型的体系[28-30]。通过收敛测试,在第一性原理计算中选取了 660 eV 的截断能量,$15\times15\times15$ Monkhorst-Pack 的 k 点网格并实现了 10^{-6} eV/原子的总能量收敛。

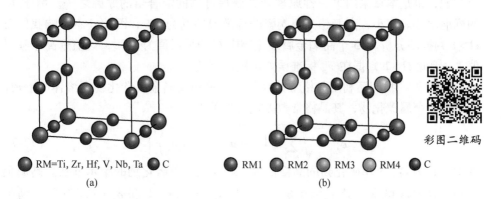

图 12-1 难熔金属碳化物的晶格结构(a)和等原子四元金属碳化物超胞模型(b)

为了分析 15 种高熵四元金属碳化物的结构稳定性，我们计算了形成能[34]：

$$E_{form} = \left(E_{tot} - \sum N_i E_{i\text{-solid}}\right) / \sum N_i \tag{12-1}$$

式中，E_{form} 为形成能；E_{tot} 为高熵四元金属碳化物的总能量；N_i 为超胞中原子的数目；$E_{i\text{-solid}}$ 为 i 元素在体态下的单原子能量。

利用混合吉布斯自由能 ΔG_{mix} 分析了由 4 种金属碳化物组成的 15 种四元高熵金属碳化物固溶体的热力学稳定性和混相性：

$$\Delta G_{mix} = \Delta H_{mix} - T\Delta S_{mix} \tag{12-2}$$

式中，T 为绝对温度；ΔH_{mix} 和 ΔS_{mix} 分别代表高熵四元金属碳化物的混合焓和混合熵，可根据以下公式计算得出[35]：

$$\Delta H_{mix} = \left(E_{tot} - \sum N_i E_i^{RMC}\right) / \sum N_i \tag{12-3}$$

$$\Delta S_{mix} = -R \sum_{i=1}^{N} x_i \ln x_i = R \ln N \tag{12-4}$$

式中，N_i 和 E_i 分别为单个难熔金属碳化物的数量和能量；R 为气体常数；x_i 为混合浓度；N 为四元等原子高熵金属碳化物的金属元素种类。

ΔH_{mix} 和 $T\Delta S_{mix}$ 共同决定了能否形成稳定无序的高熵金属碳化物陶瓷。由式 (12-5) 可知，当 T 超过一定限度时，ΔS_{mix} 的影响将超过 ΔH_{mix}，从而形成高熵金属碳化物固溶体。我们用 Ω 参数表示高熵金属碳化物固溶体的形成[21]：

$$\Omega = \frac{T_m \Delta S_{mix}}{|\Delta H_{mix}|} \tag{12-5}$$

$$T_m = 553 + 5.91 C_{11} \tag{12-6}$$

式中，T_m 为高熵金属碳化物的熔点，其标准误差为 ±300 K[36-38]。从热力学角度看，当 $\Omega > 1$ 时多元高熵碳化物可以形成单相固溶体。这一准则是从热力学基本理论得出的，因此它是准确的。然而，实际上确定混合焓和混合熵的精确值是一个问题，也是本章采用第一性原理计算获得可靠的混合焓的原因之一。由于 T_m 的标准误差非常小，高熵超高温陶瓷的标准误差约为 7%，因此并不影响我们对 $\Omega > 1$ 判据的分析。15 个高熵金属碳化物中 Ω 的最低值为 1.80，该值远高于临界值 1，因此 $\Omega > 1$ 判据在 T_m 标准误差范围内有效。

除 Ω 外，我们还利用晶格常数差预测了单相高熵金属碳化物固溶体的形成。对于高熵金属碳化物，其晶格常数差定义如下[10]：

$$\delta_a = \sqrt{\sum_{n=1}^{N} x_i \left[1 - a_i / \left(\sum_{i=1}^{N} x_i a_i\right)\right]^2} \tag{12-7}$$

式中，a_i 为第 i 个单碳化物的晶格常数；x_i 为相应单碳化物的摩尔分数。高熵金属碳化物的晶格常数差 $\delta_a < 6.6\%$ [21]。因此，当 $\Omega > 1$ 和 $\delta_a < 6.6\%$ 同时满足时[21]，可形成单相高熵金属碳化物固溶体。

对于具有立方岩盐结构的四元高熵金属碳化物，本节通过应变-应力法求得其弹性常数 C_{11}、C_{12} 和 C_{44}。多晶体模量（B）、剪切模量（G）、杨氏模量（E）、泊松比（v）、维氏硬度（H_V）、断裂韧性（K_{IC}）和临界能量释放率（G_{IC}）在 Viogt-Reuss-Hill（VRH）近似中进一步计算[39-42]。首先，通过弹性常数用 VRH 近似计算了体积模量 B 和剪切模量 G[39]：

$$B = \frac{C_{11} + 2C_{12}}{3} \tag{12-8}$$

$$G = \frac{G_V + G_R}{2} \tag{12-9}$$

$$G_V = \frac{3C_{44} + C_{11} - C_{12}}{5} \tag{12-10}$$

$$G_R = \frac{5(C_{11} - C_{12})C_{44}}{4C_{44} + 3(C_{11} - C_{12})} \tag{12-11}$$

杨氏模量 E，泊松比 v，维氏硬度 H_V[40] 和断裂韧性 K_{IC}[41] 可以根据体积模量和剪切模量确定[39-41]：

$$E = \frac{9GB}{3B + G} \tag{12-12}$$

$$v = \frac{3B - 2G}{2(3B + G)} \tag{12-13}$$

$$H_V = 0.92k^{1.137}G^{0.708} \tag{12-14}$$

$$K_{IC} = V_0^{1/6}G(B/G)^{1/2} \tag{12-15}$$

式中，V_0 为每个原子的体积；k 为 G/B 比值。

最后使用杨氏模量、泊松比和断裂韧性计算了临界能量释放率 G_{IC}[42]：

$$G_{IC} = K_{IC}^2 \frac{1 - v^2}{E} \tag{12-16}$$

12.2 研究结果及讨论

12.2.1 能量学和 Ω-δ 判据

图 12-2(a)~(b) 显示了 15 种高熵等原子四元金属碳化物的形成能和混合焓。所有四元金属碳化物的形成能均为负值，表明四元金属碳化物的形成在能量上是有利的。但 15 种四元等原子高熵碳化物的混合焓为正值，这说明由 4 种单碳化物形成高熵四元金属碳化物是一个吸热过程。此外，图 12-2(b) 还给出了 15 种等原子四元高熵碳化物的晶格常数差。可以发现混合焓的趋势与晶格常数差基本相同。

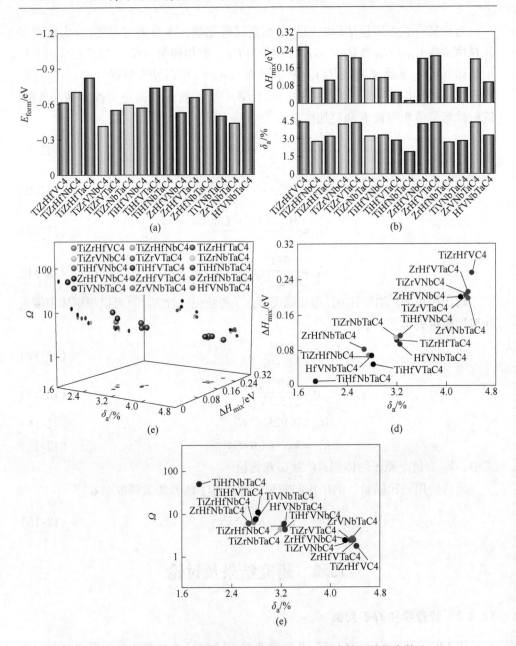

图 12-2　15 种高熵四元金属碳化物的形成能（a）、混合焓和晶格常数差（b）、Ω、ΔH_{mix} 和 δ_a 的三维相图（c）、ΔH_{mix} 与 δ_a（d）和 Ω 与 δ_a 的二维投影图（e）

图 12-2(c) 显示了 15 种等原子高熵四元碳化物的 Ω、ΔH_{mix} 和 δ 的三维相图。为了清晰起见，图 12-2(d) 和图 12-2(e) 分别显示了 ΔH_{mix} 与 δ 以及 Ω 与 δ 的二维投影图。如式（12-5）、式（12-7）所定义，当 $\Omega > 1$ 和 $\delta < 6.6\%$ 满足时

可形成单相高熵金属碳化物固溶体,即形成单相高熵陶瓷的 Ω-δ 判据/描述符。从图 12-2(c)~(e) 可以看出,由于满足 Ω-δ 判据($\Omega > 1$ 和 $\delta < 6.6\%$)所有的单相高熵碳化物都可能被合成。这一计算结果解释了 6 种实验合成的四元高熵金属碳化物,即 Ω 大于 1 和 δ 小于 6.6%。结果表明,6 种四元高熵金属碳化物均满足热力学判据($\Omega > 1$)和半经验判据($\delta < 6.6\%$)[14,15-20]。该结果还预测了 9 种新的高熵碳化物。其中,具有较大 Ω 和较小 δ_a 的 TiHfNbTaC4 可能是最容易合成的单相高熵碳化物之一。基于第一性原理计算所做的预测还有待于实验的验证。

12.2.2 几何结构

图 12-3 分别给出了采用超胞方法(SC)和虚晶近似(VCA)方法以及混合规则方法(ROM)计算的 15 种等原子四元金属碳化物的晶格常数和体积。从图中可以看出用超胞方法和虚晶近似方法获得的几何结果几乎相同,并且与已有的实验数据吻合较好[17-20,43]。与高熵合金类似,高熵金属碳化物的晶格常数和体积近似服从混合规则,即 4 种单组分碳化物的平均值。因此,从图 12-3 可以看出 15 种高熵金属碳化物的晶格常数和体积基本上是由它们对应的混合值决定。

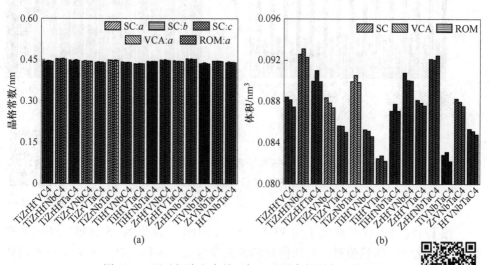

图 12-3 通过超胞和虚晶近似以及混合规则方法获得的
15 种等原子四元金属碳化物的晶格常数(a)和体积(b)

彩图二维码

12.2.3 力学性质

弹性常数是材料最基本的力学量,因为它们与力学稳定性、其他力学性能和熔点有关。图 12-4(a) 显示了 15 种等原子四元高熵金属碳化物的弹性常数。从图中观察到计算得出的高熵金属碳化物的弹性常数 C_{11}、C_{12}、C_{44} 满足 Born 标准:

$C_{11} > 0$、$C_{44} > 0$、$C_{11} - C_{12} > 0$ 和 $C_{11} + 2C_{12} > 0$[44]，表明所有的高熵金属碳化物具有力学稳定性。同时 TiZrVNbC4 的弹性常数计算值为 C_{11} = 587 GPa、C_{12} = 131 GPa、C_{44} = 171 GPa，与最新的理论 DFT 计算得到的 TiZrVNbC4 弹性常数 C_{11} = 556 GPa、C_{12} = 136 GPa、C_{44} = 194 GPa 相近[45]。图 12-4(b) 显示了用虚晶近似方法计算的 15 种等原子四元高熵金属碳化物的熔点以及 4 种单组分碳化物的混合规则方法（ROM）估算的平均值。从图 12-4(b) 可以看出，VCA 方法计算的熔点始终高于 ROM 法估计的平均熔点，这可能是由于高熵效应。如上所述，对于立方高熵金属碳化物，熔点正比于弹性常数 C_{11}。15 种高熵金属碳化物均是熔点超过 3000 K 的超高温陶瓷材料。其中高熵碳化物 HfVNbTaC4 的熔点最高，约 4400 ℃，其次是 TiHfVTaC4。

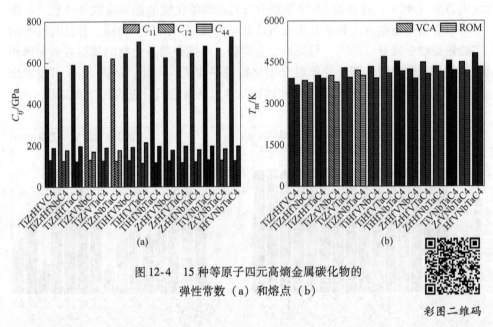

图 12-4 15 种等原子四元高熵金属碳化物的
弹性常数（a）和熔点（b）

彩图二维码

图 12-5(a)~(c) 给出了用 VCA 方法和 ROM 计算出的 15 种等原子四元高熵金属碳化物的体积模量、剪切模量和杨氏模量值。体积模量用来表示材料抗体积变形的能力。如图 12-5(a) 所示，HfVNbTaC4 体积模量最大，表明体积变形阻力最大。从图 12-5(b) 和图 12-5(c) 可以看出，TiHfVTaC4 具有最大的剪切模量和杨氏模量，因此，TiHfVTaC4 具有最强的抗剪切变形和抗压缩能力。计算得出 TiZrVNbC4 和 ZrHfNbTaC4 的杨氏模量分别为 469 GPa 和 507 GPa，这与其现有实验数据（460.4±19.3）GPa 和（551±24）GPa 基本一致[16-17]。用虚晶近似方法计算的 15 种等原子四元高熵金属碳化物的体积模量、剪切模量和杨氏模量略大于相应的四组分碳化物的平均值（5%~10%），这与我们实验观察到的与相应的混合规则值相比模量增强相一致[5,17]。

根据 Pugh 提出的标准，B/G 比值可以用来判断材料的脆性和延性[46]。当 $B/G<1.75$ 时，材料是脆性的；否则，材料是易延展的。此外，泊松比 υ 也可以作为延性和脆性的标准[47]。当 $\upsilon<0.26$ 时，材料是脆性的；反之，材料是易延展的。从图 12-5(d) 看出，15 种等原子四元高熵金属碳化物的 B/G 和泊松比计算值分别小于 1.75 和 0.26。因此，这 15 种等原子四元高熵金属碳化物都是脆性材料。

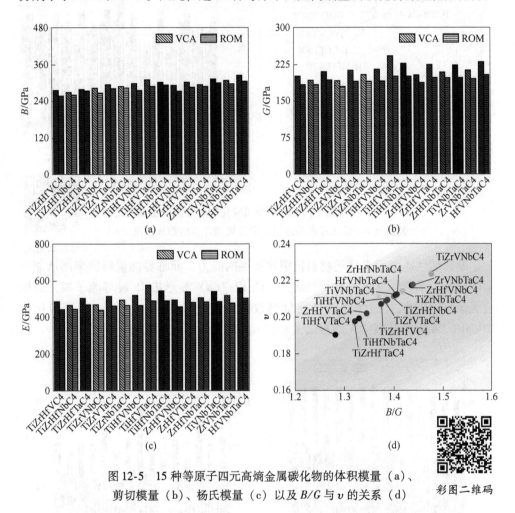

图 12-5　15 种等原子四元高熵金属碳化物的体积模量 (a)、剪切模量 (b)、杨氏模量 (c) 以及 B/G 与 υ 的关系 (d)

一种材料通常很难同时具有高硬度和高韧性的特性，因为硬度和韧性是一个相互制约关系[24]。然而，从图 12-6(a) 中可以看出，研究的 15 种等原子四元高熵金属碳化物的维氏硬度和断裂韧性呈正相关关系，与实验的观察结果一致[48]，特别是高熵碳化物 TiHfVTaC4 的维氏硬度和断裂韧性同时具有最大值。我们计算出的硬度值与可用的实验数据是一致的[5,8,17,43]，这些值略大于相应的四种组分碳化物的平均硬度，这也与实验观察到的形成高熵金属碳化物时硬度增强的现象具有一致性[5,17]。

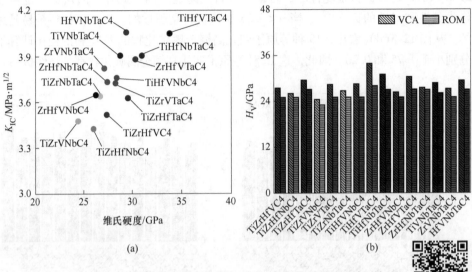

图 12-6　15 种等原子四元高熵金属碳化物的维氏硬度和断裂韧性关系（a）和通过虚晶近似和混合规则计算的维氏硬度（b）

彩图二维码

断裂韧性通常用来描述材料抗裂纹扩展的能力，而临界能量释放率则从能量学的角度用来解释材料的抗断裂能力。图 12-7(a) 显示出 15 种等原子四元高熵金属碳化物的断裂韧性和临界能量释放率的变化趋势基本一致。高熵碳化物 HfVNbTaC4 裂纹扩展所需能量最大对应 G_{IC} 最大值，其次是 TiHfVTaC4。

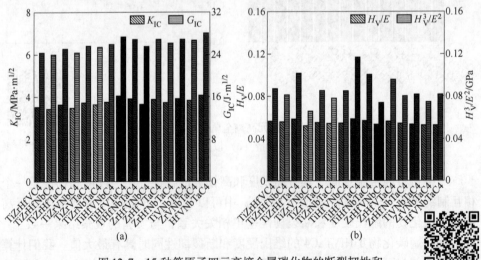

图 12-7　15 种等原子四元高熵金属碳化物的断裂韧性和临界能量释放速率（a）以及耐磨性的 H_V/E 和 H_V^3/E^2（b）

彩图二维码

最后，对于刀具和钻头等极端材料，耐磨性是一个重要的参数。一般来说，硬度增强可以抵抗磨损。根据 Leyland 和 Matthews 所提出的标准[49]，图 12-7(b) 给出了通过计算弹性破坏应变 H_V/E 和塑性变形阻力 H_V^3/E^2 确定的 15 种等原子四元高熵金属碳化物的耐磨性。从图中可以看出 15 种等原子四元高熵金属碳化物的 H_V/E 和 H_V^3/E^2 的耐磨性顺序一致，其中 TiHfVTaC4 的耐磨性最强。

12.2.4 电子结构

为了进一步分析四元高熵金属碳化物的结构稳定性，图 12-8 为 15 种等原子四元高熵金属碳化物的电子总态密度计算值。从图中可以看出，15 种等原子四元高熵金属碳化物的电子态密度曲线相似，并且具有金属性。

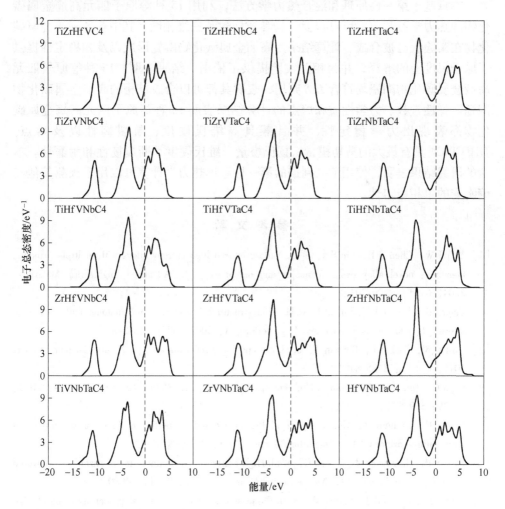

图 12-8　15 种等原子四元高熵金属碳化物的电子总态密度（费米能级在 0 eV 处）

对于金属体系而言，费米能级的位置和费米能级处的态密度的值决定着材料的结构稳定性，其费米能级处电子态密度的值 $N(E_F)$ 越低，电子体系的能量越低，材料结构越稳定。比较图 12-8 中高熵碳化物 TiZrHfVC4、TiZrHfNbC4、TiZrHfTaC4 的态密度可以看出，费米能级处的态密度大小依次为 TiZrHfVC4 > TiZrHfNbC4 > TiZrHfTaC4，表明高熵碳化物的稳定性 TiZrHfVC4 < TiZrHfNbC4 < TiZrHfTaC4，这基本与形成能确定的稳定性顺序结果一致。其他四元高熵金属碳化物在费米能级的态密度值也有类似的趋势。

12.3 本章小结

本章基于第一性原理和混合热力学方法，利用 15 种等原子四元高熵金属碳化物的热力学参数 H_{mix} 和 Ω 以及结构参数构建了三维相图，其中 6 种高熵金属碳化物在实验上已被合成。计算结果为高熵金属碳化物陶瓷形成以及相稳定性提供了原子尺度上的解释，并为相关实验提供了依据。结果表明，15 种等原子四元高熵金属碳化物陶瓷均符合 Ω-δ 判据，表明其都可以合成单相的高熵金属碳化物陶瓷。弹性常数、力学性质和熔点的计算结果表明 15 种等原子四元高熵金属碳化物都表现出力学稳定性，并且兼具高维氏硬度、断裂韧性以及熔点。TiHfVTaC4 具有最大的剪切模量、杨氏模量、维氏硬度、断裂韧性和耐磨性。本章的研究结果表明，使用 Ω-δ 判据的第一性原理热力学计算可以用于预测其他高熵陶瓷的单相稳定性。

参 考 文 献

[1] Yeh J W, Chen S K, Lin S J, et al. Nanostructured high-entropy alloys with multiple principal elements: novel alloy design concepts and outcomes [J]. Advanced Engineering Materials, 2004, 6 (5): 299-303.

[2] Cantor B, Chang I T H, Knight P, et al. Microstructural development in equiatomic multicomponent alloys [J]. Materials Science and Engineering: A, 2004, 375: 213-218.

[3] Rost C M, Sachet E, Borman T, et al. Entropy-stabilized oxides [J]. Nature Communications, 2015, 6 (1): 8485-8492.

[4] Oses C, Toher C, Curtarolo S. High-entropy ceramics [J]. Nature Reviews Materials, 2020, 5: 295-309.

[5] Castle E, Csanádi T, Grasso S, et al. Processing and properties of high-entropy ultra-high temperature carbides [J]. Scientific Reports, 2018, 8: 8609.

[6] Sarker P, Harrington T, Toher C, et al. High-entropy high-hardness metal carbides discovered by entropy descriptors [J]. Nature Communications, 2018, 9 (1): 4980.

[7] Harrington T, Gild J, Sarker P, et al. Phase stability and mechanical properties of novel high entropy transition metal carbides [J]. Acta Materialia, 2019, 166: 271-280.

[8] Csanádi T, Castle E, Reece M J, et al. Strength enhancement and slip behaviour of high-entropy carbide grains during micro-compression [J]. Scientific Reports, 2019, 9: 10200.

[9] Jin T, Sang X, Unocic R T, et al. Mechanochemical-assisted synthesis of high-entropy metal nitride via a soft urea strategy [J]. Advanced Materials, 2018, 30 (23): 1707512.

[10] Gild J, Zhang Y, Harrington T, et al. High-entropy metal diborides: A new class of high-entropy materials and a new type of ultrahigh temperature ceramics [J]. Scientific Reports, 2016, 6: 37946.

[11] Zhou J Y, Zhang J Y, Zhang F, et al. High-entropy carbide: A novel class of multicomponent ceramics [J]. Ceramics International, 2018, 44 (17): 22014-22018.

[12] Yan X L, Constantin L, Lu Y F, et al. ($Hf_{0.2}Zr_{0.2}Ta_{0.2}Nb_{0.2}Ti_{0.2}$)C high-entropy ceramics with low thermal conductivity [J]. Journal of the American Ceramic Society, 2018, 101 (10): 4486-4491.

[13] Wei X F, Liu J X, Li F, et al. High entropy carbide ceramics from different starting materials [J]. Journal of the European Ceramic Society, 2019, 39 (10): 2989-2994.

[14] Wang F, Yan X L, Wang T Y, et al. Irradiation damage in ($Zr_{0.25}Ta_{0.25}Nb_{0.25}Ti_{0.25}$)C high-entropy carbide ceramics [J]. Acta Materialia, 2020, 195: 739-749.

[15] Dusza J, Svec P, Girman V, et al. Microstructure of (Hf-Ta-Zr-Nb)C high-entropy carbide at micro and nano/atomic level [J]. Journal of the European Ceramic Society, 2018, 38 (12): 4303-4307.

[16] Csanadi T, Vojtko M, Dankhazi Z, et al. Small scale fracture and strength of high-entropy carbide grains during microcantilever bending experiments [J]. Journal of the European Ceramic Society, 2020, 40 (14): 4774-4782.

[17] Ye B, Wen T, Nguyen MC, et al. First-principles study, fabrication, and characterization of ($Zr_{0.25}Nb_{0.25}Ti_{0.25}V_{0.25}$)C high-entropy ceramics [J]. Acta Materialia, 2019, 170: 15-23.

[18] Ye B L, Ning S S, Liu D, et al. One-step synthesis of coral-like high-entropy metal carbide powders [J]. Journal of the American Ceramic Society, 2019, 102 (10): 6372-6378.

[19] Ning S S, Wen T Q, Ye B L, et al. Low-temperature molten salt synthesis of high-entropy carbide nanopowders [J]. Journal of the American Ceramic Society, 2019, 103 (3): 2244-2251.

[20] Du B, Liu H H, Chu Y H. Fabrication and characterization of polymer-derived high-entropy carbide ceramic powders [J]. Journal of the American Ceramic Society, 2020, 103 (8): 4063-4068.

[21] Yang X, Zhang Y. Prediction of high-entropy stabilized solid-solution in multi-component alloys [J]. Materials Chemistry and Physics, 2012, 132 (2/3): 233-238.

[22] Boer F R, Perrifor D G. Cohesion in Metals [M]. Netherlands: Elsevier Science Publishers B V, 1998.

[23] Takeuchi A, Inoue A. Classification of bulk metallic glasses by atomic size difference, heat of mixing and period of constituent elements and its application to characterization of the main alloying element [J]. Materials Transactions, 2005, 46 (12): 2817-2829.

[24] Ritchie R O. The conflicts between strength and toughness [J]. Nature Materials, 2011, 10: 817.

[25] Segall M D, Lindan P J D, Probert M J, et al. First-principles simulation: ideas, illustrations and the CASTEP code [J]. Journal of Physics: Condensed Matter, 2002, 14: 2717-2744.

[26] Perdew J P, Burke K, Ernzerhof M. Generalized gradient approximation made simple [J]. Physical Review Letters, 1996, 78: 3865-3868.

[27] Hamann D R. Generalized norm-conserving pseudopotentials [J]. Physical Review B, 1989, 40: 2980.

[28] Nordheim L. On the electron theory of metals [J]. Annals of Physics, 1931, 9: 607-640.

[29] Ramer N J, Rappe A M. Virtual-crystal approximation that works: Locating a compositional phase boundary in $Pb(Zr_{1-x}Ti_x)O_3$ [J]. Physical Review B, 2000, 62 (2): 743-746.

[30] Bellaiche L, Vanderbilt D. Virtual crystal approximation revisited: Application to dielectric and piezoelectric properties of perovskites [J]. Physical Review B, 2000, 61: 787.

[31] Liu S Y, Meng Y, Liu S, et al. Compositional phase diagram and microscopic mechanism of $Ba_{1-x}Ca_xZr_yTi_{1-y}O_3$ relaxor ferroelectrics [J]. Physical Chemistry Chemical Physics, 2017, 19 (33): 22190-22196.

[32] Eckhardt C, Hummer K, Kresse. Indirect-to-direct gap transition in strained and unstrained Sn_xGe_{1-x} alloys [J]. Physical Review B, 2014, 89 (16): 165201.

[33] Blackburn S, Cote M, Louie S G, et al. Enhanced electron-phonon coupling near the lattice instability of superconducting $NbC_{1-x}N_x$ from density-functional calculations [J]. Physical Review B, 2011, 84 (10): 104506.

[34] Liu S Y, Shang J X, Wang F H, et al. Surface segregation of Si and its effect on oxygen adsorption on a γ-TiAl (111) surface from first principles [J]. Journal of Physics: Condensed Matter, 2009, 21 (22): 225005.

[35] Liu S Y, Shang J X, Wang F H, et al. Ab initio atomistic thermodynamics study on the oxidation mechanism of binary and ternary alloy surfaces [J]. Journal of Chemical Physics, 2015, 142: 064705.

[36] Fine M E, Brown L D, Marcus H L. Elastic constants versus melting temperature in metals [J]. Scripta Metallurgica, 1984, 18 (9): 951-956.

[37] Mehl M J, Osburn J E, Papaconstantopoulos D A, et al. Structural properties of ordered high-melting-temperature intermetallic alloys from first-principles total-energy calculations [J]. Physical Review B, 1990, 41: 10311-10323.

[38] Huang H M, Jiang Z Y, Luo S J. First-principles investigations on the mechanical, thermal, electronic, and optical properties of the defect perovskites Cs_2SnX_6 (X = Cl, Br, I) [J]. Chinese Physicas B, 2017, 26 (9): 096301.

[39] Hill R. The elastic behaviour of a crystalline aggregate [J]. Proceedings of the Physical Society Section A, 1952, 65 (5): 349.

[40] Tian Y J, Xu B, Zhao Z H. Microscopic theory of hardness and design of novel superhard crystals [J]. International Journal of Refractory Metals and Hard Materials, 2012, 33:

93-106.

[41] Niu H Y, Niu S W, Oganov A R. Simple and accurate model of fracture toughness of solids [J]. Journal of Applied Physics, 2019, 125 (6): 065105.

[42] Broek D. Elementary Engineering Fracture Mechanics [M]. 3rd Edition, Netherlands: Martinus Nijhoff Publishers, 1982.

[43] Kan W H, Zhang Y, Tang X, et al. Precipitation of (Ti, Zr, Nb, Ta, Hf)C high entropy carbides in a steel matrix [J]. Materialia, 2020, 9 (1): 100540.

[44] Born M. On the stability of crystal lattices [J]. Mathematical Proceedings of the Cambridge Philosophical Society, 1940, 36 (2): 160-172.

[45] Huang Z, Li Z, Wang D, et al. Prediction of mechanical and thermo-physicalproperties of (Nb-Ti-V-Zr)C high entropy ceramics: A first principles study [J]. Journal of Physics and Chemistry of Solids, 2021, 151: 109859.

[46] Pugh S F. Relations between the elastic moduli and the plastic properties of polycrystalline pure metals [J]. Philosophical Magazine and Journal of Science, 1954, 45: 823-843.

[47] Frantsevich I N, Voronov F F, Bokuta S A. Elastic constants and elastic moduli of metals and insulators [M]. Kiev: Naukova Dumka, 1983: 60-180.

[48] Peng C, Gao X, Wang M Z, et al. Diffusion-controlled alloying of single-phase multi-principal transition metal carbides with high toughness and low thermal diffusivity [J]. Applied Physics Letters, 2019, 114 (1): 011905.

[49] Leyland A, Matthews A. On the significance of the H/E ratio in wear control: A nanocomposite coating approach to optimised tribological behaviour [J]. Wear, 2000, 246 (1/2): 1-11.

13 高熵五元金属碳化物的稳定性和力学性质第一性原理热力学研究

自2004年以来，具有5种或5种以上摩尔含量相等或接近相等的主金属元素的高熵合金（HEA）引起了人们的极大兴趣[1-2]。"高熵"是指最大化构型熵，以稳定等摩尔混合物，并通过无序使材料更加稳定[3]。受HEAs的启发，2015年高熵陶瓷（HECs）被开发[4-13]。与高熵合金相比，高熵陶瓷具有独特的结构、丰富的成分多样性和可调节的性能，具有更独特的物理化学性能[12-13]。在HECs中，高熵金属碳化物（HEMC）陶瓷作为一种新型的超高温陶瓷，因其高熔点、优异的机械性能（包括高硬度）和化学稳定性有着很大吸引力[14-19]。

Yan等[10]使用火花等离子体烧结（SPS）合成了一种具有单相（岩盐结构）的五元高熵碳化物，即（$Hf_{0.2}Zr_{0.2}Ta_{0.2}Nb_{0.2}Ti_{0.2}$）C。发现除了高模量和高硬度外，高熵陶瓷比二元碳化物具有更低的热扩散率和热导率。Wei等[20]同样使用等离子体烧结，通过X射线衍射制备了具有单相面心立方结构的高熵陶瓷（$Ti_{0.2}Hf_{0.2}Nb_{0.2}Ta_{0.2}W_{0.2}$）C。Sarker等[11]通过高能球磨（HEMB）和SPS合成了9种不同的等原子五金属碳化物，发现9种碳化物中有6种是高硬度的单相高熵材料。Harrington等[21]使用类似的方法合成了12种不同的等原子五金属碳化物，其中9种被发现形成了真正的具有岩盐结构单相。与二元碳化物平均值的混合物规则（ROM）建议的硬度相比，9种高熵碳化物的硬度显著提高[11-12]。Chicardi等[22-23]成功地获得了IVB（Ti、Zr、Hf）和VB（V、Nb、Ta）基团中的6种等原子五元过渡金属高熵碳化物粉末。此外，Wang等[24]、Liu等[25]、Chen等[26]和Wang等[27]分别合成了其他几种单相五元高熵碳化物：（$Hf_{0.2}Zr_{0.2}Ta_{0.2}Nb_{0.2}Ti_{0.2}$）C、（VNbTaMoW）C和（TiZrNbTaMo）C。

高熵陶瓷虽然已经进行了重要的实验工作，但理论研究相对很少。Sarker等[11]通过分析密度泛函理论（DFT）计算的形成能量分布谱，提出了熵形成能力（EFA）描述符来显示HEMCs的单相稳定性。EFA描述符尽管在大多数情况下表现良好，但也需要了解所考虑的HEMC的能量分布知识，这需要对每个成分进行数千次昂贵的DFT计算才能获得良好的精度。Yang等[28]报道了他们对一种特殊的五元高熵碳化物（TaNbHfTiZr）C的结构、力学和电子性质的研究。然而，未来五元高熵碳化物陶瓷的形成和结构稳定性仍然缺乏基于第一性原理量子力学计算可靠的理论预测。此外，设计同时具有高硬度和高韧性的陶瓷材料仍然是一个重大的科学和技术挑战,这在传统陶瓷材料通常是矛盾的[29]。

近年来,我们应用第一性原理计算研究了高熵四元金属碳化物的相稳定性、力学性能和熔点[30]。本章遵循先前工作中开发的方法来设计和预测五元高熵碳化物陶瓷。该方法的关键是基于第一性原理密度泛函计算和热力学混合熵理论构建三维相图,采用平均熔点、混合焓、混合熵和晶格尺寸差的相图预测由碳和过渡金属 Ti、Zr、Hf、V、Nb、Ta、Mo、W 制成的 56 个五元高熵金属碳化物(HEMCs)的稳定性。现有和预测的五元高熵金属碳化物的力学性能也可以通过第一性原理计算来确定。56 个五元高熵金属碳化物,包括尚未合成的 38 个五元高熵金属碳化物,都被发现在化学、热力学和力学方面是稳定的。它们还具有高硬度和高韧性以及高熔点的独特机械性能。

13.1 计算方法与模型

基于密度泛函理论、模守恒赝势和 Perdew-Burke-Ernzerhof (PBE) 广义梯度近似进行了第一性原理计算,并在剑桥系列总能量包(CASTEP)中实现[31-33]。采用两种模型,虚晶近似[34-37]和超原胞[38]进行第一性原理计算。为了模拟复杂的五元高熵金属碳化物固溶体 $(TM_{0.2}^1 TM_{0.2}^2 TM_{0.2}^3 TM_{0.2}^4 TM_{0.2}^5)C$,其中 TM 表示ⅣB、ⅤB 或ⅥB 族难熔过渡金属,对原始晶胞采用了虚晶近似,如图 13-1(a)所示。在 VCA 模型中使用了晶体过渡金属碳化物的晶胞,但 TM 被等原子混合比为 0.2 的虚拟五金属取代。为了比较,采用超原胞方法对等原子 $(TM_{0.2}^1 TM_{0.2}^2 TM_{0.2}^3 TM_{0.2}^4 TM_{0.2}^5)C$ 五种金属碳化物进行建模,如图 13-1(b)所示。立方 VCA 和四方 SC 结构被完全弛豫,直到每个原子上的力小于 0.01 eV/Å 为止。在 DFT 计算中,分别采用了 660 eV 的平面波截断能量以及 $20 \times 20 \times 20$ 和 $20 \times 20 \times 4$ Monkhorst Pack 的 k 点网格的 VCA 和 SC 结构的布里渊区采样,实现了 10^{-6} eV/atom 的总能量收敛。

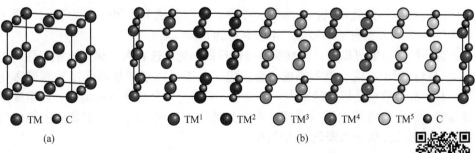

图 13-1 难熔过渡金属 Ti、Zr、Hf、V、Ta、Mo、Nb、W 的五元金属碳化物的虚晶近似模型 (a) 和超原胞模型 (b)

彩图二维码

在稳定晶体结构中，元素混合物的五种金属碳化物的化学稳定性可以通过形成能进行分析[30,39]：

$$E_{\text{form}} = \left(E_{\text{tot}} - \sum N_i E_{i\text{-bulk}}\right) \Big/ \sum N_i \tag{13-1}$$

式中，E_{form} 为形成能；E_{tot} 为五元金属碳化物的超原胞总能量；$E_{i\text{-bulk}}$ 为稳定的基本晶体结构中一个原子的能量；N_i 为超原胞中的原子数。

依据经验标准，晶格尺寸差异因子（δ_a）小于 6.6% 是可能形成高熵金属碳化物的必要条件[30,40]，其定义为：

$$\delta_a = \sqrt{\sum_{n=1}^{N} x_i \left[1 - a_i \Big/ \left(\sum_{n=1}^{N} x_i a_i\right)\right]^2} \tag{13-2}$$

式中，a_i 和 x_i 分别为第 i 个过渡金属碳化物（TMC）的晶格参数及摩尔分数，本节 $x_i = 0.2$。

由 5 种金属碳化物的混合物产生的五元金属 HEMC 碳化物的热力学稳定性和混溶性可以通过混合的吉布斯自由能（ΔG_{mix}）来分析，吉布斯自由能可以用混合焓和混合熵表示[30,41-42]：

$$\Delta G_{\text{mix}} = \Delta H_{\text{mix}} - T \Delta S_{\text{mix}} \tag{13-3}$$

式中，T 为绝对温度；ΔH_{mix} 为混合焓；ΔS_{mix} 为混合熵。

混合焓由单个金属碳化物到 5 种金属碳化物的总能量的变化来确定：

$$\Delta H_{\text{mix}} = \left(E_{\text{tot}} - \sum N_i E_i^{\text{TMC}}\right) \Big/ \sum N_i \tag{13-4}$$

式中，N_i 为单个金属碳化物的数量；E_i^{TMC} 为单个金属碳化物的总能量。此外，通过第一性原理计算了热力学稳定的立方（Fm-3m）ⅣB 和 ⅤB TMC（TM = Ti、Zr、Hf、V、Nb、Ta）和六方（P-6m2）ⅥB MoC 和 WC 的单个金属碳化物的总能量。

混合熵可以在齐次极限下计算[30]：

$$\Delta S_{\text{mix}} = -k_B \sum_{i=1}^{N} x_i \ln x_i = k_B \ln N \tag{13-5}$$

式中，k_B 为玻尔兹曼常数；x_i 为混合浓度，本节其值为 0.20，N 为五元等原子 HEMCs 的金属元素种类的数量，本节其值为 5。

吉布斯自由能可以通过构型混合熵进行最小化，这有利于热力学稳定性。如式（13-3）所示，混合焓和熵的组合决定了是否可以形成稳定无序的高熵碳化物，其中混合焓项是形成的阻力，但熵项（$T \Delta S_{\text{mix}}$）是形成的驱动力。当温度足够高时，混合构型熵的影响将超过混合焓的影响。混合后的吉布斯自由能为负值，可以形成高熵金属碳化物固溶体。

表达上述论点的一种方便方法是引入一个参数 Ω[40]：

$$\Omega = \frac{T_m \Delta S_{\text{mix}}}{|\Delta H_{\text{mix}}|} \tag{13-6}$$

$$T_{\mathrm{m}} = \sum_{i=1}^{N} x_i T_{\mathrm{m}}^i \tag{13-7}$$

式中，T_{m} 为平均熔点；T_{m}^i 为第 i 组分碳化物的熔点[30,40]。熔点的测定将在下节进行说明。显然，当 $\Omega > 1$ 时，式（13-3）中熵项的大小大于焓项的大小，混合的吉布斯自由能为负值，多组分金属碳化物可以形成单相固溶体。

13.2 研究结果与讨论

13.2.1 结构和热力学稳定性

由稳定晶体结构中的元素混合物产生的 56 个等原子五元金属碳化物，每一个的化学稳定性都可以通过形成能来评估[30,39]，这涉及到第一性原理计算五元金属碳化物的总能量和其稳定元素晶体中单个原子的能量。一般来说，形成能为负值是稳定的必要条件，形成能负值越大，结构的化学稳定性越高。如图 13-2 所示，所有 56 种五元金属碳化物的形成能值都是负的，表明它们的形成具有有利条件。

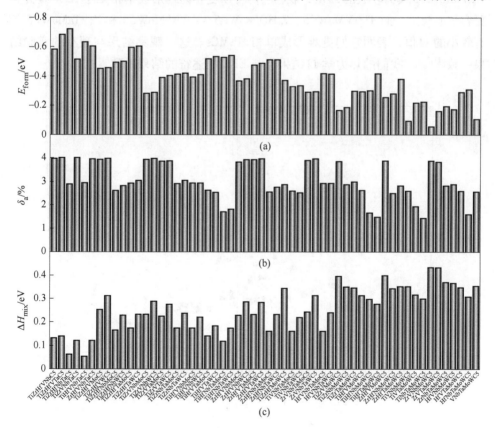

图 13-2　56 种高熵五元金属碳化物的形成能（a）、晶格常数差（b）以及混合焓（c）

一般来说，较小的晶格尺寸差异值对于金属碳化物的形成是必要的，并且之前发现的临界晶格尺寸差异为 6.6%[40]。此外，较小的晶格尺寸差值表明形成固溶体更可行。图 13-2 显示了 56 种五元金属碳化物的晶格尺寸差异。从图中可以观察到每个晶格尺寸差异都小于 6.6%，表明 56 个碳化物都满足 HEMC 固溶体形成的经验标准。图 13-2 还显示了 56 种五元金属碳化物的混合焓，每一个混合焓都是正值，表明由单个金属碳化物形成五元金属碳化物是一个吸热过程。从图中还可以看出所有混合焓值都很小，最大值仅约 0.43 eV。

图 13-3(a) 显示了 56 种等原子五元高熵金属碳化物的 Ω、ΔH_{mix} 和 δ_a 的三维相图，图 13-3(b) 和 (c) 分别显示了 ΔH_{mix} 对 δ_a、Ω 对 δ_a 的投影二维图。根据 $\Omega\text{-}\delta$ 准则，$\Omega > 1$ 和 $\delta_a < 6.6\%$ 有利于单相固溶体的形成。图 13-3 表明，所有 56 种金属碳化物的单相 HEMC 的形成满足 $\Omega\text{-}\delta$ 标准。相图的结果与可用的实验结果一致，因为在 56 种金属碳化物中已经合成了 18 种 HEMCs。此外，这一结果表明了合成其他 38 种单相 HEMC 固溶体的可行性。TiZrHfNbTaC5、TiZrVNbTaC5 和 TiHfVNbTaC5 具有较大的 Ω 值，表明它们可以更容易地形成单相无序 HEMCs 并且更容易地合成，而 TiZrVMoWC5、ZrHfVMoWC5、ZrVNbMoWC5 和 ZrVTaMoWC5 具有较小的 Ω 值，表明它们更难形成单相 HEMCs。这一观察结果与现有的实验结果一致[11,21]。我们的热力学 Ω 结果也与 EFA 描述符的结果一致[11]。

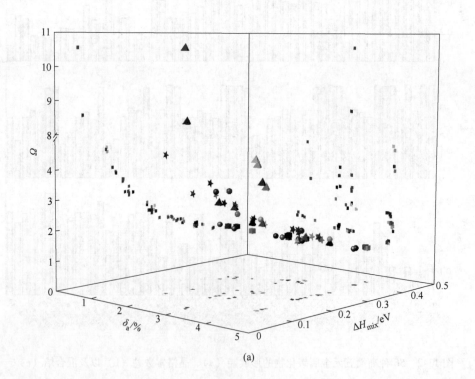

(a)

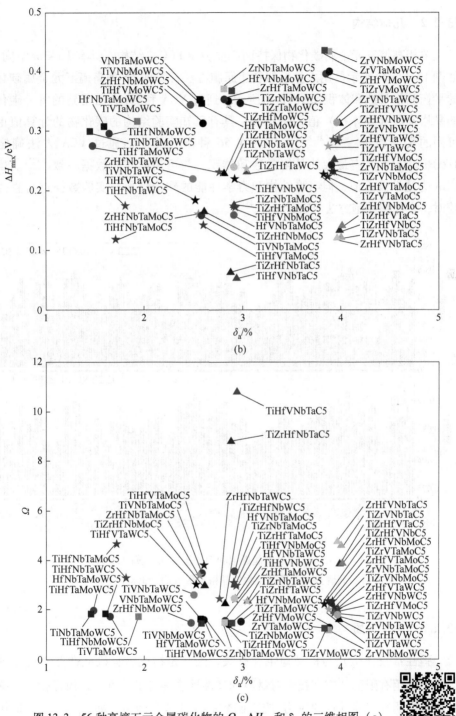

图 13-3 56 种高熵五元金属碳化物的 Ω、ΔH_{mix} 和 δ_a 的三维相图（a）以及 ΔH_{mix} 与 δ_a（b）和 Ω 与 δ_a 的二维投影图（c）

彩图二维码

13.2.2 几何结构

单相高熵五元金属碳化物保持面心立方（FCC）结构，具有Fm-3m空间群，如图13-1(a) 所示。用虚晶近似和超原胞方法计算的56种高熵五元金属碳化物的平衡晶格常数和体积如图13-4所示。通过VCA和SC方法得到的每个碳化物的晶格常数（或体积）值几乎相同。具有已知实验结构的碳化物的计算值也与可用的实验数据一致[21,22,25,27,43]。在56种碳化物中，通过VCA方法确定了TiZrHfNbTaC5具有最大的晶格常数和体积，与可用的实验数据一致[21-22]。虽然VCA方法涉及近似，但当将结构和力学性能的理论结果与实验数据进行直接比较时，它比超原胞方法具有优势[44-45]。

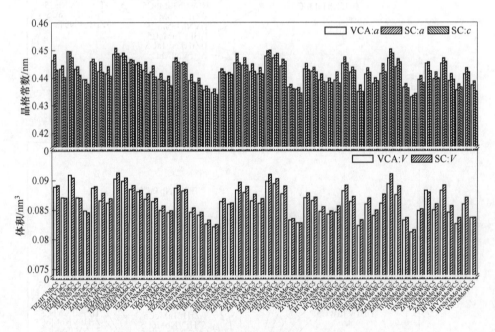

图13-4 通过虚晶近似和超原胞方法计算的56种
高熵五元金属碳化物的晶格常数（a）和体积（b）

13.2.3 力学性质

弹性常数（C_{ij}）与机械稳定性有关，因此是描述材料机械性能不可或缺的参数。采用有限弹性应变技术对材料的弹性性能进行了计算。几何优化后，弹性常数根据胡克定律计算的应力-应变函数的线性拟合确定，即 $\sigma_i = C_{ij}\varepsilon_j$，适用于小应力 σ_i 和应变 ε_j[46]。

通过应变-应力法计算的 56 种五元 HEMCs 的弹性常数，即 C_{11}、C_{12} 和 C_{44}，如图 13-5(a) 所示。从图中可以看出，56 种五元 HEMCs 都是机械稳定的，因为它们满足立方结构的机械稳定性条件[47]：$C_{11} > 0$、$C_{44} > 0$、$C_{11} - C_{12} > 0$ 和 $C_{11} + 2C_{12} > 0$。此外，我们的计算结果也与其他人计算的 (TaNbHfTiZr)C 理论数据一致[28]。

熔点是寻找新型超高温陶瓷材料的重要指标。对于具有面心立方结构的 HEMCs，熔点可以表示为弹性常数 C_{11} 的线性函数[48-50]：

$$T_m = 553 + 5.91 C_{11} \tag{13-8}$$

式中，C_{11} 的单位为 GPa，误差条约为 ±300 K。图 13-5(b) 显示了通过 VCA 方法确定的五元 HEMCs 的熔点和通过五种单组分碳化物的混合规则估计的平均值。图中显示用 VCA 方法获得的熔点值大于 ROM 估计的相应平均熔点值，这可能是因为高熵效应。56 种五元 HEMCs 的熔点计算值都高于 3000 K，表明这些高熵碳化物固溶体将是超高温陶瓷。

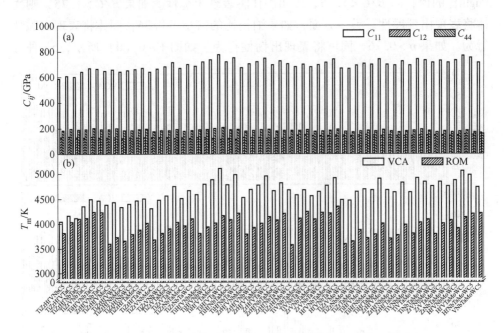

图 13-5 56 种高熵五元金属碳化物的虚晶近似的弹性常数计算值 (a) 和虚晶近似和混合物规则的熔点计算值 (b)

基于计算的弹性常数值，通过 VRH 方法进一步计算体积模量、剪切模量和杨氏模量[51]：$B = (C_{11} + 2C_{12})/3$，$G_V = (3C_{44} + C_{11} - C_{12})/5$，$G_R = 5(C_{11} - C_{12}) C_{44}/[4C_{44} + 3(C_{11} - C_{12})]$，$G = (G_V + G_R)/2$ 和 $E = 9GB/(3B + G)$。图 13-6(a)～

(c) 显示了 56 种五元 HEMCs 的体积模量、剪切模量和杨氏模量。体积模量代表材料在压力下抵抗体积变形的能力，剪切模量测量材料的剪切变形阻力，杨氏模量反映材料的抗压强度。图 13-6(a) 表明 HfVTaMoWC5 对体积变形具有最强的抵抗力。图 13-6(b) 表明 TiHfVTaWC5 对剪切变形具有最强的阻力。图 13-6(c) 表明 TiHfVTaWC5 同样具有最强的抗压性。此外，计算得出的几种五元 HEMCs 的体积模量、剪切模量和杨氏模量与可用的理论和实验数据一致[11,21,28,52]。如图 13-6(a)~(c) 所示，通过 VCA 计算的 56 种五元 HEMCs 的体积模量、剪切模量和杨氏模量大于五组分碳化物的相应 ROM/平均值，与实验观察到的相应 ROM 值的模量增强一致[11,21]。计算结果也与之前可用的 6 种 HEMCs 的第一性原理结果一致[11]。

工程结构材料的脆性行为具有重要的应用价值。作为材料脆性和延展性的经验指标，绘制了 56 种五元 HEMCs 的 Pugh 比 (B/G)[53] 与泊松比 [$v = (3B - 2G)/(6B + 2G)$；定义为横向应变与轴向应变之比][54]，如图 13-6 (d) 所示。Pugh 比的值，即 $B/G < 1.75$，表明固体将表现出脆性。如果 $B/G > 1.75$，则固体将表现出延展性。另一方面，如果泊松比的值小于 0.26，固体将表现出脆性行为。如果 $v > 0.26$，固体将表现出韧性行为。如图 13-6 (d) 所示，55 种五

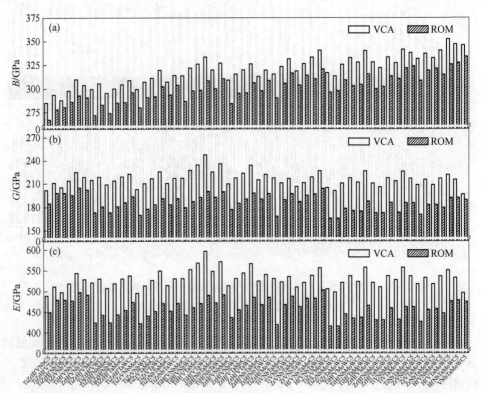

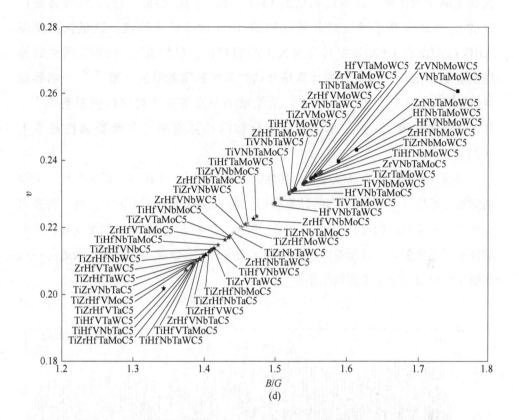

图 13-6 通过 VCA 和 ROM 计算的 56 种高熵五元金属碳化物的体积模量（a）、剪切模量（b）、杨氏模量（c）以及 B/G 与泊松比之间的关系（d）

元 HEMBC 的 Pugh's 比和 Poisson's 比在脆性范围内（$B/G < 1.75$ 和 $v < 0.26$），表明这 55 个高熵五元 HEMCs 都是脆性材料，唯一可能的韧性材料是 VNbTaMoWC5。

材料的硬度通常由维氏硬度 H_V 表示，维氏硬度可由体积模量和剪切模量的组合确定[55]：$H_V = 0.92(G/B)^{1.137} G^{0.708}$。图 13-7(a) 列出了 56 种五元 HEMCs 的维氏硬度。可以发现计算值与几个五元 HEMCs 的实验数据一致[11,21,25,27,56]。此外，我们对 H_V 的计算结果与之前可用于 6 种 HEMCs 的 DFT 计算结果一致[11]。需要强调的是，56 种 HEMCs 都显示出高硬度；其中，TiHfVTaWC5 具有最大的维氏硬度，H_V 值为 33 GPa，接近超硬材料[57]。

材料的另一个重要参数是断裂韧性 K_{IC}，它描述了材料抵抗裂纹扩展的能力。五元 HEMCs 断裂韧性[58]的计算方法为 $K_{IC} = V_0^{1/6} G(B/G)^{1/2}$，其中 V_0

为每个原子的体积。计算结果见图 13-7(b)。与 H_V 类似，通过 VCA 方法计算的 K_{IC} 值通常高于通过成分碳化物的 ROM 估计的平均值。这里再次发现 TiHfVTaWC5 在 HEMCs 中具有最大的断裂韧性。虽然五元 HEMCs 断裂韧性的实验数据很少，但我们的计算值与这些可用的实验数据一致[25,59]。临界能量释放率 $G_{IC} = K_{IC}^2 [(1-\upsilon^2)/E]$，从能量的角度描述了材料的抗断裂性[60]。如图 13-7(b) 和 (c) 所示，金属碳化物的计算速率与其断裂韧性基本上相同。

寻找一种同时具有高硬度和高韧性的材料仍然是一个挑战，因为硬度和韧性通常相互矛盾[29]。然而我们的计算表明，在 56 种五元 HEMCs 中，每一种都可以获得高硬度和高韧性。如图 13-7(d) 所示，每种五元 HEMCs 的维氏硬度和断裂韧性呈正相关，并且所有 56 种 HEMCs 表现出了高硬度和高韧性。最近的一项实验工作中也获得了类似的结果[61]。

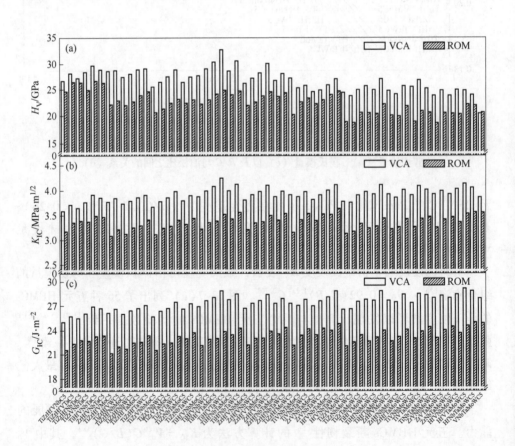

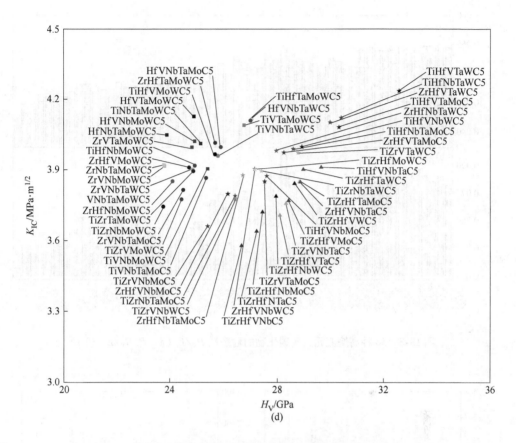

图13-7 通过虚晶近似和混合规则计算的56种高熵五元金属碳化物的
维氏硬度（H_V）（a）、断裂韧性（K_{IC}）（b）、临界能量释放速率（G_{IC}）
（c）和维氏硬度与断裂韧性的关系（d）

图13-8显示了等原子五元HEMCs的耐磨性。我们使用与H_V/E相关的弹性应变和与H_V^3/E^2相关的抗塑性变形来确定每个HEMCs的耐磨性[62]。从图中可以看出五元HEMCs的H_V/E和H_V^3/E^2的耐磨性顺序基本相同。

13.2.4 价电子浓度

机械性能与价电子浓度（VEC）之间存在密切关系。图13-9显示了随着VEC变化的56种五元HEMCs的B/G比、体积模量、剪切模量、杨氏模量、维氏硬度和断裂韧性值。高熵五元金属碳化物的脆性随着VEC的增加而降低，其延展性随着VEC的增加而增加，如图13-9(a)所示，当VEC为9.4时，脆性变为延展性，这与二元金属碳化物和氮化物的理论结果相似。当VEC增加时，从

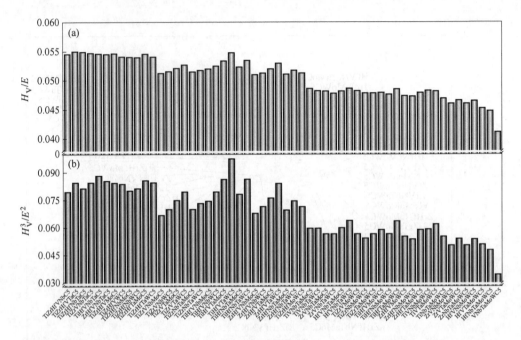

图 13-8 56 种高熵五元金属碳化物的耐磨性 H_V/E（a）和 H_V^3/E^2（b）

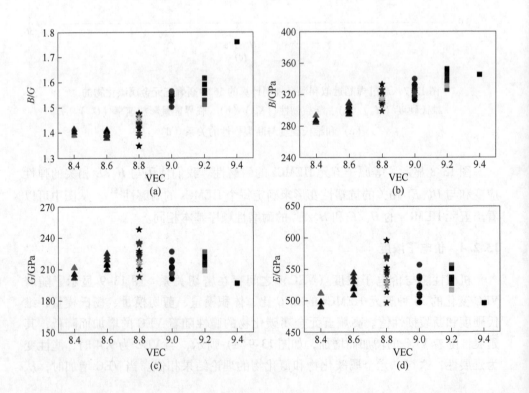

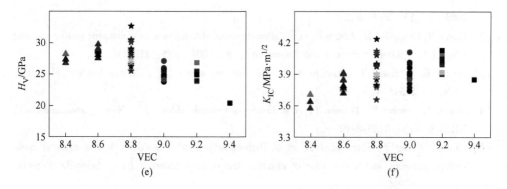

图 13-9 随 VEC 变化的高熵五元金属碳化物的 B/G(a)、体积模量 B(b)、剪切模量 G(c)、杨氏模量 E(d)、维氏硬度 H_V(e) 和断裂韧性 K_{IC}(f)

图 13-9(b) 可以观察到五元 HEMCs 的体积模量增加。从图 13-9(c) ~ (d) 可以看出五元 HEMCs 的剪切模量和杨氏模量最初随 VEC 增加而增加,当 VEC 约为 8.8 时达到最大值,随后随 VEC 的增加而降低。类似地,随着 VEC 的增加,五元 HEMCs 的维氏硬度和断裂韧性最初增加,随后降低,见图 13-9(e) ~ (f),与现有实验数据的趋势一致[21]。此外,五元 HEMCs 的 VEC 力学性能的总体趋势也与二元和三元金属碳化物、氮化物和碳氮化物的理论结果一致。

13.3 本章小结

本章通过第一性原理 DFT 计算和热力学分析了 56 种高熵等原子五元金属碳化物的化学稳定性、热力学稳定性、力学稳定性、结构和其他力学性能。构建了过渡金属 Ti、Zr、Hf、V、Nb、Ta、Mo 和 W 的五元金属碳化物的三维相图。该相图由两个热力学参数 (Ω 和 ΔH_{mix}) 和一个结构参数 δ 表示。本章的研究结果表明,由于满足 Ω-δ 标准,56 种金属碳化物中的每一种都可以形成单相高熵陶瓷。根据计算结果对实验实现的单相五元高熵金属碳化物进行了解释,并预测了 38 种新的五元高熵值金属碳化物。此外,所有五元高熵金属碳化物具有高硬度和高断裂韧性以及高熔点的独特机械性能,表明这些材料可能是具有各种有前途应用的超高温陶瓷的良好候选者。五元 HEMCs 的脆性 (延展性) 随着价电子浓度的增加而稳步降低 (增加)。其中一种特殊的五元金属碳化物 VNbTaMoWC5 被确定为韧性材料,而其他 55 种五元金属碳化物都是脆性材料。

参 考 文 献

[1] Yeh J W, Chen S K, Lin S J, et al. Nanostructured high-entropy alloys with multiple principal elements: novel alloy design concepts and outcomes [J]. Advanced Engineering Materials,

2004, 6 (5): 299-303.

[2] Cantor B, Chang I T H, Knight P, et al. Microstructural development in equiatomic multicomponent alloys [J]. Materials Science and Engineering: A, 2004, 375: 213-218.

[3] George E P, Raabe D, Ritchie R O, High-entropy alloys [J]. Nature Reviews Materials, 2019, 4: 515-534.

[4] Rost C M, Sachet E, Borman T, et al. Entropy-stabilized oxides [J]. Nature Communications, 2015, 6 (1): 8485-8492.

[5] Gild J, Zhang Y, Harrington T, et al. High-entropy metal diborides: A new class of high-entropy materials and a new type of ultrahigh temperature ceramics [J]. Scientific Reports, 2016, 6: 37946.

[6] Jin T, Sang X, Unocic R R, et al. Mechanochemical-Assisted Synthesis of High-Entropy Metal Nitride via a Soft Urea Strategy [J]. Advanced Materials, 2018, 30: 1707512.

[7] Castle E, Csanádi T, Grasso S, et al. Processing and properties of high-entropy ultra-high temperature carbides [J]. Scientific Reports, 2018, 8: 8609.

[8] Dusza J, Svec P, Girman V, et al. Microstructure of (Hf-Ta-Zr-Nb)C high-entropy carbide at micro and nano/atomic level [J]. Journal of the European Ceramic Society, 2018, 38 (12): 4303-4307.

[9] Zhou J Y, Zhang J Y, Zhang F, et al. High-entropy carbide: A novel class of multicomponent ceramics [J]. Ceramics International, 2018, 44 (17): 22014-22018.

[10] Yan X L, Constantin L, Lu Y F, et al. ($Hf_{0.2}Zr_{0.2}Ta_{0.2}Nb_{0.2}Ti_{0.2}$)C high-entropy ceramics with low thermal conductivity [J]. Journal of the American Ceramic Society, 2018, 101 (10): 4486-4491.

[11] Sarker P, Harrington T, Toher C, et al. High-entropy high-hardness metal carbides discovered by entropy descriptors [J]. Nature Communications, 2018, 9 (1): 4980.

[12] Zhang R Z, Reece M J. Review of high entropy ceramics: design, synthesis, structure and properties [J]. Journal of Materials Chemistry A, 2019, 7: 22148-22162.

[13] Oses C, Toher C, Curtarolo S. High-entropy ceramics [J]. Nature Reviews Materials, 2020, 5: 295-309.

[14] Nisar A, Zhang C, Boesl B, et al. A perspective on challenges and opportunities in developing high entropy-ultra high temperature ceramics [J]. Ceramics International, 2020, 46: 25845-25853.

[15] Wei X F, Liu J X, Li F, et al. High entropy carbide ceramics from different starting materials [J]. Journal of the European Ceramic Society, 2019, 39 (10): 2989-2994.

[16] Wang F, Yan X L, Wang T Y, et al. Irradiation damage in ($Zr_{0.25}Ta_{0.25}Nb_{0.25}Ti_{0.25}$)C high-entropy carbide ceramics [J]. Acta Materialia, 2020, 195: 739-749.

[17] Csanádi T, Castle E, Reece M J, et al. Strength enhancement and slip behaviour of high-entropy carbide grains during micro-compression [J]. Scientific Reports, 2019, 9: 10200.

[18] Han X X, Girman V, Sedlak R, et al. Improved creep resistance of high entropy transition metal carbides [J]. Journal of the European Ceramic Society, 2020, 40: 2709-2715.

[19] Liu D, Zhang A, Jia J, et al. Reaction synthesis and characterization of a new class high

entropy carbide (NbTaMoW) C [J]. Materials Science and Engineering, 2021, 804: 140520.

[20] Wei X F, Qin Y, Liu J X, et al. Gradient microstructure development and grain growth inhibition in high-entropy carbide ceramics prepared by reactive spark plasma sintering [J]. Journal of the European Ceramic Society, 2020, 40: 935-941.

[21] Harrington T, Gild J, Sarker P, et al. Phase stability and mechanical properties of novel high entropy transition metal carbides [J]. Acta Materialia, 2019, 166: 271-280.

[22] Chicardi E, García-Garrido C, Hernandez-Saz J, et al. Synthesis of all equiatomic five-transition metals high entropy carbides of the Ⅳ B (Ti, Zr, Hf) and Ⅴ B (V, Nb, Ta) groups by a low temperature route [J]. Ceramics International, 2020, 46: 21412-21430.

[23] Chicardi E, García-Garrido C, Gotor F J, Low temperature synthesis of an equiatomic (TiZrHfVNb)C_5 high entropy carbide by a mechanically-induced carbon diffusion route [J]. Ceramics International, 2019, 45: 21858-21863.

[24] Wang F, Zhang X, Yan X L, et al. The effect of submicron grain size on thermal stability and mechanical properties of high-entropy carbide ceramics [J]. Journal of the American Ceramic Society, 2020, 103: 4463-4472.

[25] Liu D Q, Zhang A J, Jia J G, et al. Phase evolution and properties of (VNbTaMoW)C high entropy carbide prepared by reaction synthesis [J]. Journal of the European Ceramic Society, 2020, 40: 2746-2751.

[26] Chen H, Wu Z, Liu M, et al. Synthesis, microstructure and mechanical properties of high-entropy (VNbTaMoW)C_5 ceramics [J]. Journal of the European Ceramic Society, 2021, 41: 7498-7506.

[27] Wang K, Chen L, Xu C G, et al. Microstructure and mechanical properties of (TiZrNbTaMo)C high-entropy ceramic [J]. Journal of Materials Science & Technology, 2020, 39: 99-105.

[28] Yang Y, Wang W, Gan G Y, et al. Structural, mechanical and electronic properties of (TaNbHfTiZr)C high entropy carbide under pressure: ab initio investigation [J]. Physica B: Condensed Matter, 2018, 550: 163-170.

[29] Ritchie R O. The conflicts between strength and toughness [J]. Nature Materials 2011, 10: 817-822.

[30] Liu S Y, Zhang S, Liu S, et al. Phase stability, mechanical properties and melting points of high-entropy quaternary metal carbides from first-principles [J]. Journal of the European Ceramic Society, 2021, 41: 6267-6274.

[31] Segall M D, Lindan P J D, Probert M J et al. First-principles simulation: ideas, illustrations and the CASTEP code [J]. Journal of Physics: Condensed Matter, 2002, 14: 2717-2744.

[32] Perdew J P, Burke K, Ernzerhof M. Generalized Gradient Approximation Made Simple [J]. Physical Review Letters, 1996, 77: 3865-3868.

[33] Hamann D R. Generalized norm-conserving pseudopotentials [J]. Physical Review B, 1989, 40: 2980.

[34] Ramer N J, Rappe A M, Virtual-crystal approximation that works: Locating a compositional phase boundary in Pb($Zr_{1-x}Ti_x$)O_3 [J]. Physical Review B, 2000, 62, 743-746.

[35] Liu S Y, Liu S, Li D J, et al. Structure, phase transition, and electronic properties of $K_{1-x}Na_xNbO_3$ solid solutions from firstprinciples theory [J]. Journal of the American Ceramic Society, 2014, 97: 4019-4023.

[36] Liu S Y, Zhang E, Liu S, et al. Composition-and pressure-induced relaxor ferroelectrics: first-principles calculations and Landau-Devonshire theory [J]. Journal of the American Ceramic Society, 2016, 99 (10): 3336-3342.

[37] Liu S Y, Meng Y, Liu S, et al. Phase Stability, Electronic Structures, and Superconductivity Properties of the $BaPb_{1-x}Bi_xO_3$ and $Ba_{1-x}K_xBiO_3$ Perovskites [J]. Journal of the American Ceramic Society, 2017, 100 (3): 1221-1230.

[38] Payne M C, Teter M P, Allan D C, et al. Iterative minimization techniques for ab initio total-energy calculations: molecular dynamics and conjugate gradients [J]. Reviews of Modern Physics, 1992, 64: 1045-1097.

[39] Liu S Y, Shang J X, Wang F H, et al. Surface segregation of Si and its effect on oxygen adsorption on a γ-TiAl (111) surface from first principles [J]. Journal of Physics: Condensed Matter, 2009, 21: 225005.

[40] Yang X, Zhang Y, Prediction of high-entropy stabilized solid-solution in multi-component alloys [J]. Materials Science Communication, 2012, 132: 233-238.

[41] Liu S Y, Sun M, Zhang S X, et al. First-principles study of thermodynamic miscibility, structures, and optical properties of $Cs_2Sn(X_{1-x}Y_x)_6$ (X, Y = I, Br, Cl) lead-free perovskite solar cells [J]. Applied Physics Letters, 2021, 118: 141903.

[42] Jung Y K, Lee J H, Walsh A, et al. Influence of Rb/Cs Cation-Exchange on Inorganic Sn Halide Perovskites: From Chemical Structure to Physical Properties [J]. Chem. Mater, 2017, 29: 3181-3188.

[43] Ye B L, Wen T Q, Huang K H, et al. First-principles study, fabrication, and characterization of $(Hf_{0.2}Zr_{0.2}Ta_{0.2}Nb_{0.2}Ti_{0.2})C$ high-entropy ceramic [J]. Journal of the American Ceramic Society, 2019, 102: 4344-4352.

[44] Liu S Y, Meng Y, Liu S, et al. Compositional phase diagram and microscopic mechanism of $Ba_{1-x}Ca_xZr_yTi_{1-y}O_3$ relaxor ferroelectrics [J]. Physical Chemistry Chemical Physics, 2017, 19 (33): 22190-22196.

[45] Liu S Y, Chen Q Y, Liu S, et al. Electronic structures and transition temperatures of high-T_c cuprate superconductors from first-principles calculations and Landau theory [J]. Journal of Alloys and Compounds, 2018, 764: 869-880.

[46] Schreiber E, Anderson O L, Soga N. Elastic Constants and Their Measurement [M]. McGraw-Hill: New York, 1973.

[47] Born M. On the stability of crystal lattices I [M]. England: Cambridge University Press, 1940, 160-172.

[48] Fine M E, Brown L D, Marcus H L. Elastic constants versus melting temperature in metals [J]. Scripta Metallurgica, 1984, 18 (9): 951-956.

[49] Mehl M J, Osburn J E, Papaconstantopoulos D A, et al. Structural properties of ordered high-melting-temperature intermetallic alloys from first-principles total-energy calculations [J].

Physical Review B, 1990, 41: 10311-10323.

[50] Huang H M, Jiang Z Y, Luo S J. First-principles investigations on the mechanical, thermal, electronic, and optical properties of the defect perovskites Cs_2SnX_6 (X = Cl, Br, I) [J]. Chinese Physicas B, 2017, 26 (9): 096301.

[51] Hill R. The Elastic Behaviour of a Crystalline Aggregate [J]. Proceedings of the Physical Society, 1952, 65: 349-354.

[52] Moskovskikh D O, Vorotilo S, Sedegov A S, et al. High-entropy (HfTaTiNbZr) C and (HfTaTiNbMo) C carbides fabricated through reactive high-energy ball milling and spark plasma sintering [J]. Ceramics International, 2020, 46: 19008-19014.

[53] Pugh S F. Relations between the elastic moduli and the plastic properties of polycrystalline pure metals [J]. Philosophical Magazine and Journal of Science, 1954, 45: 823-843.

[54] Frantsevich I N, Voronov F F, Bokuta S A. Elastic constants and elastic moduli of metals and insulators [M]. Kiev: Naukova Dumka, 1983: 60-180.

[55] Tian Y J, Xu B, Zhao Z H. Microscopic theory of hardness and design of novel superhard crystals [J]. International Journal of Refractory Metals and Hard Materials, 2012, 33: 93-106.

[56] Feng L, Fahrenholtz W G, Hilmans G E. Low-temperature sintering of single-phase, high-entropy carbide ceramics [J]. Journal of the American Ceramic Society, 2019, 102: 7217-7224.

[57] Wang S, Gudipati R, Rao A S, et al. First-principles calculations for the elastic properties of nanostructured superhard TiN/Si_xN_y superlattices [J]. Applied Physics Letters, 2007, 91: 081916.

[58] Niu H, Niu S, Oganov A R. Simple and accurate model of fracture toughness of solids [J]. Journal of Applied Physics, 2019, 125: 065105.

[59] Lu K, Liu J X, Wei X F, et al. Microstructures and mechanical properties of high-entropy $(Ti_{0.2}Zr_{0.2}Hf_{0.2}Nb_{0.2}Ta_{0.2})$ C ceramics with the addition of SiC secondary phase [J]. Journal of the European Ceramic Society, 2020, 40: 1839-1847.

[60] Broek D. Elementary Engineering Fracture Mechanics [M]. 3rd ed. Martinus Nijhoff Publishers, Netherlands, 1982.

[61] Peng C, Gao X, Wang M Z, et al. Diffusion-controlled alloying of single-phase multi-principal transition metal carbides with high toughness and low thermal diffusivity [J]. Applied Physics Letters, 2019, 114: 011905.

[62] Leyland A, Matthews A. On the significance of the H/E ratio in wear control: A nanocomposite coating approach to optimised tribological behavior [J]. Wear, 2000, 246: 1-11.

[63] Balasubramanian K, Khare S V, Gall D. Valence electron concentration as an indicator for mechanical properties in rocksalt structure nitrides, carbides and carbonitrides [J]. Acta Materialia, 2018, 152: 175-185.

14 钙钛矿太阳能电池的稳定性和光学性质的第一性原理热力学研究

钙钛矿通常指具有化学性质的一类材料式 ABX_3，其中 A 为有机或无机阳离子、B 为金属阳离子、X 为氧或卤化物阴离子，其表现出人们所追求的物理性质，如磁性、铁电性和二维电子传导性[1-2]。最近，金属卤化物钙钛矿被证明是新型固态太阳能电池中的优秀光吸收剂，并对第三代光伏领域产生了革命性的影响[3-8]。对于这种类型的钙钛矿，有机 $CH_3NH_3PbI_3$ 已经被广泛研究，用铯阳离子（Cs^+）代替有机阳离子 $CH_3NH_3^+$ 可以提高钙钛矿的热稳定性[9-11]。此外，有研究证明 Pb^{2+} 可以被相同主基团的阳离子取代，例如二价锡 Sn^{2+} [12-14]。然而，Sn^{2+} 可能被氧化为 Sn^{4+}，可能导致基于这些材料的钙钛矿太阳能电池不稳定。此外，具有特殊空位有序双钙钛矿晶体结构和面立方空间群（Fm-3m）（含 Sn^{4+}）的 Cs_2SnI_6 被提出作为 PSCs 的候选光吸收层[15-16]。Sn^{4+} 阳离子的四价性质意味着相对于其 $CsSnI_3$ 对应物，Cs_2SnI_6 在空气中的抗氧化稳定性更高。特别是与 $CH_3NH_3PbI_3$ 膜相比，这种材料的薄膜在潮湿空气中表现出增强的稳定性。

Cs_2SnI_6 是一种 Sn 基无铅空位有序双无机卤化物钙钛矿，是一种具有强可见光吸收的直接带隙半导体。通过混合不同的卤素，可以实现增强的稳定性和可调谐的光电性能。Lee 等通过两步溶液处理技术将 Br 掺入 Cs_2SnI_6 钙钛矿薄膜中，并证明了 $Cs_2Sn(I_{1-x}Br_x)_6$ 钙钛矿太阳能电池器件的制造具有优化的功率转换效率（超过 2%）和提高的稳定性[17]。Zhu 等使用氢碘酸合成了无铅全无机 $Cs_2Sn(I_xCl_{1-x})_6$ 钙钛矿粉末，并通过控制钙钛矿中的 I/Cl 比进一步证明了增强的环境稳定性和可调谐光学性能[18]。用低碘或氯浓度获得单相钙钛矿，当碘和氯浓度相当时，在二元体系中发生相分离[18]。光学吸收可以调谐到从紫外到红外的宽范围内[18]。通过 Cl 掺入，可以进一步提高 $Cs_2Sn(I_xCl_{1-x})_6$ 的环境稳定性，并且高 Cl 组分可以在环境空气中稳定两个月以上[18-19]。Zhou 等通过水热法合成了 $Cs_2Sn(Cl_{1-x}Br_x)_6$ 钙钛矿，反应混合物颜色不断从透明变为黄色，最后变为深红色[20]。

尽管前人已经进行了重要的实验研究，但理论上仍不清楚 $Cs_2Sn(I_{1-x}Br_x)_6$ 和 $Cs_2Sn(I_{1-x}Cl_x)_6$ 钙钛矿材料的详细几何结构和电子性质在整个 $0 \leq x_{Br/Cl} \leq 1$ 范围内随 Br/Cl 浓度的变化。因此，本章使用超原胞方法和虚晶近似方法进行了第一性原理计算，提供了 $Cs_2Sn(X_{1-x}Y_x)_6$（X、Y = I、Br、Cl）钙钛矿材料在卤素浓度方面详细的热力学相容性、结构、光学和力学性质。

14.1 计算方法与模型

第一性原理密度泛函理论计算通过剑桥系列总能量包中实施的平面波赝势法进行[21-23]。交换相关效应通过 PBE 方案的广义梯度近似来处理[24]。核心电子与原子核之间的相互作用用模守恒赝势描述[25]，超软赝势也用于比较[26]。

对于复杂 $Cs_2Sn(X_{1-x}Y_x)_6$（X、Y = I、Br、Cl）钙钛矿材料，在原始晶胞中采用了虚晶近似方法，如图 14-1(a) 所示，这意味着保留与三元化合物（如 Cs_2SnX_6）相同的晶体晶胞，并用虚拟 Y 原子取代 X[27]。用虚拟晶体近似方法建模的立方 $Cs_2Sn(X_{1-x}Y_x)_6$ 钙钛矿材料始终保持实验的 Fm-3m 对称性。为了进行比较，混合的 $Cs_2Sn(X_{1-x}Y_x)_6$（$x = 1/6$、$1/3$、$1/2$、$2/3$ 和 $5/6$）钙钛矿材料也通过具有不同替代物的超原胞方法进行了建模，如图 14-1 所示。

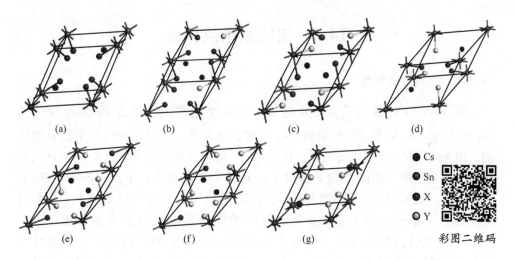

图 14-1 $Cs_2Sn(X_{1-x}Y_x)_6$（X、Y = I、Br、Cl）钙钛矿材料的晶体结构
(a) $x = 0$；(b) $x = 1/6$；(c) $x = 1/3$；(d) $x = 1/2$；(e) $x = 2/3$；(f) $x = 5/6$；(g) $x = 1$
（蓝色、灰色、棕色、绿色球分别代表 Cs、Sn、X 和 Y 原子）

然而，使用超原胞法将 $Cs_2Sn(X_{1-x}Y_x)_6$（$x = 1/6$ 或 $5/6$，$1/3$ 或 $2/3$，$1/2$）钙钛矿材料分别转化为具有 I4mm、I4/mmm 和 Fmm2 对称性的较低对称性，以避免阴离子位点上的混合占据。这里应该注意，相对于超原胞方法，虚拟晶体近似方法在与实验直接比较时具有相同的对称性优势。所有结构都完全放松，直到力小于 0.01 eV/Å 为止。第一性原理计算中采用了 550 eV 的平面波截断能量和布里渊区中的 $8 \times 8 \times 8$ Monkhorst Pack 方案的 k 点网格，确保了总能量收敛为每原子 10^{-6} eV。计算中没有考虑自旋—轨道耦合效应（SOC），因为 SOC 对 Sn 基卤

化物钙钛矿的影响很小[28]。

Cs_2SnX_6 和 Cs_2SnY_6 的各种混合 $Cs_2Sn(X_{1-x}Y_x)_6$ (X、Y = I、Br、Cl) 固溶体的稳定性和混溶性可以通过混合自由能 ΔF_{mix} 分析：

$$\Delta F_{mix} = \Delta E_{mix} - T\Delta S_{mix} \tag{14-1}$$

式中，ΔE_{mix} 和 ΔS_{mix} 分别为混合的内能和熵；T 为绝对温度。混合内能 ΔE_{mix} 可根据以下公式计算[29]：

$$\Delta E_{mix} = E_{Cs_2Sn(X_{1-x}Y_x)_6} - (1-x)E_{Cs_2SnX_6} - xE_{Cs_2SnY_6} \tag{14-2}$$

式中，$E_{Cs_2Sn(X_{1-x}Y_x)_6}$、$E_{Cs_2SnX_6}$ 和 $E_{Cs_2SnY_6}$ 分别为 $Cs_2Sn(X_{1-x}Y_x)_6$、Cs_2SnX_6 和 Cs_2SnY_6 的能量。混合熵 ΔS_{mix} 可以在均匀极限中进行评估：

$$\Delta S_{mix} = -k_B[x\ln x + (1-x)\ln(1-x)] \tag{14-3}$$

式中，x 为混合浓度；k_B 为玻尔兹曼常数。这种方法已被证明适用于全无机和有机-无机钙钛矿固溶体[30-33]。

14.2 研究结果及讨论

14.2.1 能量与混溶性

图 14-2(a) 显示了在 $0 \leq x_{Br} \leq 1$ 的整个范围内，随着 Br 浓度变化的 $Cs_2Sn(I_{1-x}Br_x)_6$ 的混合的自由能。在绝对零温度下，混合自由能等于混合的内能，因为熵项对自由能没有贡献。计算表明，混合亥姆霍兹自由能在 Br 浓度的整个范围内是正值，即在 $T = 0$ K 条件下，无论 Br 的浓度为多少，$Cs_2Sn(I_{1-x}Br_x)_6$ 都易于分离成其组元。当温度升高时，熵效应起作用，混合的亥姆霍兹自由能降低。当温度等于或高于 200 K 时，混合的亥姆霍兹自由能变为负值，表明 $Cs_2Sn(I_{1-x}Br_x)_6$ 固溶体在升高的温度下逐渐稳定。在室温（300 K）下，预计在 Br 浓度的整个范围内，$Cs_2Sn(I_{1-x}Br_x)_6$ 固溶体的浓度将更高，与实验结果一致[17]。由于 I 和 Br 元素之间的密切相似性，可以理解 I 和 Br 在这些固溶体中的良好混溶性。

图 14-2(b) 和 (c) 显示了在整个 $0 \leq x_{Cl} \leq 1$ 范围内，随着 Cl 浓度变化的 $Cs_2Sn(I_{1-x}Cl_x)_6$ 和 $Cs_2Sn(Br_{1-x}Cl_x)_6$ 的混合自由能。预测在贫氯和富氯条件下，$Cs_2Sn(I_{1-x}Cl_x)_6$ 固溶体在室温下比其组分更稳定。$Cs_2Sn(I_{1-x}Cl_x)_6$ 在室温下混合的自由能在 Cl 浓度的中间范围内为正值，即 Cl 和 I 浓度的比值接近 1，这表明在室温下不利于在 Cl 的中间浓度形成 $Cs_2Sn(I_{1-x}Cl_x)_6$ 固溶体。相对于 I 和 Br 之间的小差异，即原子半径的大小：I > Br > Cl，I 和 Cl 的这种不利混溶性可能是由于 I 和 Cl 元素之间的大差异。这些结果也与实验观察一致，即单相钙钛矿可以在低 I 或 Cl 浓度下实现，并且在具有可比的 I 和 Cl 掺杂浓度的二元体系中发生相

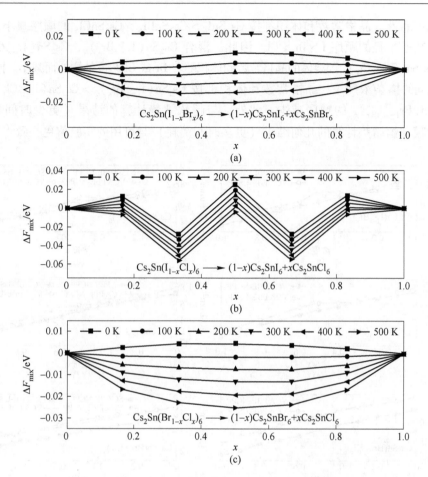

图 14-2　随着 Br/Cl 浓度变化的 $Cs_2Sn(I_{1-x}Br_x)_6$ 的混合自由能
(a) $Cs_2Sn(I_{1-x}Br_x)_6$；(b) $Cs_2Sn(I_{1-x}Cl_x)_6$；(c) $Cs_2Sn(Br_{1-x}Cl_x)_6$

分离[18]。如图 14-2(a) 和 (c) 所示，$Cs_2Sn(Br_{1-x}Cl_x)_6$ 和 $Cs_2Sn(I_{1-x}Br_x)_6$ 的混合自由能的特征相似。预测在整个 Cl 浓度范围内所有 $Cs_2Sn(Br_{1-x}Cl_x)_6$ 固溶体在室温下比其组元更稳定。与 $Cs_2Sn(I_{1-x}Br_x)_6$ 类似，Br 和 Cl 在 $Cs_2Sn(Br_{1-x}Cl_x)_6$ 固溶体中的良好混溶性是由于 Br 元素和 Cl 元素的相似性。

14.2.2　几何结构

图 14-3 显示了通过虚拟晶体近似方法和超原胞方法计算的随着 Br/Cl 浓度变化的 $Cs_2Sn(X_{1-x}Y_x)_6$（X、Y = I、Br、Cl）晶格常数和体积（$0 \leqslant x_{Br/Cl} \leqslant 1$）。虚晶近似方法用于处理初级原胞而非超原胞，通过以 0.1 的间隔将 Br 或 Cl 浓度 x 从 0 变为 1 来确定优化的晶格常数。由图 14-3 可以看出，虚晶近似计算的 $Cs_2Sn(X_{1-x}Y_x)_6$ 固溶体的体积与使用超原胞计算的体积一致，这也证实了虚晶近似方

法的可靠性。晶格常数和体积都按 $Cs_2SnI_6 > Cs_2SnBr_6 > Cs_2SnCl_6$ 的顺序减小,对应于离子半径的顺序 $I > Br > Cl$。因此,混合 $Cs_2Sn(I_{1-x}Br_x)_6$、$Cs_2Sn(I_{1-x}Cl_x)_6$ 和 $Cs_2Sn(Br_{1-x}Cl_x)_6$ 固溶体的晶格常数和体积随着 Br 或 Cl 浓度的增加而减小。同样,在相同的掺杂浓度下,晶格常数和体积都按 $Cs_2Sn(I_{1-x}Br_x)_6 > Cs_2Sn(I_{1-x}Cl_x)_6 > Cs_2Sn(Br_{1-x}Cl_x)_6$ 的顺序减少。此外,与超软赝势计算的结果(更少时间)相比,模守恒赝势计算的几何结果(更多时间消耗)与可用的实验值更一致[17-18]。

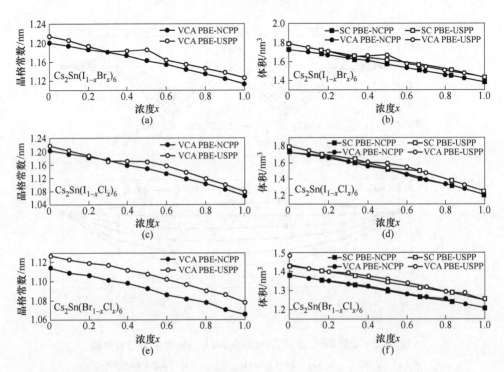

图 14-3 通过虚拟晶体近似方法和超原胞方法计算的随着 Br/Cl 浓度变化的 $Cs_2Sn(I_{1-x}Cl_x)_6$ (X, Y = I, Br, Cl) 的晶格常数 (a)、(c) 和 (e) 以及体积 (b)、(d) 和 (f)

14.2.3 光学性质

图 14-4 显示了通过虚晶近似和超原胞方法计算的随着 Br/Cl 浓度变化的 $Cs_2Sn(X_{1-x}Y_x)_6$ 钙钛矿材料的带隙 ($0 \leq x_{Br/Cl} \leq 1$)。纯钙钛矿对应于图 14-4 中的端点 $x = 0$、1,带隙以 Cs_2SnI_6、Cs_2SnBr_6 和 Cs_2SnCl_6 的顺序逐渐增加,这与实验测量的带隙趋势一致[17-18,20]。总体而言,混合的 $Cs_2Sn(I_{1-x}Br_x)_6$、$Cs_2Sn(I_{1-x}Cl_x)_6$ 和 $Cs_2Sn(Br_{1-x}Cl_x)_6$ 固溶体的带隙随着 Br 或 Cl 浓度的增加而增加。在相同的掺杂浓度下,带隙以 $Cs_2Sn(I_{1-x}Br_x)_6$、$Cs_2Sn(I_{1-x}Cl_x)_6$ 和 $Cs_2Sn(Br_{1-x}Cl_x)_6$ 的顺序增加。这些结果也与可用的实验测量结果一致[17-18]。

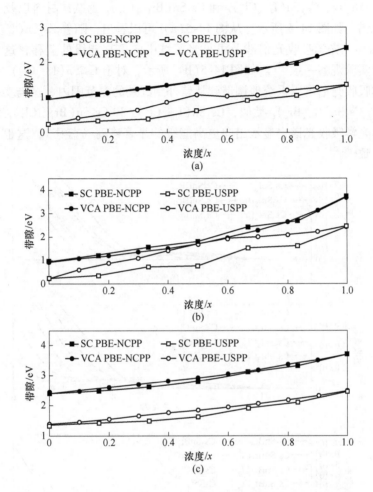

图 14-4 通过虚晶近似和超原胞方法计算的随着 Br/Cl 浓度变化的
$Cs_2Sn(X_{1-x}Y_x)_6$ 钙钛矿带隙

(a) $Cs_2Sn(I_{1-x}Br_x)_6$; (b) $Cs_2Sr(I_{1-x}Cl_x)_6$; (c) $Cs_2Sn(Br_{1-x}Cl_x)_6$

此外,我们使用 CASTEP 计算的 Cs_2SnI_6 和 $Cs_2Sn(Br_{1-x}Cl_x)_6$ 的带隙与使用 HSE 泛函(VASP)确定的带隙几乎相同,而使用 CASTEP 计算的带隙非常接近使用 PBE 泛函和 VASP 获得的带隙[20,28]。此外,$Cs_2Sn(X_{1-x}Y_x)_6$ 钙钛矿材料的带隙几乎随 Y(Br 或 Cl)浓度线性减小。这种带隙可调谐性非常重要,因为它可以实现用于扩展太阳光吸收的带隙的特定值。此外,模守恒赝势计算的带隙比超软赝势获得的带隙更符合可用的实验数据。因此,仅使用模守恒赝势计算了如下所示的光学吸收光谱。

通过超原胞方法获得的一系列具有 $x = 0$、1/6、1/3、1/2、2/3、5/6、1 的

$Cs_2Sn(I_{1-x}Br_x)_6$、$Cs_2Sn(I_{1-x}Cl_x)_6$ 和 $Cs_2Sn(Br_{1-x}Cl_x)_6$ 钙钛矿材料以及 $CsSnI_3$ 的光吸收光谱,如图 14-5 所示。从图 14-5(a) 可以看出,随着 $Cs_2Sn(I_{1-x}Br_x)_6$ 的 Br 浓度增加,光学吸收光谱涉及可见光区域中向更高能级的蓝移,这与带隙变化趋势和实验观察一致[17]。如图 14-5(b) 所示,对于 $Cs_2Sn(I_{1-x}Cl_x)_6$ 钙钛矿材料,光学吸收光谱可以系统地调谐到从紫外到红外的宽范围内,这与实验数据一致[18]。与 $Cs_2Sn(I_{1-x}Br_x)_6$ 类似,$Cs_2Sn(I_{1-x}Cl_x)_6$ 和 $Cs_2Sn(Br_{1-x}Cl_x)_6$ 钙钛矿材料的计算光学吸收光谱也显示出向更高能级的显著移动(蓝移),这也与实验观察结果一致[18,20]。

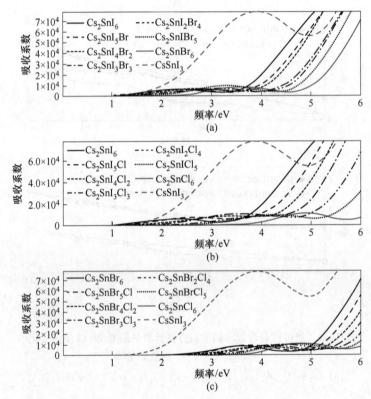

图 14-5 通过超原胞方法计算的一系列 $Cs_2Sn(I_{1-x}Br_x)_6$ (a)、$Cs_2Sn(I_{1-x}Cl_x)_6$ (b) 和 $Cs_2Sn(Br_{1-x}Cl_x)_6$ (c) 钙钛矿材料的光吸收光谱

(x 分别为 0、1/6、1/3、1/2、2/3、5/6、1,$CsSnI_3$ 作为参考)

14.3 本章小结

本章通过第一性原理计算分析了一系列无铅混合 $Cs_2Sn(X_{1-x}Y_x)_6$(X,Y = I、Br、Cl)钙钛矿材料的热力学相容性、结构和光学性质。研究结果表明,

$Cs_2Sn(I_{1-x}Br_x)_6$ 和 $Cs_2Sn(Br_{1-x}Cl_x)_6$ 在室温下在 Br/Cl 浓度的整个范围内具有良好的热力学稳定性和混溶性，而 $Cs_2Sn(I_{1-x}Cl_x)_6$ 在 Cl 和 I 浓度的比值接近 1 时具有热力学不稳定性和不混溶性。随着掺杂浓度（Y = Br、Cl）的增加，$Cs_2Sn(X_{1-x}Y_x)_6$ 钙钛矿的晶格常数和带隙分别减小和增加。计算的 $Cs_2Sn(X_{1-x}Y_x)_6$ 钙钛矿的光吸收光谱显示出随着掺杂浓度的增加而显著的蓝移。总之，通过不同的掺杂可以优化钙钛矿 $Cs_2Sn(X_{1-x}Y_x)_6$（X、Y = I、Br、Cl）太阳能电池材料的性能，以及在宽范围内系统地调谐带隙和光学吸收，因此，该材料可以应用于彩色太阳能电池、能量存储和可调谐的发光和传感，有助于设计无铅无机钙钛矿太阳能电池和光电材料。

参考文献

[1] Cohen R E. Origin of ferroelectricity in perovskite oxides [J]. Nature, 1992, 358: 136-138.

[2] Pena M A, Fierro J L G. Chemical Structures and Performance of Perovskite Oxides [J]. Chemical Reviews, 2001, 101: 1981-2017.

[3] Stranks S D, Snaith H J. Metal-halide perovskites for photovoltaic and light emitting devices [J]. Nature Nanotechnol, 2015, 10: 391-402.

[4] Gao P, Gratzel M, Nazeeruddin M K. Organohalide lead perovskites for photovoltaic applications [J]. Energy & Environmental Science, 2014, 7: 2448-2463.

[5] Li H, Wei Q, Ning Z. Toward high efficiency tin perovskite solar cells: A perspective [J]. Applied Physics Letters, 2020, 117: 060502.

[6] Shao D, W. Zhu, G. Xin, et al. Inorganic vacancy-ordered perovskite Cs_2SnCl_6: Bi/GaN heterojunction photodiode for narrowband, visible-blind UV detection [J]. Applied Physics Letters, 2019, 115: 121106.

[7] Zhang J, Su J, Lin Z, et al. Disappeared deep charge-states transition levels in the p-type intrinsic $CsSnCl_3$ perovskite [J]. Applied Physics Letters, 2019, 114: 181902.

[8] Zhou Z, Cui Y, Deng H X, et al. Modulation of electronic and optical properties in mixed halide perovskites $CsPbCl_{3x}Br_{3(1-x)}$ and $CsPbBr_{3x}I_{3(1-x)}$ [J]. Applied Physics Letters, 2017, 110: 113901.

[9] Deepa M, Salado M, Calio L, et al. Cesium Power: Low Cs^+ Levels Impart Stability to Perovskite Solar Cells [J]. Physical Chemistry Chemical Physics, 2017, 19: 4069-4077.

[10] Niu G, Yu H, Li J, et al. Controlled orientation of perovskite films through mixed cations toward high performance perovskite solar cells [J]. Nano Energy, 2016, 27: 87-94.

[11] Ghosh D, Atkins P W, Islam M S, et al. Good vibrations: locking of octahedral tilting in mixed-cation iodide perovskites for solar cells [J]. ACS Energy Letters, 2017, 2: 2424-2429.

[12] Noel N K, Stranks S D, Abate A, et al. Lead-free organic-inorganic tin halide perovskites for photovoltaic applications [J]. Energy & Environment Science, 2014, 7: 3061-3068.

[13] Hao F, Stoumpos C C, Cao D H, et al. Lead-free solid-state organic-inorganic halide

perovskite solar cells [J]. Nature Photonics, 2014, 8: 489-494.

[14] Kumar M H, Dharani S, Leong W L, et al. Lead-Free Halide Perovskite Solar Cells with High Photocurrents Realized Through Vacancy Modulation [J]. Advanced Materials, 2014, 26: 7122-7127.

[15] Lee B, Stoumpos C C, Zhou N, et al. Air-Stable Molecular Semiconducting Iodosalts for Solar Cell Applications: Cs_2SnI_6 as a Hole Conductor [J]. Journal of the American Chemical Society, 2014, 136: 15379-15385.

[16] Saparov B, Sun J P, Meng W, et al. Thin-film deposition and characterization of a Sn-deficient perovskite derivative Cs_2SnI_6 [J]. Chemistry of Materials, 2016, 28: 2315-2322.

[17] Lee B, Krenselewski A, Baik S I, et al. Solution processing of air-stable molecular semiconducting iodosalts, $Cs_2SnI_{6-x}Br_x$, for potential solar cell applications [J]. Sustainable Energy Fuels, 2017, 1: 710-724.

[18] Zhu W, Xin G, Wang Y, et al. Tunable optical properties and stability of lead free all inorganic perovskites ($Cs_2SnI_xCl_{6x}$) [J]. Journal of Materials Chemistry A, 2018, 6: 2577-2584.

[19] Zhu W, Yao T, Shen J, et al. In situ Investigation of Water Interaction with Lead-Free All Inorganic Perovskite ($Cs_2SnI_xCl_{6-x}$) [J]. Journal of Physical Chemistry C, 2019, 123: 9575-9581.

[20] Zhou J, Luo J, Rong X, et al. Lead-Free Perovskite Derivative $Cs_2SnCl_{6-x}Br_x$ Single Crystals for Narrowband Photodetectors [J]. Advanced Optical Materials, 2019, 7: 1900139.

[21] Hohenberg P, Kohn W. Inhomogenous electron gas [J]. Physical Review, 1964, 136: B864-867.

[22] Kohn W, Sham L J. Self-consistent equations including exchange and correlation effects [J]. Physical Review, 1965, 140: 1133-1138.

[23] Segall M D, Lindan P L D, Probert M J, et al. First-principles simulation: ideas, illustrations and the CASTEP code [J]. Journal of Physics: Condensed Matter, 2002, 14: 2717-2744.

[24] Perdew J P, Burke K, Ernzerhof M. Generalized Gradient Approximation Made Simple [J]. Physical Review Letters, 1996, 77 (18): 3865-3868.

[25] Hamann D R. Optimizing Generalized Norm-Conserving Pseudopotentials [J]. Physical Review B, 1989, 40: 2980.

[26] Vanderbilt D. Soft self-consistent pseudopotentials in a generalized eigenvalue formalism [J]. Physical Review B, 1990, 41: 7892.

[27] Liu S Y, Meng Y, Liu S, et al. Compositional phase diagram and microscopic mechanism of $Ba_{1-x}Ca_xZr_yTi_{1-y}O_3$ relaxor ferroelectrics [J]. Physical Chemistry Chemical Physics, 2017, 19 (33): 22190-22196.

[28] Cai Y, Xie W, Ding H, et al. Computational Study of Halide Perovskite-Derived A_2BX_6 Inorganic Compounds: Chemical Trends in Electronic Structure and Structural Stability [J]. Chemistry of Materials, 2017, 29: 7740.

[29] Liu S Y, Shang J X, Wang F H, et al. Ab initio atomistic thermodynamics study on the

oxidation mechanism of binary and ternary alloy surfaces [J]. Journal of Chemical Physics, 2015, 142: 064705.

[30] Yi C, Luo J, Meloni S, et al. U. Rothlisberger, and M. Gratzel, Entropic stabilization of mixed A-cation ABX_3 metal halide perovskites for high performance perovskite solar cells [J]. Energy & Environmental Science, 2016, 9: 656-662.

[31] Brivio F, Caetano C, Walsh A. Thermodynamic Origin of Photoinstability in the $CH_3NH_3Pb(I_{1-x}Br_x)_3$ Hybrid Halide Perovskite Alloy [J]. Journal of Physical Chemistry Letters, 2016, 7: 1083-1087.

[32] Jung Y K, Lee J H, Walsh A, et al. Influence of Rb/Cs Cation-Exchange on Inorganic Sn Halide Perovskites: From Chemical Structure to Physical Properties [J]. Chemistry of Materials, 2017, 29: 3181-3188.

[33] Jong U G, Yu C J, Kye Y H, et al. First-principles study on the chemical stability of inorganic perovskite solid solutions $Cs_{1-x}Rb_xPbI_3$ at finite temperature and pressure [J]. Journal of Materials Chemistry A, 2018, 6: 17994-18002.

15 组分和压力导致的弛豫铁电体的第一性原理和朗道热力学研究

弛豫铁电体（RFE），也称弛豫体，相对于正常铁电（NFE）陶瓷具有神秘且巨大的机电和电介质响应，使得它们可以应用于下一代传感器、致动器和换能器，同时挑战我们理解的固态物理学[1-2]。铁电体中的弛豫行为可能是由组成诱导的紊乱引起的[3-5]。弛豫铁电体具有极性纳米区（PNR），可与正常铁电体中的宏观区域相比较[6-24]。人们在混合的 ABO_3 钙钛矿氧化物中观察和研究了极性纳米微区，包括 $BaZr_xTi_{1-x}O_3$（BZT）、La 改性 $PbZr_xTi_{1-x}O_3$ 的（PLZT）、$PbMg_{1/3}Nb_{2/3}O_3$（PMN）、$PbZn_{1/3}Nb_{2/3}O_3$（PZN）等[6-25]。

$BaZr_xTi_{1-x}O_3$ 的特殊性是其性质从在低 Zr 取代率下的正常铁电行为到在较高 Zr 取代率（$0.25 \leqslant x_{Zr} < 0.75$）下的弛豫铁电特征的连续变化[8-12]。在任何温度下，$BaZr_xTi_{1-x}O_3$ 弛豫铁电体的平均晶体结构是非极性的立方结构。即使在低温温度下，$PbMg_{1/3}Nb_{2/3}O_3$ 的异价（Mg^{2+} 和 Nb^{5+}）弛豫铁电体的平均晶体结构保持宏观的立方对称性[13-14]。与 $PbMg_{1/3}Nb_{2/3}O_3$ 弛豫铁电体不同，$PbZn_{1/3}Nb_{2/3}O_3$ 弛豫铁电体在低温下获得三方对称性（R3m）或具有较低对称性的第二相，这可能是由于其表皮效应[22-23]。

虽然 $PbZr_xTi_{1-x}O_3$ 具有与 $BaZr_xTi_{1-x}O_3$ 类似的结构，但 $PbZr_xTi_{1-x}O_3$ 与 $BaZr_xTi_{1-x}O_3$ 的表现明显不同，$PbZr_xTi_{1-x}O_3$ 不是弛豫铁电体而是正常的铁电体[26]。另一方面，在几种 La 改性的 $PbZr_xTi_{1-x}O_3$ 陶瓷材料中观察到弛豫特性[17-21]。对于 La 掺杂的 $PbZr_{0.65}Ti_{0.35}O_3$（PLZT x/65/35）的特定体系，介电响应中的弛豫行为发生在 La 浓度（x_{La}）高于 6 at.% 时[19]。在没有极化电场的情况下和冷却时，在 PLZT 6/65/35 的响应中发现的新特征是自发的一阶的弛豫铁电体到正常铁电体的转变[19]。在静水压的作用下，这也会导致 PLZT 从正常铁电体到弛豫铁电体的过渡转变[27-28]。例如，PLZT（6/65/35）的研究显示，在约 15 kbar 的临界压力下，压力可诱导从正常铁电体到完全弛豫铁电体行为的过渡[28]。

尽管有了许多关于弛豫铁电体的研究，但是弛豫铁电体的微观机制和高机电性质仍不清楚。本章采用了基于第一性原理密度泛函理论和朗道-德尔希文（LD）理论的计算方法，为组分和压力引起的弛豫铁电体的微观结构和高机电响应提供原子尺度的微观机制。提出了可用于描述组分和压力导致的弛豫铁电体的通用模型——多相共存的立方结构（MPCCS）对应任何组分或压力导致的弛豫铁电体，反之亦然。

15.1 计算方法与模型

本节利用 CASTEP 软件包完成了计算过程，第一性原理的密度泛函理论计算采用了超软赝势和平面波方法[19-32]，用广义梯度近似的 PBE 泛函处理了交换相关能[33]。对于复合 $(A, A')(B, B')O_3$ 固溶体的建模，采用如图 15-1 所示的初级原胞中的虚晶近似方法。保留与三元化合物如 ABO_3 相同的晶格单元，并用虚拟 $A'(B')$ 原子代替部分 $A(B)$ 原子[34-35]。如图 15-1 所示，立方晶体（C）、四方晶体（T）、正交晶体（O）和三方晶体（R）分别保持 Pm-3m、P4mm、Amm2、R3m 对称性的 $(A, A')(B, B')O_3$ 相。这些晶体对称性通常会对晶格常数和角度以及原子位置有一定的限制。通过收敛测试，我们选用的平面波截断能量为 400 eV。布里渊区的 k 点网格选取为 $8\times8\times8$，在此迭代计算过程中晶格结构中各原子的受力在 0.1 eV/nm 以下，晶格体系结构的内应力应小于 0.02 GPa，同时进行的自洽计算的能量收敛精度为 10^{-6} eV/atom。

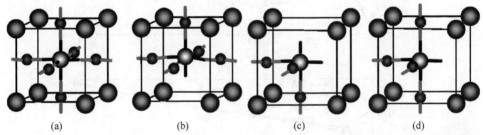

图 15-1 $(A, A')(B, B')O_3$ 钙钛矿晶体结构
(a) 立方晶体；(b) 四方晶体；(c) 正交晶体；(d) 斜方晶体
(红色、绿色和灰色小球分别代表 O 原子、(A, A') 原子和 (B, B') 原子)

彩图二维码

15.2 研究结果及讨论

15.2.1 BZT 弛豫体和 PZT 铁电体之间的差异

图 15-2(a) 显示了在 $0\leqslant x_{Zr}\leqslant 1$ 的范围内，随着 Zr 浓度变化的 $BaZr_xTi_{1-x}O_3$ 的总能量差 ΔE，$\Delta E = E_i - E_{Cubic}$。当 $x_{Zr}<0.1$，即非常低的 Zr 浓度时，三方相的总能量被确定为四种结构中最低的总能量，表明铁电三方相是最稳定的结构。当 Zr 浓度稍微增加直到不大于 0.2 时，四方 $BaZr_xTi_{1-x}O_3$ 相变得最稳定。如果 Zr 浓度进一步增加，则总能量差异变得可忽略。$x_{Zr}=0.2$ 时，总能量差异已经非常小。$x_{Zr}=0.3$ 时，总能量差异基本消失。这样的能量学特征可以用随着 Zr 浓度变

化的立方、四方、正交和三方 $BaZr_xTi_{1-x}O_3$ 的晶格常数和体积计算值进行解释，如图15-2(b)~(c) 所示，当 Zr 浓度高时，四方相、正交相、三方相和立方相的晶格常数和体积的差异逐渐消失。在 $x_{Zr}=0.2$ 处仍然存在一些差异，但是在 $x_{Zr}=0.3$ 处发现没有差异。虽然没有计算 $0.2 \leqslant x_{Zr} \leqslant 0.3$ 的结构，但是基于 $x_{Zr}=0.2$ 和 $x_{Zr}=0.3$ 的结果可以得出：当 $0.2<x_{Zr}<0.3$，结构差异开始消失。所有相具有相同晶格常数 a 的立方结构，并且正方晶相和四方晶相的晶格常数 c 具有与 a 相同的值。因此，$BaZr_xTi_{1-x}O_3$ 弛豫铁电体的特征在于具有多相共存的立方结构（MPCCS），这是当 $x_{Zr}>0.2$ 时总能量差变得可忽略的原因。这些结果与 $x_{Zr} \geqslant 0.25$ 时的典型的 $BaZr_xTi_{1-x}O_3$ 陶瓷的弛豫型行为一致[8-9]，也与实验观察到的结果一致，即正常铁电体的高温立方结构（在较低的 Zr 浓度）在冷却时变为低温的三方结构；而在较高的 Zr 浓度弛豫铁电体（在较高的 Zr 浓度）在高温和低温下均保持宏观立方结构[13]。

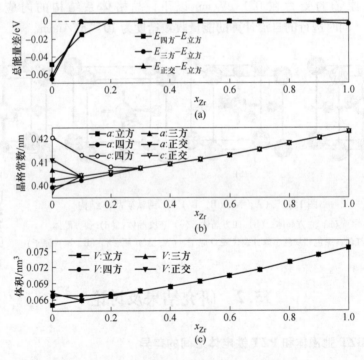

图 15-2 随着 Zr 浓度变化的四方、正交、三方和立方的 $BaZr_xTi_{1-x}O_3$ 的
总能量差（a）、晶格常数（b）和体积（c）

图15-3(a) 显示了随着 Zr 浓度变化的 $PbZr_xTi_{1-x}O_3$ 的不同结构之间的总能量差。在 $x_{Zr}<0.4$ 即较低浓度的 Zr 下，铁电四方相是最稳定的。然而，在较高浓度的 Zr 下（$x_{Zr}>0.4$），三方体相变得最稳定。立方相的总能量总是高于其他

两相的总能量，而与 Zr 浓度无关。图 15-3(b)~(c) 为随着 Zr 浓度变化的晶格常数计算值和体积计算值，图中显示与 $BaZr_xTi_{1-x}O_3$ 弛豫铁电体不同，具有三种 (C, T, R) 相结构的 $PbZr_xTi_{1-x}O_3$ 的晶格常数和体积在任何 Zr 浓度下都不会合并在一起。即多相共存的立方结构不会存在于 $PbZr_xTi_{1-x}O_3$ 中，且与 Zr 浓度无关，这表明 $PbZr_xTi_{1-x}O_3$ 在整个组分范围内是正常铁电体。这些结果与实验观察一致[26]。

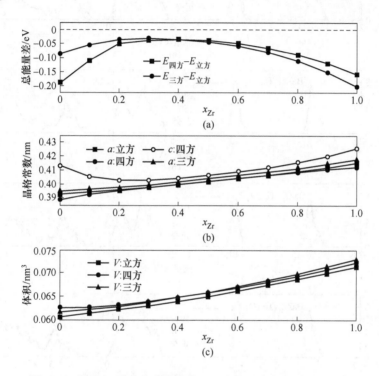

图 15-3 随着 Zr 浓度变化的四方、三方和立方 $PbZr_xTi_{1-x}O_3$ 的
总能量差 (a)、晶格常数 (b) 和体积 (c)

图 15-4(a)~(d) 分别显示了 x_{Zr} = 0、0.1、0.2 和 0.5 的立方、四方、正交和三方结构 $BaZr_xTi_{1-x}O_3$ 的总电子态密度曲线。这些曲线表明立方、四方、正交和三方结构的 $BaZr_xTi_{1-x}O_3$ 都是绝缘体。随着 Zr 浓度的增加，立方、四方和三方结构的 $BaZr_xTi_{1-x}O_3$ 的总电子态密度差异减小。在富含 Zr 的条件下，总电子态密度曲线几乎相同。因此，电子性质与能量学的结果一致。

为了比较，图 15-4(e)~(h) 分别显示了 x_{Zr} = 0、0.3、0.7 和 1 的立方、四方、三方结构 $PbZr_xTi_{1-x}O_3$ 的总电子态密度图。这三种结构 $PbZr_xTi_{1-x}O_3$ 的总电子态密度曲线都表现出绝缘体的行为。在 Zr 浓度较低时，在低能级 -2.5 eV 处的四方晶系 $PbZr_xTi_{1-x}O_3$ 的总电子态密度曲线的小峰高于三方晶体 $PbZr_xTi_{1-x}O_3$

的峰，表明四方 $PbZr_xTi_{1-x}O_3$ 在 Zr 浓度处于较低条件下更稳定。当 Zr 浓度较高时，在深能级为 -16.3 eV 处的三方晶体 $PbZr_xTi_{1-x}O_3$ 的总电子态密度曲线的小

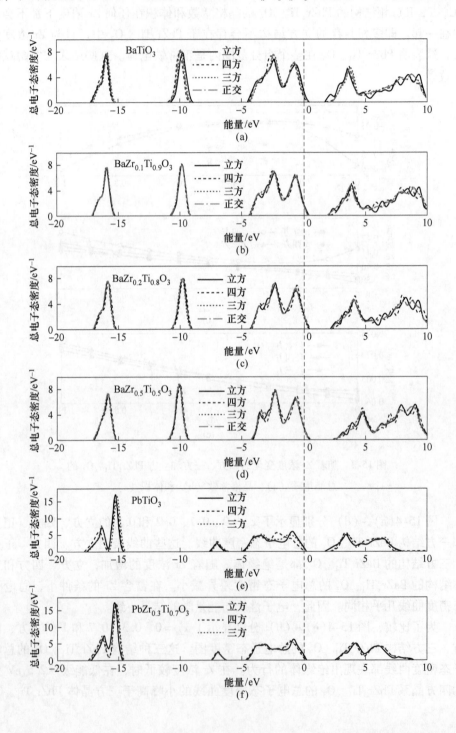

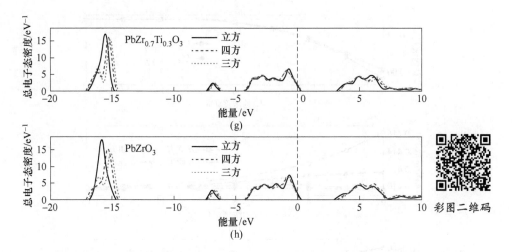

图 15-4 具有 $x_{Zr}=0(a)$、$x_{Zr}=0.1(b)$、$x_{Zr}=0.2(c)$ 和 $x_{Zr}=0.5(d)$ 的立方晶系、四方晶系、正交晶系和三方晶系 $BaZr_xTi_{1-x}O_3$ 的总电子态密度以及具有 $x_{Zr}=0$（e）、$x_{Zr}=0.3$（f）、$x_{Zr}=0.7$（g）和 $x_{Zr}=1$（h）的立方晶系、四方晶系、三方晶系 $PbZr_xTi_{1-x}O_3$ 的总电子态密度（费米能级为 0 eV）

峰值高于四方 $PbZr_xTi_{1-x}O_3$ 的峰，表明三方 $PbZr_xTi_{1-x}O_3$ 在富含 Zr 的情况下更稳定。这些态密度结果也与前文能量计算获得的结果一致。

15.2.2 La 浓度对 PLZT 弛豫铁电体的影响

图 15-5 显示了原子浓度在 0～16% 范围内，随着 La 浓度变化的三方、四方和立方 PLZT（x/65/35）的总能量差 ΔE。在低 La 浓度条件下（$x<6\%$），三方相（单相和正常铁电）是最稳定的，这与 PLZT（x/65/35）的常规铁电相变的实验观察一致，即在较低 La 浓度时从高温立方顺电相到室温三方铁电相的相变。然而，在较高的 La 浓度条件下，三方、四方和立方 PLZT（x/65/35）的总能量差减少和消失，这表明四方、三方和立方相的相对稳定性是相同的。因此，非极性立方相可以与极性四方相和三方相共存，这与在组分上无序的钙钛矿中观察到的弛豫铁电相一致，其特征在于嵌入非极性基体中的纳米极化团簇的出现[19]。计算结果也与 La 浓度（原子含量）在 6%～12% 之间变化的 PLZT（6/65/35）是弛豫铁电体的事实相一致[19]。

如图 15-5（b）～（c）所示，立方相 PLZT（x/65/35）的晶格常数和体积最初增加（直至 $x=6\%$～8%），在较高 La 浓度时减小。当 La 浓度增加时，四方和三方相的 PLZT（x/65/35）体积和晶格常数总是减小。此外，当 La 浓度增加时，三种相的晶格常数和体积的差异也同时减小，这表明在较高 La 浓度下，四方和

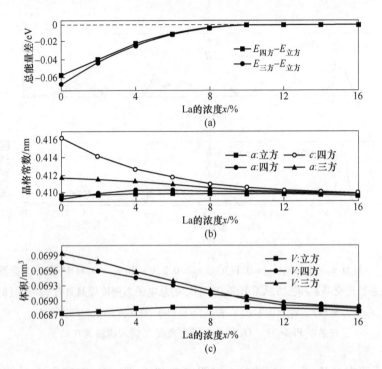

图 15-5 随着 La 浓度变化的四方、三方和立方的 PLZT（$x/65/35$）的总能量差（a）、晶格常数（b）以及体积（c）

三方结构几乎变成了立方结构。这与 $BaZr_xTi_{1-x}O_3$ 的情况类似和实验观察到的结果一致，即在较低的 La 浓度下正常铁电体的高温立方结构在冷却时变为低温的三方结构；但是在较高的 La 浓度下，弛豫铁电体在高温和低温下始终保持宏观立方结构[19]。

如图 15-6 中的大带隙所示，具有任何立方晶系、四方晶系和三方晶系结构的 PLZT（$x/65/35$）都是绝缘体。随着 La 浓度的增加，PLZT（$x/65/35$）的总电子态密度在约 −16.3 eV 处的低能量峰值逐渐分裂成两个峰值。此外，立方晶系、四方晶系和三方晶系的 PLZT（$x/65/35$）的总电子态密度差异随着 La 浓度的增加而降低。在富含 La 条件下，三种相结构的总电子态密度曲线几乎相同。与 $BaZr_xTi_{1-x}O_3$ 的情况相同，该结果表明三种不同结构中具有非常小的总能量差。

15.2.3 压力对 PLZT 弛豫铁电体的影响

图 15-7(a) 显示了在静水压 0~8 GPa（1 GPa = 10 kbar）范围内，四方、三方和立方结构 PLZT（6/65/35）的总焓差 ΔH，$\Delta H = H_i - H_{立方}$。在低压下，三方

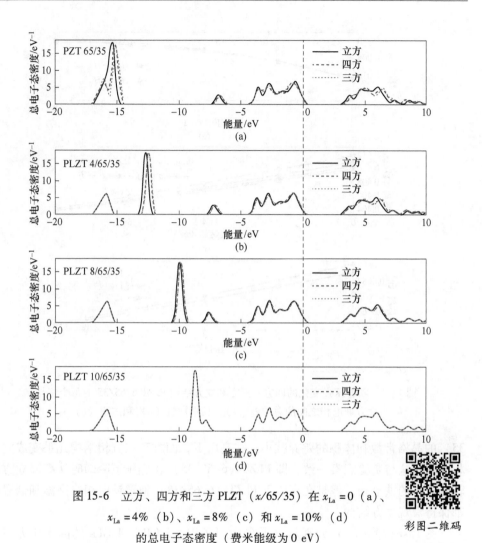

图 15-6 立方、四方和三方 PLZT（x/65/35）在 $x_{La}=0$（a）、
$x_{La}=4\%$（b）、$x_{La}=8\%$（c）和 $x_{La}=10\%$（d）
的总电子态密度（费米能级为 0 eV）

彩图二维码

相的焓值略低于正方晶相的焓值，并且立方相的焓值比三方相和四方相的焓值更高，这表明三方相 PLZT（6/65/35）在低温低压的条件下是最稳定的相。这与在没有弛豫行为的情况下一致，即 PLZT（6/65/35）在 1 bar（1 bar = 10^5 Pa）静水压下，从高温立方顺电相到冷却时转化为三方铁电相[19,27]。当压力增加时，总焓差减小，表明四方、三方和立方相可在高压下实现三相共存。随着温度降低，在高压下的高温立方相可以变成具有多相共存的立方结构，并且多相共存的立方结构对应于通过实验观察到的弛豫铁电体[27]。这与压力可以诱导从正常铁电体到弛豫铁电体的转变的实验现象一致[27]。

图 15-7(b)~(c) 表示出当压力增加时，四方、三方和立方 PLZT（6/65/

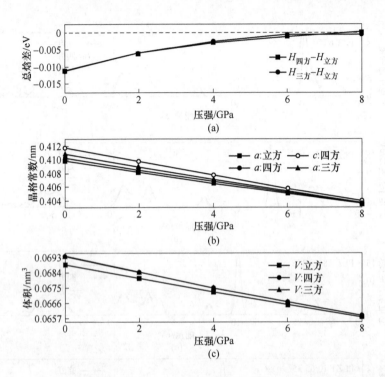

图 15-7 随着压强变化的四方、三方和立方结构 PLZT 6/65/35 的每个相与立方顺电相之间的总焓差（a）、晶格常数（b）和体积（c）

35）的晶格常数和体积的差异减小。在高压下，四方和三方相结构几乎变成立方相结构。这与实验观察一致，即 PLZT（6/65/35）在低压下冷却时从高温立方相转变三方的铁电相，但是在高压下 PLZT（6/65/35）弛豫铁电相在高温和低温时都保持宏观立方结构[27]。

图 15-8(a)~(d) 分别示出了在 0、1 GPa、2 GPa、4 GPa 的静水压力下立方、四方和三方结构 PLZT（6/65/35）的总态密度曲线。根据态密度图像可知，在高压条件下，立方、四方和三方结构 PLZT（6/65/35）都是绝缘体。根据态密度图像的走势可以看出，三种不同结构中的总态密度差异随着压力的升高而变小，并且在高压下态密度曲线几乎重合，这是由于它们具有非常小的总焓差。

15.2.4 PMN 和 PZN 弛豫铁电体

本小节进一步研究了 $PbMg_{1/3}Nb_{2/3}O_3$（PMN）和 $PbZn_{1/3}Nb_{2/3}O_3$（PZN）弛豫铁电体。二者的四方结构、三方结构、正交结构和立方结构具有几乎相同的总能量、晶格常数和体积，如表 15-1 和表 15-2 所示。因此，非极性立方相可以与其他极性相共存，这与弛豫铁电体出现的嵌入在非极性基体中的纳米极性团簇的特

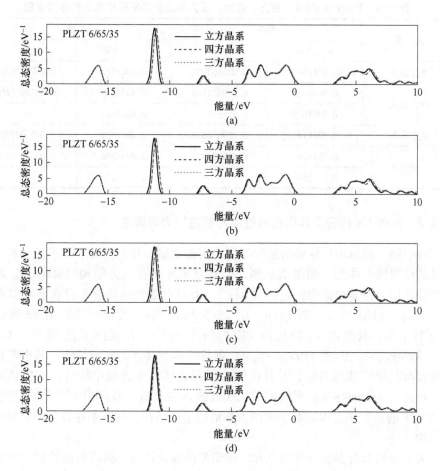

图 15-8 PLZT(x/65/35) 在不同压力下立方晶系、四方晶系和三方晶系结构状态的总态密度(费米能级为 0 eV)

(a) 压力为 0;(b) 压力为 1 GPa;(c) 压力为 2 GPa;(d) 压力为 4 GPa

征的实验事实一致[23-24]。表 15-1 和表 15-2 中的结果也证明了 $PbMg_{1/3}Nb_{2/3}O_3$ 和 $PbZn_{1/3}Nb_{2/3}O_3$ 弛豫铁电体的平均晶体结构在宏观上是立方结构,这也与实验测量一致[24-25]。

表 15-1 PMN 和 PZN 的立方、四方、三方和正交晶系总能量偏差 (eV)

弛豫铁电体	$E_{四方} - E_{立方}$	$E_{三方} - E_{立方}$	$E_{正交} - E_{立方}$
PMN	0.0007	0.00032	0.00002
PZN	-0.00117	-0.00349	-0.00013

表 15-2 PMN 和 PZN 的立方、四方、三方和正交晶系晶格常数和晶体体积

晶系	PMN		PZN	
	a, c/nm	V/nm³	a, c/nm	V/nm³
立方晶系	0.3911688	0.059853901	0.4068360	0.067337657
四方晶系	0.3911624	0.059851768	0.4072116	0.067365560
	0.3911675	—	0.4062541	—
三方晶系	0.3911795	0.059858836	0.4069800	0.067409185
正交晶系	0.3911781	0.059856899	0.4068268	0.067344817
	0.3911697		0.4068975	

15.2.5 MPCCS 模型及其高机电性能与朗道热力学理论

基于第一性原理计算的结果和可用的实验观察，我们提出了用于组分和压力诱导的弛豫铁电体的一般微观机制，即具有多相共存立方结构（MPCCS）对应于组分和压力诱导的弛豫铁电体（RFE），并且弛豫铁电体总是存在多相共存的立方结构。如图 15-2、图 15-4、图 15-5 和表 15-1 所示，具有高 Zr 浓度的 $BaZr_xTi_{1-x}O_3$，具有高 La 浓度的 PLZT（$x/65/35$），在高压下的 PLZT（6/65/35），$PbMg_{1/3}Nb_{2/3}O_3$ 和 $PbZn_{1/3}Nb_{2/3}O_3$ 都具有多相共存的立方结构，其中非极性立方相与其他极性相共存，并且已知它们都表现出弛豫铁电特性。实验研究表明，弛豫铁电相的特征在于纳米极化团簇嵌入在非极性基体中[8-9,19,24,27]。此外，诸如 PZT 的正常铁电体具有单相作为其最稳定的结构，并且不存在多相共存的立方结构。

为了分析具有多相共存的立方结构模型的弛豫铁电体的高机电性能，我们在极化的 6 阶项中采用朗道-德文希尔（Landau-Devonshire，LD）理论。铁电体的自由能可以根据极化分量（P_x, P_y, P_z）写出[36-38]：

$$F(\vec{P}) = F_0 + \alpha(P_x^2 + P_y^2 + P_z^2) + \beta_1(P_x^4 + P_y^4 + P_z^4) + \beta_2(P_x^2P_y^2 + P_y^2P_z^2 + P_x^2P_z^2) + \gamma_1(P_x^6 + P_y^6 + P_z^6) + \gamma_2[P_x^4(P_y^2 + P_z^2) + P_y^4(P_z^2 + P_x^2) + P_z^4(P_x^2 + P_y^2)] + \gamma_3 P_x^2 P_y^2 P_z^2 \tag{15-1}$$

式中，α、β_1、β_2、γ_1、γ_2、γ_3 是不同极化强度 P 的系数；$F(P)$ 为在某一温度和组成作为极化函数的自由能。F_0 为顺电相的自由能。对于具有四方、三方、正交和立方相的四相共存的立方结构，每个相的自由能相同，并且自由能对每个相极化的一阶导数为零，以使其相稳定。为了简单起见，我们假设三个不同的铁电相中的极化具有相同的长度，但是具有不同的取向，则

$$F(\vec{P}_T) = F(\vec{P}_O) = F(\vec{P}_R) = F(\vec{P}_C) = F_0 \tag{15-2}$$

$$\frac{\partial F(\vec{P})}{\partial \vec{P}} = 0 \quad (在 \vec{P} = \vec{P}_T, \vec{P} = \vec{P}_R, \vec{P} = \vec{P}_O 处) \tag{15-3}$$

式中，$\vec{P}_T = P_0 \times (0, 0, 1)$；$\vec{P}_R = P_0 \times \left(\frac{1}{\sqrt{3}}, \frac{1}{\sqrt{3}}, \frac{1}{\sqrt{3}}\right)$；$\vec{P}_O = P_0 \times \left(0, \frac{1}{\sqrt{2}}, \frac{1}{\sqrt{2}}\right)$。

基于式（15-2）和式（15-3），自由能可以重写为：

$$F(\vec{P}) = F_0 + \gamma_1 P_0^4 P^2 - 2\gamma_1 P_0^2 P^4 + \gamma_1 P^6 \quad (15-4)$$
$$P^2 = P_x^2 + P_y^2 + P_z^2$$

对于具有四方、三方和立方相的三相共存的弛豫铁电体，自由能可以表示为

$$F(\vec{P}) = F_0 + \alpha P^2 + \beta_1 P^4 + \gamma_1 P^6 + (\gamma_2 - 3\gamma_1)[P_x^4(P_y^2 + P_z^2) + P_y^4(P_z^2 + P_x^2) + P_z^4(P_x^2 + P_y^2)] + (\gamma_3 - 6\gamma_1)P_x^2 P_y^2 P_z^2 \quad (15-5)$$

式（15-5）揭示了自由能的第四项是各向同性的，而第六项不同性，其各向同性的条件是 $\gamma_3 = 2\gamma_2 = 6\gamma_1$。

图 15-9 为基于朗道-德尔希文理论的弛豫铁电体的自由能分布示意图。已知三方（R/R3m 对称），正交（O/Amm2 对称）和四方（T/P4mm 对称）相分别具有 $[111]_R$、$[110]_O$ 和 $[001]_T$ 极化方向，如图 15-9(a) 和图 15-9(b) 所示[39]。从图中可以看出，具有四相共存的立方结构的弛豫铁电体的自由能分布是球形，表明自由能与极化方向无关，并且在这些不同的铁电相之间的极化旋转没有能量势垒。此外，在顺电相（C）和铁电（T, R, O）相之间的极化伸展的能量势垒相当小，如图 15-9(c) 所示。这种低能量势垒可以极大地促进极化旋转和伸展[40]。因此，具有四相共存的立方结构的弛豫铁电体的自由能是各向同性的，并且 $<001>_T$、$<111>_R$ 和 $<110>_O$ 状态之间的极化旋转都没有能量势垒。这就是具有四相共存立方结构的弛豫铁电体具有非常高的压电和介电性质的根本原因。图 15-9(b) 和（d）中，对于 $<001>_T$ 和 $<111>_R$ 状态之间的极化旋转没有能量势垒，以及在顺电（C）和铁电（T, R）相之间的极化伸展的小的能量势垒。这就是具有三相共存立方结构的弛豫铁电体也具有高压电和介电性质的原因。因此，我们得出结论，弛豫铁电体的多相共存立方结构可以增加自由度，并且没有能量势垒涉及极化方向的变化，导致了高介电和压电系数。

15.3 本章小结

本章基于第一性原理计算和朗道-德尔希文理论分析了组分和压力诱导弛豫铁电体的原子尺度机制。研究结果表明，增加 BZT 中的 Zr 浓度，增加 PLZT x/65/35 中的 La 浓度，以及增加 PLZT/65/35 中的压力，都可以诱导四方、三方、（正交）和立方相的共存，这与从正常铁电体到弛豫铁电体的过渡和嵌入非极性基体中的纳米极性团簇的出现为特征的成分无序钙钛矿弛豫铁电体的实验观察结果一致。同样，具有多相共存的立方结构（MPCCS）也存在于 PMN 和 PZN 弛豫铁电体中。结果表明，正常铁电体和弛豫铁电体结构的微观机制，即多相共存的

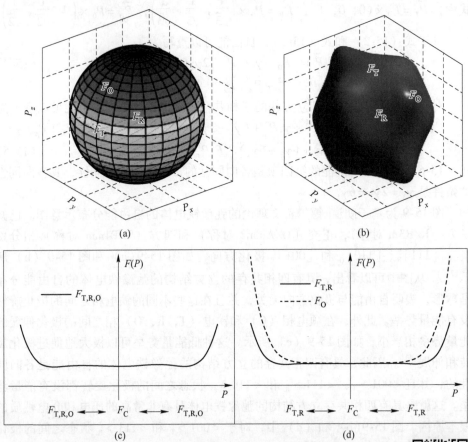

图 15-9 朗道-德文希尔理论内的四相 MPCCS（a）和三相 MPCCS（b）的弛豫铁电体的极化旋转的三维自由能分布图以及四相 MPCCS（c）和三相 MPCCS（d）在四方（T）、三方（R）、正交（O）极化方向上的不同极化伸展的自由能曲线

彩图二维码

立方结构总是存在于组分和/或压力诱导的弛豫铁电体中，而单相对应于正常铁电体。此外，利用多相共存的立方结构模型和朗道-德尔希文理论，我们能够阐明弛豫铁电体的高机电效率。

参考文献

[1] Cohen R E. Materials science：relaxors go critical [J]. Nature, 2006, 441：941-942.
[2] Xu G, Zhong Z, Bing Y, et al. Electric-field-induced redistribution of polar nano-regions in a relaxor ferroelectric [J]. Nature Materials, 2006, 5：134-140.
[3] Vugmeister B E, Glinchuk M. Dipole glass and ferroelectricity in random-site electric dipole

systems [J]. Reviews of Modern Physics, 1990, 62: 993-1026.
[4] Cross L E. Relaxor ferroelectrics [J]. Ferroelectrics, 1987, 76: 241-267.
[5] Samara G A. Pressure as a probe of the glassy properties of disordered ferroelectrics, antiferroelectrics and dielectrics [J]. Ferroelectrics, 1991, 117: 347-372.
[6] Tinte S, Burton B P, Cockayne E, et al. Origin of the relaxor state in Pb($B_x B'_{1-x}$)O_3 perovskites [J]. Physical Review Letters, 2006, 97: 137601.
[7] Ganesh P, Cockayne E, Ahart M, et al. Origin of diffuse scattering in relaxor ferroelectrics [J]. Physical Review B, 2010, 81: 144102.
[8] Ravez J, Simon A. Temperature and frequency dielectric response of ferroelectric ceramics with composition Ba($Ti_{1-x}Zr_x$)O_3 [J]. European Journal of Solid State and Inorganic Chemistry, 1997, 34: 1199-1209.
[9] Tang X G, Chew K H, Chan H L W. Diffuse phase transition and dielectric tunability of Ba($Zr_y Ti_{1-y}$)O_3 relaxor ferroelectric ceramics [J]. Acta Materialia, 2004, 52: 5177-5183.
[10] Simon A, Ravez J, Naglione M. The crossover from a ferroelectric to a relaxor state in lead-free solid solutions [J]. Journal of Physics Condensed Matter, 2004, 16, 963-970.
[11] Bokov A A, Naglione M, Ye Z G. Quasi-ferroelectric state in Ba($Ti_{1-x}Zr_x$)O_3 relaxor: dielectric spectroscopy evidence [J]. Journal of Physics Condensed Matter, 2007, 19: 092001.
[12] Maiti T, Guo R, Bhalla A S. Structure-Property Phase Diagram of Ba($Zr_x Ti_{1-x}$)O_3 System [J]. Journal of the American Ceramic Society, 2008, 91, 1769-1780.
[13] Sciau P, Calvarin G, Ravez J. X-ray diffraction study of $BaTi_{0.65}Zr_{0.35}O_3$ and $Ba_{0.92}Ca_{0.08}Ti_{0.75}Zr_{0.25}O_3$ compositions: influence of electric field [J]. Solid State Communication, 2000, 113: 77-82.
[14] Buscaglia V, Tripathi S, Petkov V, et al. Average and local atomic-scale structure in Ba($Zr_x Ti_{1-x}$)O_3 ($x = 0.10, 0.20, 0.40$) ceramics by high-energy X-ray diffraction and Raman spectroscopy [J]. Journal of Physics Condensed Matter, 2014, 26: 065901.
[15] Akbarzadeh A R, Prosandeev S, Walter E J, et al. Finitetemperature properties of Ba(Zr, Ti)O_3 relaxors from first principles [J]. Physical Review Letters, 2012, 108: 257601.
[16] Sherrington D. BZT: a soft pseudospin glass [J]. Physical Review Letters, 2013, 111: 227601.
[17] Bobnar V, Kutnjak Z, Pirc R, et al. Crossover from glassy to inhomogeneous ferroelectric nonlinear dielectric response in relaxor ferroelectrics [J]. Physical Review Letters, 2000, 84: 5892.
[18] Rauls M B, Dong W, Huber J E, et al. The effect of temperature on the large field electromechanical response of relaxor ferroelectric 8/65/35 PLZT [J]. Acta Materialia, 2011, 59: 2713-2722.
[19] Viehland D, Jang S J, Cross L E, et al. Internal strain relaxation and the glassy behavior of La-modified lead zirconate titanate relaxors [J]. Journal of Applied Physics, 1991, 69: 6595-6602.

[20] Dai X, DiGiovanni A, Viehland D. Dielectric properties of tetragonal lanthanum modified lead zirconate titanate ceramics [J]. Journal of Applied Physics, 1993, 74: 3399-3405.

[21] Cordero F, Craciun F, Franco A, et al. Memory of multiple aging stages above the freezing temperature in the relaxor ferroelectric PLZT [J]. Physical Review Letters, 2004, 93: 097601.

[22] Lebon A, Dammak H, Galvarin G, et al. The cubic-to-rhombohedral phase transition of Pb$(Zn_{1/3}Nb_{2/3})O_3$: a high resolution X-ray diffraction study on single crystals [J]. Journal of Physics Condensed Matter, 2002, 14: 7035-7043.

[23] Bing Y H, Bokov A A, Ye Z G, et al. Structural phase transition and dielectric relaxation in Pb$(Zn_{1/3}Nb_{2/3})O_3$ single crystals [J]. Journal of Physics Condensed Matter, 2005, 17: 2493-2507.

[24] De Mathan N, Husson E, Calvarn G, et al. A structural model for the relaxor $PbMg_{1/3}Nb_{2/3}O_3$ at 5 K [J]. Journal of Physics Condensed Matter, 1991, 3: 8159-8171.

[25] Phelan D, Rodriguez E E, Gao J, et al. Phase Diagram of the Relaxor Ferroelectric $(1-x)$Pb$(Mg_{1/3}Nb_{2/3})O_3 + xPbTiO_3$ Revisited: A Neutron Powder Diffraction Study of the Relaxor Skin Effect [J]. Phase Transitions, 2015, 88, 283-305.

[26] Jaffe B, Cook W R, Jaffe H. Piezoelectric Ceramics [M]. London: Academic Press, New York, 1971.

[27] Samara G A. Pressure-Induced Crossover From Long-to Short-Range Order in Compositionally Disordered Soft Mode Ferroelectrics [J]. Physical Review Letters, 1996, 77, 314-317.

[28] Samara G A. Pressure as a Probe of the Glassy Properties of Compositionally Disordered Soft Mode Ferroelectrics: $(Pb_{0.82}La_{0.12})(Zr_{0.40}Ti_{0.60})O_3$ (PLZT 12/40/60) [J]. Journal of Applied Physics, 1998, 84: 2538-2545.

[29] Hohenberg P, Kohn W. Inhomogeneous electron gas [J]. Physical Review, 1964, 136: 864-871.

[30] Kohn W, Sham L J. Self-consistent equations including exchange and correlation effects [J]. Physical Review, 1965, 140: A1133-1138.

[31] Vanderbilt D. Soft self-consistent pseudopotentials in a generalized eigenvalue formalism [J]. Physical Review B, 1990, 41: 7892-7895.

[32] Segall M D, Lindan P L D, Probert M J, et al. First-principles simulation: ideas, illustrations and the CASTEP code [J]. Journal of Physical Condensed Matter, 2002, 14: 2717-2744.

[33] Perdew J P, Burke K, Ernzerhof M. Generalized Gradient Approximation Made Simple [J]. Physical Review Letters, 1996, 77 (18): 3865-3868.

[34] Bellaiche L, Garcia A, Vanderbilt D., Finite-temperature properties of Pb$(Zr_{1-x}Ti_x)O_3$ alloys from first principles [J]. Physical Review Letters, 2000, 84: 5427-5430.

[35] Liu S Y, Liu S, Li D J, et al. Structure, phase transition, and electronic properties of $K_{1-x}Na_xNbO_3$ solid solutions from firstprinciples theory [J]. Journal of the American Ceramic Society, 2014, 97: 4019-4023.

[36] Landau L. The Theory of Phase Transitions [J]. Nature, 1936, 138: 840-841.

[37] Devonshire A F. Theory of Ferroelectrics [J]. Advanceel in Physics, 1954, 3: 85-130.
[38] Sergienko I A, Gufan Y M, Urazhdin S. Phenomenological Theory of Phase Transitions in Highly Piezoelectric Perovskites [J]. Physical Review B, 2002, 65: 144104.
[39] Noheda B. Structure and High-Piezoelectricity in Lead Oxide Solid Solutions [J]. Current Opinion in Solid State & Materials Science, 2002, 6: 27-34.
[40] Damjanovic D. A Morphotropic Phase Boundary System Based on Polarization Rotation and Polarization Extension [J]. Applied Physics Letters, 2010, 97: 062906.

16 弛豫铁电体 $Ba_{1-x}Ca_xZr_yTi_{1-y}O_3$ 的第一性原理和朗道热力学研究

弛豫铁电体相对正常铁电体表现出非凡的机电和介电性能，使其在下一代蜂鸣器、换能器和压电器件变压器中具有潜在应用[1-5]。最近，由于铅有毒的环境原因迫切要求替代传统的铅基压电材料，无铅 $Ba_{1-x}Ca_xZr_yTi_{1-y}O_3$（BCZT）弛豫铁电体已经引起了广泛关注[6-20]。弛豫铁电体可以与正常铁电体区分开来，通过在所谓居里温度的最大值（T_{max}）冷却时存在宽广的，分散的和弥散的相变（DPT），这是最大介电常数的温度（T_{max}）。弛豫铁电体的行为可能源于扭曲或受挫诱发的成分改变[21-22]。弛豫铁电体具有极性纳米微区（PNRs），其可以与正常铁电体中的宏观尺寸时相比较[8-20,23-24]。极性纳米微区已经广泛地被发现存在于混合钙钛矿中，包括 $BaZr_yTi_{1-y}O_3$（BZT）、$Ba_{1-x}Ca_xZr_yTi_{1-y}O_3$（BCZT）、$PbMg_{1/3}Nb_{2/3}O_3$（PMN）、$PbZn_{1/3}Nb_{2/3}O_3$（PZN）、La-掺杂 $PbZr_xTi_{1-x}O_3$（PLZT）等[25-32]。

$BaZr_yTi_{1-y}O_3$（BZT，$x_{Ca}=0$）表现出 Zr 浓度较低（$y<0.25$）时的正常铁电体行为与 Zr 浓度较高时的弛豫铁电体特征的连续变化（$0.25 \leqslant y_{Zr} < 0.75$）[8-12]。$BaZr_yTi_{1-y}O_3$ 弛豫铁电体的平均晶体结构在任何温度下都保持宏观的非极性立方对称性[13-14]。类似地，$Ba_{0.9}Ca_{0.1}Zr_yTi_{1-y}O_3$（$BC_{0.1}ZT$）表现出正常铁电（$y_{Zr} < 0.18$）或弛豫铁电（$y_{Zr} \geqslant 0.18$）性质[15-16]。具体而言，当温度逐渐升高时，$0 \leqslant y_{Zr} \leqslant 0.09$ 的 $Ba_{0.9}Ca_{0.1}Zr_yTi_{1-y}O_3$ 相由三方相（R）首先转化为正交相（O），其次转变为四方相（T），最终达到立方相（C）。然而，在 $y_{Zr} \geqslant 0.18$ 时，$Ba_{0.9}Ca_{0.1}Zr_yTi_{1-y}O_3$ 表现为弛豫铁电性[15-16]。当 Ca 浓度进一步增加时，$Ba_{0.85}Ca_{0.15}Zr_yTi_{1-y}O_3$（$BC_{0.15}ZT$）表现出类似于 $BaZr_yTi_{1-y}O_3$ 特征[17-18]。相图显示连接三方（R）相和四方（T）相的正交（O）相存在于 $y_{Zr}=0.10$ 的非常窄的区域中。此外，作为弛豫铁电体特征的弥散铁电相变区域存在于较高的 y_{Zr} 浓度中[17-18]。最近，无铅的 $Ba_{0.8}Ca_{0.2}Zr_yTi_{1-y}O_3$（$BC_{0.2}ZT$）陶瓷通过传统烧结工艺合成[19]。室温 X 射线衍射分析表明，$Ba_{0.8}Ca_{0.2}Zr_yTi_{1-y}O_3$ 在 $y_{Zr} < 0.08$ 时是四方结构，而在 $y_{Zr} > 0.08$ 时是赝立方结构[18-20]。

弛豫铁电行为已经被各种理论模型所解释，例如，偶极不均匀性、有序—无序、微时—宏时转变（MMDT）、超顺电模型、偶极子玻璃模型和局域随机场模型（LRF）[33-38]。特别是局域随机场理论从宏观的角度给出了弛豫铁电体的描述。

局域随机场被认为可以促进纳米极性团簇（NPR）的弛豫状态[39-42]。然而，局部随机场的起源仍不清楚。此外，复杂的 $Ba_{1-x}Ca_xZr_yTi_{1-y}O_3$ 弛豫体的组分相图、微观机制和高压电性在原子尺度上仍然不清楚。

第 15 章介绍了多相共存的立方结构（MPCCS）对应于组分和压力导致的弛豫铁电体。没有弛豫行为的正常铁电体在结构特性上表征为单相[43]。本章使用第一性原理密度泛函理论（DFT），MPCCS 模型和朗道-德文希尔理论，为组分诱导的 BCZT 弛豫铁电体的结构和高压电性能提供原子尺度的机制。除了氧元素之外，BCZT 包含两对金属元素（Ba，Ca）和（Zr，Ti）。虽然之前的研究不涉及变量（PMN 和 PZN）或者只有一个变量 x（含 x 的 BZT 和 PLZT x/65/35）[43]，但本章研究中涉及了两个变量 x 和 y。因此，$Ba_{1-x}Ca_xZr_yTi_{1-y}O_3$ 代表了一个更复杂的系统，这可能需要三维相图来描述。

16.1 计算方法与模型

研究利用基于第一性原理的密度泛函理论的剑桥系列总能量包（CASTEP），采用了超软赝势和 Perdew-Burke Ernzerhof（PBE）形式的广义梯度近似计算了电子交换相关函数[44-48]。通过收敛性测试的结果，我们在所有计算中使用了 400 eV 的截断能，并且对于原胞使用了 $8 \times 8 \times 8$ 的 Monkhorst-Pack 的 k 点。图 16-1 显示了实验观察到的立方（C）、四方（T）、正交（O）和三方（R）$Ba_{1-x}Ca_xZr_yTi_{1-y}O_3$ 钙钛矿的结构模型，其分别对应于 Pm-3m，P4mm，Amm2 和 R3m 对称性。为了模拟复杂的 $Ba_{1-x}Ca_xZr_yTi_{1-y}O_3$ 固溶体，我们采用虚晶近似来保持与 $BaTiO_3$ 相同的原胞，并用虚拟 Ca(Zr) 原子取代部分 Ba(Ti) 原子[49-54]。最近的研究表明，虚晶近似方法再现了与现有实验数据一致的结果，并且对于小剂量和大剂量掺杂体系的计算比超原胞模型更加准确[52-53]。立方、四方、正交和

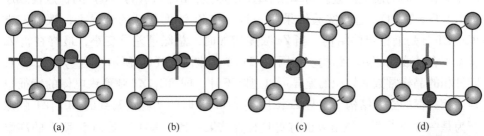

图 16-1 铁电材料的晶体结构
(a) 立方；(b) 四方；(c) 正交晶系；(d) 三方
(大绿色、红色、和淡红色的小圆球分别代表 Ba/Ca、Ti/Zr、O 原子)

彩图二维码

三方 BCZT 固溶体的结构参数在保持 Pm-3m、P4mm、Amm2 和 R3m 对称性情况下被充分地弛豫和优化。这里值得注意，虽然立方、四方、正交和三方 BCZT 钙钛矿的惯用晶胞分别含有 5 个、5 个、10 个和 15 个原子，但所有四种钙钛矿的初级原胞都只有 5 个原子。

16.2 研究结果及讨论

16.2.1 能量与结构分析

图 16-2 显示了随着 Zr 浓度变化的 $Ba_{1-x}Ca_xZr_yTi_{1-y}O_3$（$x_{Ca}=0$、0.1、0.15 和 0.2）的能量和结构，其中 Zr 浓度范围为 $0 \leqslant y_{Zr} \leqslant 1$。图 16-2(a) 显示了随着 Zr 浓度变化的立方相、四方相、正交相和三方相 $BaZr_yTi_{1-y}O_3$（BZT，$x_{Ca}=0$）之间的总能差。对于单相 $BaTiO_3$（$y_{Zr}=0$），其结构稳定性顺序为三方（R）>正交（O）>四方（T）>立方（C），这与实验观察到的 C-T-O-R 温度相变一致。在 Zr 浓度很低的情况下（$y_{Zr}<0.1$），三方（R）相的总能量最低，表明 $BaZr_yTi_{1-y}O_3$(BZT) 的铁电三方相是最稳定的结构。当 Zr 的浓度增加至约 0.2 时，铁电四方相成为最稳定的。当 Zr 浓度进一步增加（$y_{Zr} \geqslant 0.25$），它们的总能量差可以忽略不计。这种随着 Zr 浓度变化的能量特征还可以通过计算四种（C, T, O, R）相的晶格常数和体积来理解。

从图 16-2(b) 和图 16-2(c) 可以看出，当 Zr 浓度 $y_{Zr}>0.25$ 时，四种相的晶格常数和体积的差异也基本消失。因此，$BaZr_yTi_{1-y}O_3$ 弛豫铁电体的特征是具有多相共存的立方结构，这符合实验上典型的弛豫行为的 $BaZr_yTi_{1-y}O_3$ 陶瓷，其中 $y_{Zr}>0.25$[8-9]。

图 16-2(d) 显示了随着 Zr 浓度变化的 Ca 掺杂的 $Ba_{0.9}Ca_{0.1}Zr_yTi_{1-y}O_3$（$BC_{0.1}ZT$）的不同相之间的总能量差。与单相 $BaTiO_3$ 类似，$BC_{0.1}T$（$y_{Zr}=0$）的稳定性顺序为 R>O>T>C，这与实验结果相一致。在 Zr 浓度很低的情况下，铁电三方 $BC_{0.1}ZT$ 相是最稳定的结构。当 Zr 浓度增加时，总能量差异变小，最终在富 Zr 状态下合并成四相共存结构。如图 16-2(e) 和图 16-2(f) 所示，当 $y_{Zr}>0.2$ 时，四种相的晶格常数和体积的差异可以忽略不计，即 $BC_{0.1}ZT$ 弛豫铁电体的特征也是多相共存的立方结构。这与 Zr 浓度 $y_{Zr}>0.18$ 时的实验观察到的 $BC_{0.1}ZT$ 弛豫行为是一致的[15-16]。该结果也与实验观察结果一致，即在较低 Zr 浓度下的高温立方结构在冷却时变成正常铁电体的三方结构，而在较高 Zr 浓度下的弛豫铁电体在高温和低温下均保持宏观立方结构[15-16]。

图 16-2(g) 和图 16-2(j) 为 $Ba_{0.85}Ca_{0.15}Zr_yTi_{1-y}O_3$（$BC_{0.15}ZT$）和 $Ba_{0.8}Ca_{0.2}-Zr_yTi_{1-y}O_3$（$BC_{0.2}ZT$）的能量和结构。在 $y_{Zr}=0$ 时，$BC_{0.15}T$ 和 $BC_{0.2}T$ 的稳定性顺

16.2 研究结果及讨论

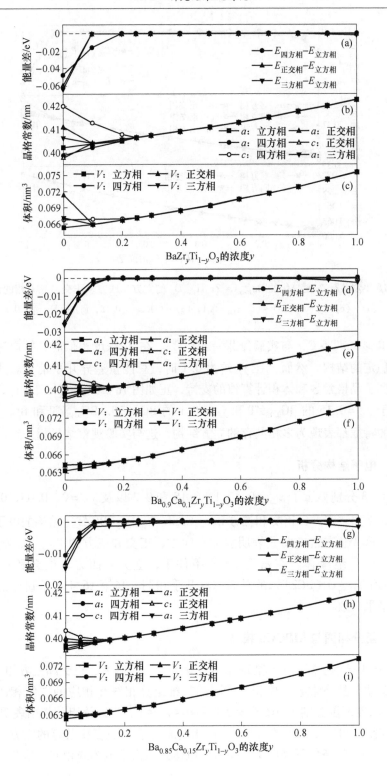

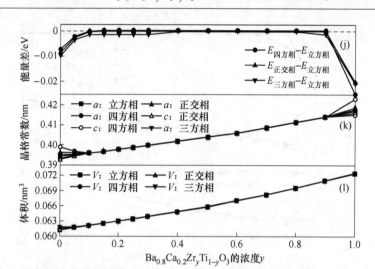

图 16-2 随 Zr 浓度变化的 $Ba_{1-x}Ca_xZr_yTi_{1-y}O_3$ 的立方、四方、正交、三方相的性能
(a)~(c) $x_{Ca}=0$; (d)~(f) $x_{Ca}=0.1$; (g)~(i) $x_{Ca}=0.15$, (j)~(l) $x_{Ca}=0.2$

序也是 R > O > T > C,与实验结果一致[17-20]。在 Zr 浓度很低时,铁电三方相仍然是最稳定的结构。然而,在 y_{Zr} 约为 0.1 时,总能量差异几乎消失。这个能量结果得到了晶格常数和体积计算值的支持,正如图 16-2(h)、(k)、(i)、(l) 所示。对于 $y_{Zr}=0.15$ 的 $BC_{0.15}ZT$ 和 $y_{Zr}=0.1$ 的 $BC_{0.2}ZT$,$BC_{0.15}ZT$ 和 $BC_{0.2}ZT$ 弛豫铁电体的特征都表现为多相共存的立方结构,这与实验观察结果相一致[17-20]。

16.2.2 电子结构分析

图 16-3 分别显示了 $x_{Ca}=0$、0.1、0.15 和 0.2 以及 $y_{Zr}=0$、0.05、0.1、0.2 和 0.5 的立方、四方、正交和三方 $Ba_{1-x}Ca_xZr_yTi_{1-y}O_3$(BCZT) 结构的电子总态密度曲线。这些总态密度曲线表明立方、四方、正交和三方的 $Ba_{1-x}Ca_xZr_yTi_{1-y}O_3$(BCZT) 都是绝缘体。在富含 Zr 的条件下,立方、四方、正交和三方结构 $Ba_{1-x}Ca_xZr_yTi_{1-y}O_3$(BCZT) 的总态密度几乎相同,与第 16.4.1 节讨论的能量和结构的结果一致。

16.2.3 组分相图与 MPCCS 模型

图 16-4 显示了随着 Ca 和 Zr 浓度变化的立方、四方、正交和三方相 BCZT 的相对能量差、晶格常数、体积、带隙的三维组分相图和相应的二维相图,其中 Ca 和 Zr 浓度范围分别为 $0 \leqslant x_{Ca} \leqslant 0.2$ 和 $0 \leqslant y_{Zr} \leqslant 1$[55-57]。该组分相图表明,当 Ca 和 Zr 浓度增加时,BCZT 的 C、T、O、R 相趋于合并成多相共存的立方结构,表明 BCZT 在富 Zr 条件下经历了从正常铁电体到弛豫铁电体的相变,这与实验结果

16.2 研究结果及讨论 · 201 ·

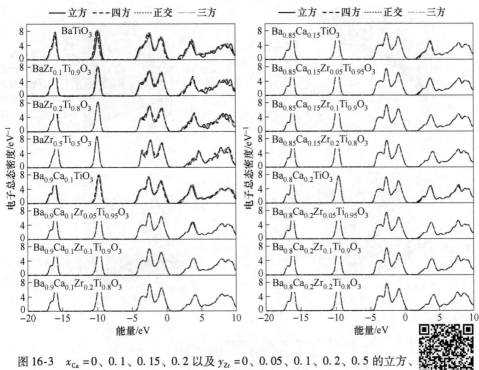

图 16-3 $x_{Ca}=0$、0.1、0.15、0.2 以及 $y_{Zr}=0$、0.05、0.1、0.2、0.5 的立方、四方、正交和正交 $Ba_{1-x}Ca_xZr_yTi_{1-y}O_3$ 结构的电子总态密度曲线

彩图二维码

一致[8-9,15-19]。当 Ca 浓度增加时，图 16-4(e) 中 NFE-RFE 相变的 Zr 浓度临界值会降低。此外，图 16-4(a) 显示，弛豫铁电体区域对应于合并的平坦（相对）能量面，即 $\Delta E=0$，而正常铁电体区域对应于较陡的分离的（相对）能量面。图 16-4(b)、图 16-4(c) 和图 16-4(d) 示出了弛豫铁电体和正常铁电体区域分别对应于合并和分离的表面。因此，多相共存的立方结构总是对应于弛豫铁电体，这与实验观察相一致，即弛豫铁电相以嵌入非极性基体中的纳米极性团簇为特征[8,9,15-19]。在我们以前的 BZT 和 La 掺杂的 PZT 体系的工作中得到了类似的结论[43]。BCZT 的结果证实最初为简单系统引入的多相共存的立方结构模型对于复杂 BCZT 系统是有效的。计算的带隙值与前文的第一性原理结果一致，但是第一性原理计算通常会低估带隙值[58-61]。

实验研究发现，在冷却时，低 Zr 条件下 BCZT 的正常铁电体可以经历 C 到 T，T 到 O 或者 O 到 R 的正常相变（单相到单相）[8-19]。在贫 Zr 条件下 BCZT 正常铁电相变可以是一级或二级热力学，并且涉及宏观对称性变化。如图 16-4(a) 所示，这些观察结果可以从贫 Zr 条件下涉及各相之间的显著的总能量差来理解。在富 Zr 条件下，BCZT 弛豫铁电体在所谓的居里最大值（T_{max}）冷却时具有弥散

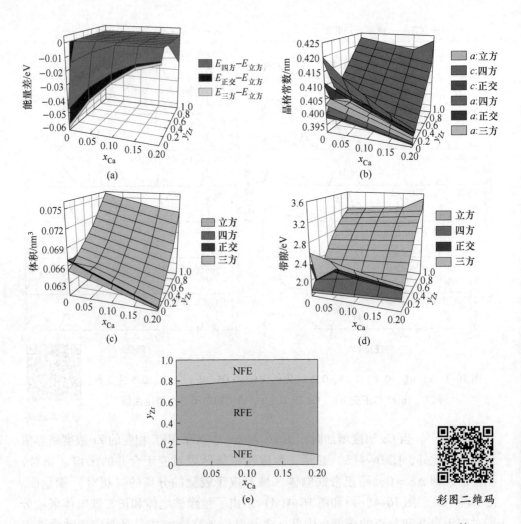

图 16-4 随着 Ca 和 Zr 浓度变化的四方、正交、三方和立方 $Ba_{1-x}Ca_xZr_yTi_{1-y}O_3$ 的能量差（a）、晶格常数（b）、体积（c）、带隙的三维组分相图（d）以及相应的二维组分相图（e）

相变（DPT）现象，这可能是因为该相变是来自单相的高温立方顺电（Pm-3m）与低温多相（四方相、正交相、三方相和立方相）共存，因为此时它们之间的总能量差可以忽略不计［图 16-4(a)］[8-19]。

16.2.4 MPCCS 模型高机电性能的朗道热力学分析

我们采用多相共存的立方结构模型、第一性原理计算和朗道-德文希尔理论在极化的 6 阶方程来解释高机电性能，并讨论了弛豫铁电体的经典模型[43,62-65]。

值得注意的是，虽然 12 阶项对描述低对称性单斜相是必要的，但 6 阶模型可以给出高对称四方（T）、正交（O）和三方（R）相。所以此处用包含 6 阶项的模型来研究用于 BCZT 的 MPCCS 模型的朗道能量分布。

弛豫铁电体的自由能可以用极化分量（P_x，P_y，P_z）来表示[43]：

$$F(\vec{P}) = F_0 + \gamma_1 P_0^4 P^2 - 2\gamma_1 P_0^2 P^4 + \gamma_1 P^6 \tag{16-1}$$

$$P^2 = P_x^2 + P_y^2 + P_z^2 \tag{16-2}$$

式中，F_0 为顺电相（立方相）的自由能；γ_1 为第 6 阶的极化系数；P_0 为立方相的极化。因为 F_0，γ_1 和 P_0 都是常量，所以自由能可以根据极化分量来绘制，并且绘制的自由能图的主要特征不依赖于这些常数值。

图 16-5(a) 显示了不同极化的弛豫铁电体极化旋转的自由能 $[F(\vec{P})]$ 分布的三维图。在极化空间中，自由能的球面特征表明 T、O 和 R 相可以在相应的 $<100>_T$、$<101>_O$ 和 $<111>_R$ 极化方向之间容易地进行旋转，如图 16-5(a) 和图 16-5(b) 所示。

图 16-5(c) 显示了 BCZT 弛豫铁电体在 T、O、R 不同极化方向上的极化延

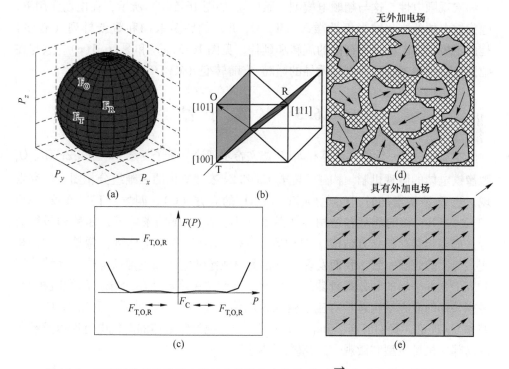

图 16-5　不同极化的弛豫铁电体极化旋转的自由能 $[F(\vec{P})]$ 分布的三维图 (a)、
分别为 T、O 和 R 相的 [100]、[101] 和 [111] 极化方向示意图 (b)、
BCZT 弛豫铁电体在不同极化方向上的极化延伸自由能分布 (c) 以及
无外加电场 (d) 和具有外加电场 (e) 的弛豫铁电体的二维示意图

伸的自由能分布，表明了极化方向的低势垒和近乎自由的极化伸展。由此可以推断，低势垒的极化旋转和延伸可以导致 BCZT 弛豫铁电体的超高的压电和介电性质。从非铁电相转变为铁电相的极化可以通过在顺电/非铁电（C）和铁电（T，R，O）相之间的极化延伸来理解，如图 16-5(c) 所示。具体而言，在居里温度最大值（T_{max}）冷却时，极化可以从顺电相（C）延伸到铁电相（T，R，O）相，如图 16-5(c) 和图 16-5(d) 所示。在电场下，BCZT 弛豫铁电体容易发生极化旋转和极化延伸，如图 16-5(a)，图 16-5(c) 和图 16-5(e) 所示。

图 16-5(d)~(e) 显示了在没有电场和具有电场下的弛豫铁电体的二维示意图。图 16-5(d) 中的实验结果表明，组分无序钙钛矿中的弛豫铁电体表现为嵌入非极性基体中的纳米极性团簇（NPR）的特征，这对应于多相共存的立方结构。由于非极性立方相和极性铁电相的总能量几乎相同，所以这些极性相可以随机成核并嵌入的非极性基体中（即弛豫铁电体）。因此，多相共存的立方结构模型可以为局部随机场（LRF）模型提供解释[38-41]。同时，纳米极性微区（T，O，R）在弛豫铁电体中沿着不同的极化方向随机分布和取向，仍然可以出现各向同性和宏观顺电性，这与超顺电模型一致[36]。如图 16-5(e) 所示，在电场作用下，弛豫铁电体的这些纳米极性微区（T，O，R）的完美取向和重新排列（有序）是由于极化方向的近乎自由的旋转和延伸，见图 16-5(a) 和图 16-5(c)。这与在弛豫铁电体中观察到的电场诱导的微畴-宏畴转变（MMDT）模型一致[35]。

16.3 本章小结

本章通过第一性原理计算和朗道-德文希尔理论分析了复杂 $Ba_{1-x}Ca_xZr_yTi_{1-y}O_3$ 弛豫铁电体的微观机制。构建了随着 Ca 和 Zr 浓度变化的三维组分相图。研究发现，当 Zr 浓度增加时，$Ba_{1-x}Ca_xZr_yTi_{1-y}O_3$ 的立方（C）、四方（T）、正交（O）和三方（R）相的能量和结构参数差别变小。在富 Zr 的条件下，四种相最终会合并成多相共存的立方结构（MPCCS），这表明从正常铁电体到弛豫铁电体的相变，与实验观察一致。我们发现组分相图中弛豫铁电体和正常铁电体的区域分别对应于合并平坦的和分离较陡的能量面。这些结果表明了一个统一的微观机制：多相共存的立方结构总是对应于弛豫铁电体，反之亦然。最后，利用 MPCCS 模型和 LD 理论，我们解释了 $Ba_{1-x}Ca_xZr_yTi_{1-y}O_3$ 弛豫铁电体的高机电特性以及经典的局部随机场模型和微观-宏观畴转变模型。

参考文献

[1] Cohen R E. Materials science: Relaxors go critical [J]. Nature, 2006, 441: 941-942.
[2] Kutnjak Z, Petzelt J, Blinc R. The giant electromechanical response in ferroelectric relaxors as a

critical phenomenon [J]. Nature, 2006, 441: 956-959.

[3] Xu G, Zhong Z, Bing Y, et al. Electric-field-induced redistribution of polar nano-regions in a relaxor ferroelectric [J]. Nature Mater, 2006, 5: 134-140.

[4] Xu G, Wen J, Stock C, et al. Phase instability induced by polar nanoregions in a relaxor ferroelectric system [J]. Nature Mater, 2008, 7: 562-566.

[5] Phelan D, Stock C, Rodriguez-Rivera J A, et al. Role of random electric fields in relaxors [J]. Proceedlings of the National Academy of Sciences, 2014, 111: 1754-1759.

[6] Sherrington D. BZT: a soft pseudospin glass [J]. Physical Review Letters, 2013, 111: 227601.

[7] Brajesh K, Tanwar K, Abebe M, et al. Relaxor ferroelectricity and electric field driven structural transformation in the giant lead-free piezoelectric (Ba, Ca)(Zr, Ti)O_3 [J]. Physical Review B, 2015, 92: 224112.

[8] Ravez J, Simon A. Temperature and frequency dielectric response of ferroelectric ceramics with composition Ba($Ti_{1-x}Zr_x$)O_3 [J]. European Journal of Solid State and Inorganic Chemistry, 1997, 34: 1199-1209.

[9] Tang X G, Chew K H, Chan H L W. Diffuse phase transition and dielectric tunability of Ba($Zr_y Ti_{1-y}$)O_3 relaxor ferroelectric ceramics [J]. Acta Materialia, 2004, 52, 5177-5183.

[10] Simon A, Ravez J, Naglione M. The crossover from a ferroelectric to a relaxor state in lead-free solid solutions [J]. Journal of Physics Condensed Matter, 2004, 16, 963-970.

[11] Bokov A A, Naglione M, Ye Z G. Quasi-ferroelectric state in Ba($Ti_{1-x}Zr_x$)O_3 relaxor: dielectric spectroscopy evidence [J]. Journal of Physics Condensed Matter, 2007, 19: 092001.

[12] Maiti T, Guo R, Bhalla A S. Structure-Property Phase Diagram of Ba($Zr_x Ti_{1-x}$)O_3 System [J]. Journal of the American Ceramic Society, 2008, 91, 1769-1780.

[13] Sciau P, Calvarin G, Ravez J. X-ray diffraction study of $BaTi_{0.65}Zr_{0.35}O_3$ and $Ba_{0.92}Ca_{0.08}Ti_{0.75}Zr_{0.25}O_3$ compositions: influence of electric field [J]. Solid State Communication, 2000, 113: 77-82.

[14] Buscaglia V, Tripathi S, Petkov V, et al. Average and local atomic-scale structure in Ba($Zr_x Ti_{1-x}$)O_3 ($x=0.10, 0.20, 0.40$) ceramics by high-energy X-ray diffraction and Raman spectroscopy [J]. Journal of Physics Condensed Matter, 2014, 26: 065901.

[15] Mastelaro V R, Favarim H R, Mesquita A, et al. Local structure and hybridization states in $Ba_{0.9}Ca_{0.1}Ti_{1-x}Zr_xO_3$ ceramic compounds: correlation with a normal or relaxor ferroelectric character [J]. Acta Materialia, 2015, 84: 164-171.

[16] Favarim H R, Michalowicz A, MPeko J C, et al. Phase transition studies of $Ba_{0.9}Ca_{0.1}Ti_{1-x}Zr_xO_3$ ferroelectric ceramic compounds [J]. Physica Status Solidi A, 2010, 207: 2570-2577.

[17] Wu J, Xiao D, Wu W, et al. Composition and poling condition-induced electrical behavior of $Ba_{0.85}Ca_{0.15}Ti_{1-x}Zr_xO_3$ lead-free piezoelectric ceramics [J]. Journal of the European Ceramic Society, 2012, 32: 891-898.

[18] Tian Y, Wei L, Chao X, et al. Phase Transition Behavior and Large Piezoelectricity Near the

Morphotropic Phase Boundary of Lead-Free $Ba_{0.85}Ca_{0.15}Ti_{1-x}Zr_xO_3$ Ceramics [J]. Journal of the American Ceramic Society, 2013, 96: 496-502.

[19] Asbani B, Dellis J L, Lahmar A, et al. Lead-free $Ba_{0.8}Ca_{0.2}Zr_xTi_{1-x}O_3$ ceramics with large electrocaloric effect [J]. Applied Physics Letters, 2015, 106: 042902.

[20] Na W J, Ding S H, Song T X, et al. Study of structure and dielectric properties of $(Ba_{1-x}Ca_x)$ $(Ti_{0.82}Zr_{0.18})O_3$ ceramics [J]. Journal of Inorganic Materials, 2011, 26: 655-658.

[21] Vugmeister B E, Glinchuk M. Dipole glass and ferroelectricity in random-site electric dipole systems [J]. Reviews of Modern Physics, 1990, 62: 993-1026.

[22] Samara G A. Pressure as a probe of the glassy properties of disordered ferroelectrics, antiferroelectrics and dielectrics [J]. Ferroelectrics, 1991, 117: 347-372.

[23] Lu H, Gautier R, Donakowski M D, et al. Nonlinear active materials: An illustration of controllable phase matchability [J]. Journal of the American Chemical Society, 2013, 135: 11942-11950.

[24] Donakowski M D, Gautier R, Lu H, et al. Syntheses of two vanadium oxide fluoride materials that differ in phase matchability [J]. Inorganic Chemistry, 2013, 54: 765-772.

[25] Bobnar V, Kutnjak Z, Pirc R, et al. Crossover from glassy to inhomogeneous ferroelectric nonlinear dielectric response in relaxor ferroelectrics [J]. Physical Review Letters, 2000, 84: 5892.

[26] Rauls M B, Dong W, Huber J E, et al. The effect of temperature on the large field electromechanical response of relaxor ferroelectric 8/65/35 PLZT [J]. Acta Materialia, 2011, 59: 2713-2722.

[27] Viehland D, Jang S J, Cross L E, et al. Internal strain relaxation and the glassy behavior of La-modified lead zirconate titanate relaxors [J]. Journal of Applied Physics, 1991, 69: 6595-6602.

[28] Dai X, DiGiovanni A, Viehland D. Dielectric properties of tetragonal lanthanum modified lead zirconate titanate ceramics [J]. Journal of Applied Physics, 1993, 74: 3399-3405.

[29] Cordero F, Craciun F, Franco A, et al. Memory of multiple aging stages above the freezing temperature in the relaxor ferroelectric PLZT [J]. Physical Review Letters, 2004, 93: 097601.

[30] Lebon A, Dammak H, Galvarin G, et al. The cubic-to-rhombohedral phase transition of $Pb(Zn_{1/3}Nb_{2/3})O_3$: a high resolution X-ray diffraction study on single crystals [J]. Journal of Physics Condensed Matter, 2002, 14: 7035-7043.

[31] Bing Y H, Bokov A A, Ye Z G, et al. Structural phase transition and dielectric relaxation in $Pb(Zn_{1/3}Nb_{2/3})O_3$ single crystals [J]. Journal of Physics Condensed Matter, 2005, 17: 2493-2507.

[32] De Mathan N, Husson E, Calvarn G, et al. A structural model for the relaxor $PbMg_{1/3}Nb_{2/3}O_3$ at 5 K [J]. Journal of Physics Condensed Matter, 1991, 3: 8159-8171.

[33] Zhi Y, Chen A, Vilarinho P M, et al. Dielectric relaxation behaviour of Bi: $SrTiO_3$: I. The low temperature permittivity peak [J]. Journal of the European Ceramic Society, 1998, 18:

1613-1619.

[34] Setter N, Cross L E. The contribution of structural disorder to diffuse phase transitions in ferroelectrics [J]. Journal of Materials Science, 1980, 15: 2478-2482.

[35] Yao X, Chen Z, Cross L E. Polarization and depolarization behavior of hot pressed lead lanthanum zirconate titanate ceramics [J]. Journal of Applied Physics, 1983, 54: 3399.

[36] Cross L E. Relaxor ferroelectrics [J]. Ferroelectrics, 1987, 76: 241-267.

[37] Bahri F, Simon A, Khemakhem H, et al. Classical or relaxor ferroelectric behaviour of ceramics with composition $Ba_{1-x} Bi_{2x/3} TiO_3$ [J]. Physical Status Solidi A, 2001: 184: 459-464.

[38] Westphal V, Kleemann W, Glinchuk M D. Diffuse phase transitions and random field induced domain states of the "relaxor" ferroelectric $PbMg_{1/3} Nb_{2/3} O_3$ [J]. Physical Review Letters, 1992, 68: 847.

[39] Pirc R, Blinc R, Spherical random-bond-random-field model of relaxor ferroelectrics [J]. Physical Review B, 1999, 60: 13470.

[40] Tinte S, Burton B P, Cockayne E. et al. Origin of the relaxor state in Pb ($B_x B'_{1-x}$) O_3 perovskites [J]. Physical Review Letters, 2006, 97: 137601.

[41] Burton B P, Cockayne E, Waghmare U V. Correlations between nanoscale chemical and polar order in relaxor ferroelectrics and the lengthscale for polar nanoregions [J]. Physical Review B, 2005, 72: 064113.

[42] Ganesh P, Cockayne E, Ahart M, et al. Origin of diffuse scattering in relaxor ferroelectrics [J]. Physical Review B, 2010, 81: 144102.

[43] Liu S Y, Zhang E, Liu S, et al. Composition-and pressure-induced relaxor ferroelectrics: first-principles calculations and Landau-Devonshire theory [J]. Journal of the American Ceramic Society, 2016, 99 (10): 3336-3342.

[44] Hohenberg P, Kohn W. Inhomogeneous Electron Gas [J]. Physical Review, 1964, 136 (3): B864-871.

[45] Kohn W, Sham L J. Self-consistent equations including exchange and correlation effects [J]. Physical Review, 1965, 140: A1133-1138.

[46] Vanderbilt D. Soft self-consistent pseudopotentials in a generalized eigen alue formalism [J]. Physical Review B, 1990, 41: 7892-7895.

[47] Segall M D, Lindan P J D, Probert M J, et al. First-principles simulation: ideas, illustrations and the CASTEP code [J]. Journal of Physics: Condensed Matter, 2002, 14 (11): 2717-2744.

[48] Perdew J P, Burke K, Ernzerhof M. Generalized Gradient Approximation Made Simple [J]. Physical Review Letters, 1996, 77 (18): 3865-3868.

[49] Bellaiche L, Vanderbilt D. Virtual crystal approximation revisited: Application to dielectric and piezoelectric properties of perovskites [J]. Physical Review B, 2000, 61: 7877.

[50] Ramer N J, Rappe A M. Virtual-crystal approximation that works: Locating a compositional phase boundary in $Pb(Zr_{1-x}Ti_x)O_3$ [J]. Physical Review B, 2000, 62, R743-746.

[51] Shevlin S A, Curioni A, Andreoni W. Ab initio design of high-k dielectrics: $La_x Y_{1-x} AlO_3$ [J]. Physical Review Letters, 2005, 94: 146401.

[52] Blackburn S, Cote M, Louie S G, et al. Enhanced electron-phonon coupling near the lattice instability of superconducting $NbC_{1-x}N_x$ from density-functional calculations [J]. Physical Review B, 2011, 84 (10): 104506.

[53] Eckhardt C, Hummer K, Kresse G, Indirect-to-direct gap transition in strained and unstrained $Sn_x Ge_{1-x}$ alloys [J]. Physical Review B, 2014, 89: 165201.

[54] Liu S Y, Liu S, Li D J, et al. Structure, phase transition, and electronic properties of $K_{1-x}Na_x NbO_3$ solid solutions from firstprinciples theory [J]. Journal of the American Ceramic Society, 2014, 97: 4019-4023.

[55] Liu S Y, Shang J X, Wang F H, et al. Ab initio atomistic thermodynamics study on the oxidation mechanism of binary and ternary alloy surfaces [J]. Journal of Chemical Physics, 2015, 142: 064705.

[56] Liu S Y, Shang J X, Wang F H, et al. Oxidation of the two-phase $Nb/Nb_5 Si_3$ composite: The role of energetics, thermodynamics, segregation, and interfaces [J]. Journal of Chemical Physics, 2013, 138: 014708.

[57] Liu S Y, Shang J X, Wang F H, et al. Ab initio atomistic thermodynamics study on the selective oxidation mechanism of the surfaces of intermetallic compounds [J]. Physical Review B, 2009, 80: 085414.

[58] Levin I, Cockayne E, Krayzman V, et al. Local structure of $Ba(Ti, Zr)O_3$ perovskite-like solid solutions and its relation to the band-gap behavior [J]. Physical Review B, 2011, 83: 094122.

[59] Lee S, Levi R, Qu W, et al. Band-gap nonlinearity in perovskite structured solid solutions [J]. Journal of Applied Physics, 2010, 107: 023523.

[60] Wang S, Di Ventra M, Kim S G, et al. Atomic-scale dynamics of the formation and dissolution of carbon clusters in SiO_2 [J]. Physical Review Letters, 2001, 86: 5946-5949.

[61] Dang H, Liu Y, Xue W, et al. Phase transformations of nano-sized cubic boron nitride to white graphene and white graphite [J]. Applied Physics Letters, 2014, 104: 093104.

[62] Landau L. The Theory of Phase Transitions [J]. Nature, 1936, 138: 840-841.

[63] Devonshire A F. Theory of Ferroelectrics [J]. Advanceel in Physics, 1954, 3: 85-130.

[64] Kim I, Jang K, Kim I, et al. Higher-order Landau-Devonshire theory for $BaTiO_3$ [J]. arXiv: 1612.03529.

[65] Sergienko I A, Gufan Y M, Urazhdin S. Phenomenological Theory of Phase Transitions in Highly Piezoelectric Perovskites [J]. Physical Review B, 2002, 65: 144104.

17 无铅压电陶瓷 $K_{1-x}Na_xNbO_3$ 的第一性原理和朗道热力学研究

锆钛酸铅（$PbZr_{1-x}Ti_xO_3$，PZT）基陶瓷具有优异的压电、铁电和介电性能，有着广泛的技术应用[1-5]。然而，PZT基陶瓷含有大量的铅，是一种严重的环境污染物。因此，无铅压电材料的需求十分迫切。在无铅材料中，基于铌酸钾钠（$K_{1-x}Na_xNbO_3$，KNN）陶瓷由于其良好的电学性能和相对较高的居里温度，是PZT的一种很有前途的替代品[6-10]。

$K_{1-x}Na_xNbO_3$ 固溶体的相图已经得到了广泛的实验研究。在室温下，$KNbO_3$（$x_{Na}=0$）和 $NaNbO_3$（$x_{Na}=1$）具有正交（O）结构[11-15]。基于实验测量构建的相图，室温下在 $x_{Na}=0.525$、0.675 和 0.825 处确定了3个独立的边界[11-12]。$x_{Na}=0.525$ 处的相边界将两个O相分离，并且对于 $x_{Na}=0.5$ 的组合物，发现了最佳的压电性能，这接近相边界（$x_{Na}=0.525$）[13]。然而，Tellier等发现，在室温下，随着 β 角的变化，$0.4 \leq x_{Na} \leq 0.6$ 的KNN结构可以细化为单斜（M，Pm）结构[13]。类似地，Baker等发现，室温下 $0.6 \leq x_{Na} \leq 0.8$ 的KNN结构也可以细化为单斜结构（M，Pm）[15]。此外，已有实验证实，纯 $K_{1-x}Na_xNbO_3$ 可能在约200℃时发生从单斜相到四方相（M-T）的多晶型相变（PPT）[13-14]。随着各种掺杂剂的加入，甚至在较低的温度下观察到了相变，发现最低的转变温度接近室温[16-17]。而在 $0 \leq x_{Na} \leq 1$ 的整个范围内，随着Na浓度变化的 $K_{1-x}Na_xNbO_3$ 的详细的晶体结构和电子结构，以及对相关的相变和压电性能的原子尺度理解仍然不太清楚[13]。

本章报道了第一性原理计算和朗道热力学理论，该研究提供了在 $0 \leq x_{Na} \leq 1$ 的整个范围内 $K_{1-x}Na_xNbO_3$ 的详细原子结构、能量学、电子和压电性质。我们发现，随着Na浓度的增加，$K_{1-x}Na_xNbO_3$ 可能发生 O-M-O 成分相变，这与实验结果一致。同时，与PZT不同，$K_{1-x}Na_xNbO_3$ 具有广泛的中间单斜相范围，这为实验观察到的 $K_{1-x}Na_xNbO_3$ 压电参数的异常宽峰提供了解释。此外，我们发现单斜相（M_C）的极化矢量的旋转比正交相和四方相更容易，从而产生增强的压电响应。

17.1 计算方法与模型

第一性原理计算基于密度泛函理论、虚晶体近似、赝势法和平面波基组[18-19]。本节的结果使用剑桥系列总能量（CASTEP）包获得[18-19]。K、Na、

Nb 和 O 原子在超复赝势中使用的基态分别为 [Ne]$3s^23p^64s^1$、[$1s^2$]$2s^22p^63s^1$、[Ar][$3d^{10}$] $4s^24p^64d^45s^1$ 和 [$1s^2$]$2s^22p^4$。交换相关效应采用 Perdew-Burke-Ernzerhof 方案中实现的广义梯度近似进行处理[20]。

为了模拟四元 $K_{1-x}Na_xNbO_3$ 固溶体，我们采用了虚晶近似，保持与三元化合物（如 $KNbO_3$）相同的晶体晶胞，用虚拟 Na 原子代替金属 K[21]。在计算中使用了 400 eV 的平面波截断能量，确保了 10^{-6} eV/atom 的总能量收敛。对于使用原始晶胞的体积计算，采用 8×8×8 Monkhorst-Pack 的 k 点网格设置布里渊区采样[22]。允许所有原始晶胞完全优化，直到每个原子上的力小于 0.1 eV/nm 为止。具有正交、单斜和四方相的 $K_{1-x}Na_xNbO_3$ 的晶体结构如图 17-1 所示。

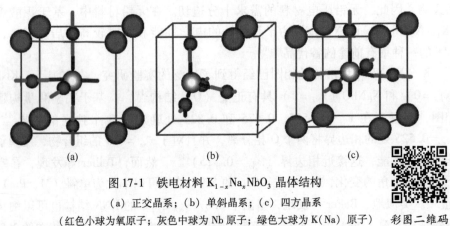

图 17-1　铁电材料 $K_{1-x}Na_xNbO_3$ 晶体结构
(a) 正交晶系；(b) 单斜晶系；(c) 四方晶系
(红色小球为氧原子；灰色中球为 Nb 原子；绿色大球为 K(Na) 原子)　彩图二维码

17.2　研究结果及讨论

17.2.1　能量学与相变

图 17-2(a) 显示了 $0 \leq x_{Na} \leq 1$ 范围内，随着 Na 浓度变化的 $K_{1-x}Na_xNbO_3$ 单斜和正交结构的总能量差。在低 Na 浓度下（$x_{Na} \leq 0.3$），正交结构的总能量略低于单斜结构，表明正交结构在贫钠（即富钾）条件下更稳定。然而，当 Na 的浓度增加直至 0.8 时，单斜结构的总能量逐渐低于正交结构，表明单斜结构在 $0.3 < x_{Na} < 0.8$ 的范围内更稳定。最大的总能量差出现在 $x_{Na} = 0.5$ 时。最后，当 $x_{Na} \geq 0.8$ 时（富钠，即贫钾条件），正交结构的总能量再次略低于单斜结构，表明正交结构再次更加稳定。因此，第一性原理的计算表明，单斜 KNN 在 x_{Na} 的中间范围内在能量上更有利，而正交 $K_{1-x}Na_xNbO_3$ 在 x_{Na} 的低端和高端更稳定。当 Na 浓度逐渐增加时，$K_{1-x}Na_xNbO_3$ 可能发生正交—单斜—正交（O-M-O）相变，这与实验中所观察到的结果相一致[14-15]。

图 17-2(b) 显示了随着 Na 浓度变化的正交、单斜和四方结构中的总能量差。虽然单斜相在能量上比四方相更有利,但存在一个小范围的 x_{Na}(0.3 ≤ x_{Na} ≤ 0.5),其总能量差足够小,可以使从单斜相到四方(M-T)相的结构转变成为可能,特别是在高温条件下。这一结果与实验观察结果一致,即单斜相到四方(M-T)相变发生在大约 200 ℃[13-14]。

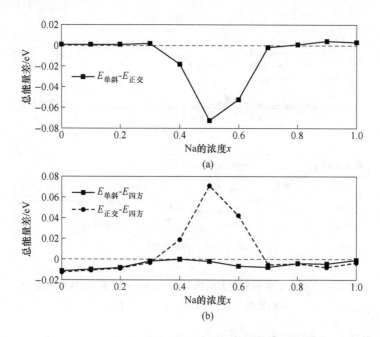

图 17-2 正交、单斜和四方结构 $K_{1-x}Na_xNbO_3$ 随着 Na 浓度变化的总能量差图

17.2.2 几何结构

图 17-3 显示了随着 Na 浓度变化的 $K_{1-x}Na_xNbO_3$ 的正交、单斜和四方相的晶格参数。在 x_{Na} < 0.3 和 x_{Na} > 0.8 下,单斜和正交结构的晶格常数几乎相同,如图 17-3(a) 所示。当 0.3 ≤ x_{Na} ≤ 0.8 时,晶格常数的差异更为显著,最大差异出现在 x_{Na} = 0.5 时。随着 Na 浓度的变化,晶格常数的变化对应于 O-M-O 相变[14-15]。此外,单斜晶和四方晶在 0.3 ≤ x_{Na} ≤ 0.8 内显示出相当大的晶格常数差异,M-T 相变也发生在该范围内。

如图 17-3(b) ~ (c) 所示,在 0 ≤ x_{Na} ≤ 0.3 的范围内,单斜晶胞的角度 β 和体积 V 与正交晶胞的相应值几乎相同。然而,当 Na 浓度增加时,单斜结构和斜方结构之间的角度和体积的差异变得显著,最大差异在 x_{Na} = 0.5 时。钠浓度的进一步增加,逐渐减少了差异。此外,在当 0.3 < x_{Na} < 0.7 时,单斜 $K_{1-x}Na_xNbO_3$ 的

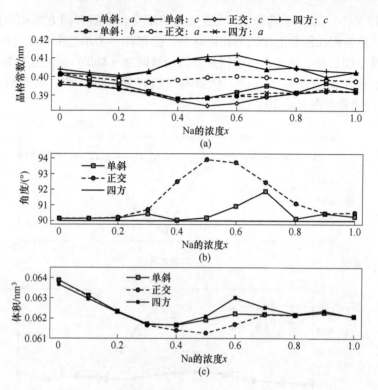

图 17-3 正交、单斜和四方结构 $K_{1-x}Na_xNbO_3$ 随着 Na 浓度变化的晶格常数（a）、角度 β（b）和体积（c）

角度和体积值在正交结构和四方结构的对应值之间。

总体而言，单斜和正交 $K_{1-x}Na_xNbO_3$ 的晶格参数值在极端富钾或富钠条件下非常接近，而单斜 $K_{1-x}Na_xNbO_3$ 的晶体参数值在正交和四方结构的相应值之间，处于中间范围。

17.2.3 电子结构

为了理解电子性质和几何结构之间的关系，我们计算了所有 3 个 $K_{1-x}Na_xNbO_3$ 相的电子结构，包括电子态密度和带隙。图 17-4 显示了单斜晶系、斜方晶系和四方晶系 $K_{1-x}Na_xNbO_3$ 的总态密度（TDOS）曲线，其中 $x_{Na}=0$、0.3、0.5、0.7 和 1。这些曲线表明，3 种不同的 $K_{1-x}Na_xNbO_3$ 固溶体都是绝缘体。单斜和正交结构的 TDOS 曲线在贫钠条件（$0 \leqslant x_{Na} \leqslant 0.3$）下非常相似，见图 17-4(a)~(b)，但随着 Na 浓度的增加，它们明显显示出差异，如图 17-4(c)~(d) 所示。这类似于 O-M-O 组成相变的晶格参数值随着 Na 浓度的增加而变化。相反，单斜结构和四方结构的 TDOS 曲线没有表现出显著差异，表明在实验观察到的单斜到四方（M-T）PPT 过程中，除带隙以外的电子性质变化不大[13-14]。

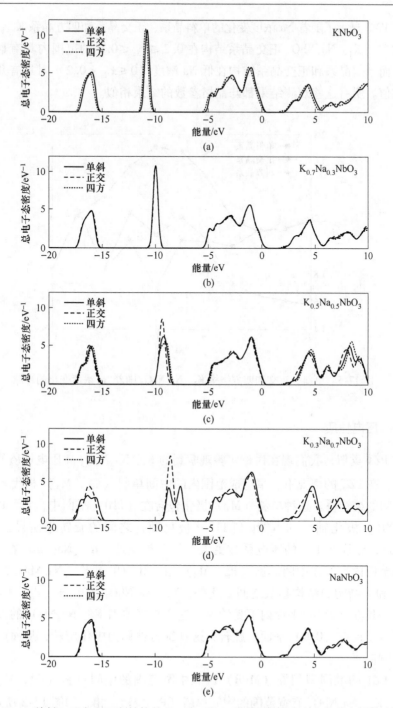

图 17-4　单斜、正交和四方结构的 $K_{1-x}Na_xNbO_3$ 随着 Na 浓度变化的总电子态密度

(a) $x_{Na}=0$；(b) $x_{Na}=0.3$；(c) $x_{Na}=0.5$；(d) $x_{Na}=0.7$；(e) $x_{Na}=1$

(费米能级为 0 eV)

图 17-5 显示了随着 Na 浓度变化的单斜晶系、正交晶系和四方晶系 $K_{1-x}Na_xNbO_3$ 的带隙 E_g。$K_{1-x}Na_xNbO_3$ 正交晶系结构在 $0.2 \leqslant x_{Na} \leqslant 0.9$ 的范围内具有最大的带隙值，而单斜晶系和正交晶系结构在低 Na 浓度（$0 \leqslant x_{Na} < 0.2$）时具有几乎相同的带隙值。所有这些观测结果都与晶格参数的结果相似。

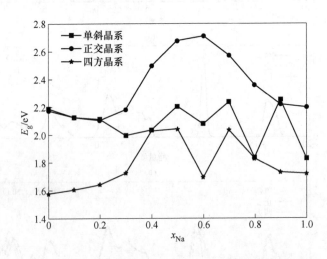

图 17-5　单斜、正交和四方结构 $K_{1-x}Na_xNbO_3$ 随着 Na 浓度变化的带隙

17.2.4　压电性质

与 PZT 类似，我们现在讨论实验观察到的 $K_{1-x}Na_xNbO_3$ 高压电性质的潜在机制[8-10]。在 PZT 的情况下，窄组成范围内的中间单斜（C_m，M_A）相代表 T 相和 R 相之间的结构桥。这种单斜（M_A）极化包含在（110）平面中，它可以通过 T 相（[001] 极化轴）和 R 相（[111] 极化轴）之间的旋转来诱导极化（见图 17-6），导致 PZT 中的压电系数更大[23-25]。类似地，$K_{1-x}Na_xNbO_3$ 在 Na 浓度的中间范围内也存在中间单斜（P_m，M_C）相，其中单斜 $K_{1-x}Na_xNbO_3$ 的结构参数在 O 和 T 结构的结构参数之间。此外，$K_{1-x}Na_xNbO_3$ 的单斜（P_m，M_C）相允许极化矢量在（010）平面内不受约束。这意味着单斜 $K_{1-x}Na_xNbO_3$ 的极化矢量可以很容易地在（010）平面内旋转，这种旋转被称为极化旋转，从而产生增强的压电响应[23-24]。

与 PZT 的准同型相界（MPB）区域中窄范围的中间单斜（C_m，M_A）相不同[4-5]，$K_{1-x}Na_xNbO_3$ 有宽范围的中间单斜（P_m，M_C）相，如图 17-2 所示[14-15]。随着 Na 浓度的变化，宽范围的 $K_{1-x}Na_xNbO_3$ 单斜相显然对应于实验观察到的压电参数 d_{33} 和 K_p 的异常宽峰[9-10]。

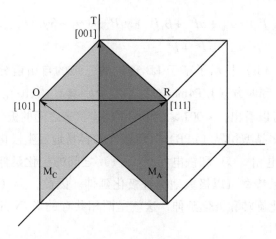

图 17-6　R、O 和 T 相各自 [111]、[101] 和 [001] 极化方向的示意图

17.2.5　高压电性能与朗道热力学理论

我们利用朗道-德文希尔理论来解释 KNN 基陶瓷在多晶型相界（PPB）附近的高压电性能[26-28]，采用包含了 6 阶极化项的朗道-德文希尔理论，铁电体的自由能可以根据极化分量（P_x，P_y，P_z）写出：

$$F(\vec{P}) = F_0 + \alpha(P_x^2 + P_y^2 + P_z^2) + \beta_1(P_x^4 + P_y^4 + P_z^4) + \\ \beta_2(P_x^2 P_y^2 + P_y^2 P_z^2 + P_z^2 P_x^2) + \gamma_1(P_x^6 + P_y^6 + P_z^6) + \\ \gamma_2[P_x^4(P_y^2 + P_z^2) + P_y^4(P_z^2 + P_x^2) + \\ P_z^4(P_x^2 + P_y^2)] + \gamma_3 P_x^2 P_y^2 P_z^2, \quad (17\text{-}1)$$

式中，参数 α、β_1、β_2、γ_1、γ_2、γ_3 是不同极化强度 P 的系数；$F(P)$ 为在某一温度和组成作为极化函数的自由能；F_0 为顺电相的自由能。

在 KNN 陶瓷的多晶型相界（PPB）附近，KNN 基陶瓷 PPB 的特征是正交（O）和四方（T）相变温度移到了室温附近，使得室温的 KNN 基陶瓷处于 O 和 T 两相共存状态。对于具有四方（T）和正交（O）的两相共存的 KNN 的 PPB，其 O 相和 T 相的自由能是相同的。并且，自由能 $F(P)$ 对极化强度 P 的一阶导数为零，以使各相稳定。为了简单起见，我们假设两个不同的铁电相（O 和 T）中的极化具有相同的长度，但是具有不同的取向：

$$F(\vec{P}_\text{T}) = F(\vec{P}_\text{O}), \quad (17\text{-}2)$$

$$\frac{\partial F(\vec{P})}{\partial \vec{P}} = 0 (\text{在 } \vec{P} = \vec{P}_\text{T}, \vec{P} = \vec{P}_\text{O} \text{ 处}) \quad (17\text{-}3)$$

式中，$\vec{P}_\text{T} = P_0 \times (0, 0, 1)$；$\vec{P}_\text{O} = P_0 \times \left(0, \dfrac{1}{\sqrt{2}}, \dfrac{1}{\sqrt{2}}\right)$。

基于式（17-2）和式（17-3），自由能可以重写为：

$$F(\vec{P}) = F_0 + \alpha P^2 + \beta_1 P^4 + \gamma_1 P^6 + (\gamma_3 - 6\gamma_1) P_x^2 P_y^2 P_z^2 \tag{17-4}$$

$$P^2 = P_x^2 + P_y^2 + P_z^2 \tag{17-5}$$

图 17-7(a) ~ (b) 显示了基于 LD 理论的三维的自由能分布示意图。正交 (O/Amm2 对称) 和四方 (T/P4mm 对称) 相分别具有 $[110]_O$ 和 $[001]_T$ 极化。从图 17-7 (a) 可以看出，$<001>_T$ 和 $<110>_O$ 状态之间的极化旋转是没有能量势垒的，这表明多晶型相界（PPB）处可以非常容易地发生极化旋转。如图 17-7 (b) 所示，在顺电相（C）和铁电相（O，T）之间的极化延伸的能量势垒相当小，这表明低能量势垒可以极大地促进极化延伸。因此，无（低）能量势垒可以极大地促进极化旋转和极化延伸，这就是两相共存的 KNN 的多晶型相界具有高压电性能的原因。

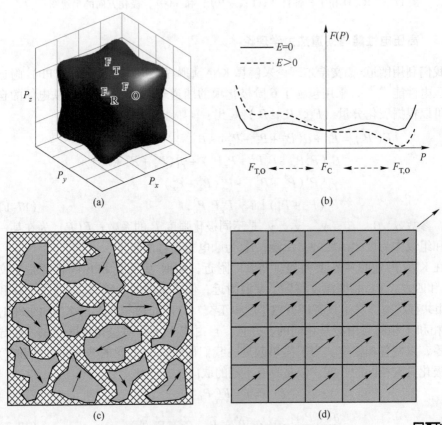

图 17-7 不同极化方向的 KNN 的多晶型相界处的极化旋转的自由能分布三维图（a）、在无电场和有电场情况下顺电和铁电（T，O）相之间的极化延伸的二维朗道自由能曲线（b）以及没有电场（c）和具有电场（d）的两相共存的 KNN 的 PPB 的二维示意图

彩图二维码

图 17-7(c)~(d) 显示了在没有电场和具有外加电场情况下的 KNN 的多晶型相界的二维示意图。从图 17-7(c) 可以看出，在 KNN 的多晶型相界处，极性区域 (T, O) 沿着不同的极化方向可以随机分布和取向，仍然可以出现各向同性。如图 17-7(d) 所示，在有外加电场情况下，KNN 的多晶型相界的极性区域 (T, O) 的完美取向和重新排列（有序）是由于极化方向非常容易旋转和延伸，如图 17-7(a)~(b) 所示。

17.3 本章小结

本章基于第一性原理计算和朗道-德文希尔热力学理论，分析了在 $0 \leqslant x_{Na} \leqslant 1$ 的范围内，随着 Na 浓度变化的正交、单斜和四方 $K_{1-x}Na_xNbO_3$ 的结构、能量学、相变、电子性质和压电性能。研究结果表明，随着 Na 浓度的增加，$K_{1-x}Na_xNbO_3$ 可能发生正交—单斜—正交（O-M-O）成分相变，这与实验观察结果一致。同时，$K_{1-x}Na_xNbO_3$ 具有广泛的中间单斜相（M_C）。在这个宽的中间浓度范围内，单斜 $K_{1-x}Na_xNbO_3$ 的结构参数介于正交结构和四方结构之间。本章的计算结果为实验观察到的 $K_{1-x}Na_xNbO_3$ 压电参数的异常宽峰提供了解释。此外，单斜相的极化矢量比正交（O）相和四方（T）相的极化矢更容易旋转，进而产生增强的压电响应。利用朗道热力学理论，我们解释了 KNN 的多晶型相界（PPB）处的高压电特性，为理解无铅体系的增强压电性提供了新的见解。

参 考 文 献

[1] Cross E. Materials science: lead-free at last [J]. Nature, 2004, 432: 24-25.
[2] Jaffe B, Cook W R, Jaffe H. Piezoelectric Ceramics [M]. Academic Press: London, New York, 1971.
[3] Jaffe B, Roth R S, Marzullo S. Piezoelectric properties of lead zirconate lead titanate solid solution ceramics [J]. Journal of Applied Physics, 1954, 25: 809-810.
[4] Noheda B, Cox D E, Shirane G, et al. A monoclinic ferroelectric phase in the $Pb(Zr_{1-x}Ti_x)O_3$ solid solution [J]. Applied Physics Letters, 1999, 74: 2059-2061.
[5] Guo R, Cross L E, Park S E, et al. Shirane G., Origin of the high piezoelectric response in $PbZr_{1-x}Ti_xO_3$ [J]. Physical Review Letters, 2000, 84: 5423.
[6] Saito Y, Takao H, Tani T, et al. Lead-free piezoceramics [J], Nature (London), 2004, 432: 84-87.
[7] Zhang S J, Xia R, Hao H, et al. Mitigation of thermal and fatigue behavior in $K_{0.5}Na_{0.5}NbO_3$-based lead free piezoceramics [J]. Applied Physics Letters, 2008, 92: 152904.
[8] Dai Y J, Zhang X W, Chen K P. Morphotropic phase boundary and electrical properties of $K_{1-x}Na_xNbO_3$ lead-free ceramics [J]. Applied Physics Letters, 2009, 94: 042905.
[9] Zhang B P, Li J F, Wang K, et al. Compositional dependence of piezoelectric properties in

Na$_x$K$_{1-x}$NbO$_3$ lead-free ceramics prepared by spark plasma sintering [J]. Journal of the American Ceramic Society, 2006, 89: 1605-1609.

[10] Wu L, Zhang J L, Wang C L, et al. Influence of compositional ratio K/Na on physical properties in ceramics [J]. Journal of Applied Physics, 2008, 103: 084116.

[11] Tennery V J, Hang K W. Thermal and X-ray diffraction studies of the NaNbO$_3$-KNbO$_3$ system [J]. Journal of Applied Physics, 1968, 39: 4749-4753.

[12] Ahtee M, Glazer A M. Lattice parameters and tilted octahedra in sodium potassium niobate solid solutions [J]. Acta Crystallogr, 1976, 32: 434-446.

[13] Jaeger R E, Egerton L. Hot pressing of potassium-sodium niobates [J]. Journal of the American Ceramic Society, 1962, 45: 209-213.

[14] Tellier J, Malic B, Dkhil B, et al. Crystal structure and phase transition of sodium potassium niobate perovskite [J]. Solid State Sciences, 2009, 11: 320-324.

[15] Baker D W, Thomas P A, Zhang N, et al. A comprehensive study of the phase diagram of K$_x$Na$_{1-x}$NbO$_3$ [J]. Applied Physics Letters, 2009, 95: 091903.

[16] Zhang S J, Xia R, Shrout T R, et al. Piezoelectric properties in perovskite 0.948 (K$_{0.5}$Na$_{0.5}$)NbO$_3$-0.052LiSbO$_3$ lead-free ceramics [J]. Journal of Applied Physics, 2006, 100: 104108.

[17] Dai Y J, Zhang X W, Zhou G Y. Phase Transitional Behavior in K$_{0.5}$Na$_{0.5}$NbO$_3$-LiTaO$_3$ ceramics [J]. Applied Physics Letters, 2007, 90: 262903.

[18] Vanderbilt D. Soft self-consistent pseudopotentials in a generalized eigenvalue formalism [J]. Physical Review. B, 1990, 41: 7892-7895.

[19] Segall M D, Lindan P L D, Probert M J, et al. First-principles simulation: Ideas, illustrations and the CASTEP code [J]. Journal of Physics: Condensed Matter, 2002, 14: 2717-2744.

[20] Perdew J P, Burke K, Ernzerhof M. Generalized gradient approximation made simple [J]. Physical Review Letters, 1996, 77: 3865-3868.

[21] Nordheim L. Zur elektronentheorie der metalle. I [J]. Annals of Physics, 1931, 9: 607-640.

[22] Monkhorst H J, Pack J D. Special points for brillouin zone integrations [J]. Physical Review B, 1976, 13: 5188-5192.

[23] Fu H, Cohen R E. Polarization rotation mechanism for ultrahigh electromechanical response in single crystal piezoelectrics [J]. Nature, 2000, 430: 281-283.

[24] Noheda B, Cox D E, Shirane G, et al. Polarization rotation via a monoclinic phase in the piezoelectric 92% PbZn$_{1/3}$Nb$_{2/3}$O$_3$-8% PbTiO$_3$ [J]. Physical Review Letters, 2001, 86: 3891-3894.

[25] Bellaiche L, Garcia A, Vanderbilt D. Finite-temperature properties of Pb(Zr$_{1-x}$Ti$_x$)O$_3$ alloys from first principles [J]. Physical Review Letters, 2000, 84: 5427-5430.

[26] Landau L. The theory of phase transitions [J]. Nature, 1936, 138: 840-841.

[27] Devonshire A F. Theory of ferroelectrics [J]. Advances in Physics, 1954, 3: 85-130.

[28] Sergienko I A, Gufan Y M, Urazhdin S. Phenomenological theory of phase transitions in highly piezoelectric perovskites [J]. Physical Review B, 2002, 65: 144104.

18 铋酸盐超导体的第一性原理和朗道热力学研究

超导钙钛矿 $BaPb_{0.75}Bi_{0.25}O_3$（临界温度 T_C 约 12 K）和 $Ba_{0.6}K_{0.4}BiO_3$（T_C 约 30 K）因为在结构上与铜氧化物超导体相关[1-11]引起了研究学者重大的兴趣。几个欠掺杂的铜酸盐超导体显示出条纹结构[12-15]。最近的实验工作表明 $BaPb_{1-x}Bi_xO_3$（BPBO）超导体在超导区域（SCR）中具有条纹状的纳米级结构分离[27]。这些体系的复杂性和相分离特征正处于积极的研究中，但这些特征在超导性质中的作用和重要性还有待阐明[15-22]。

$BaPb_{1-x}Bi_xO_3$ 和 $Ba_{1-x}K_xBiO_3$（BKBO）钙钛矿结构简单，研究这两种钙钛矿可以为更好地理解结构更复杂的相关材料提供见解[23]。$BaPb_{1-x}Bi_xO_3$ 和 $Ba_{1-x}K_xBiO_3$ 钙钛矿在高温下都呈立方（C）相，见图 18-1(a)，但在低温下它们会变成扭曲的 ABO_3 结构。$BaPbO_3$（$x_{Bi}=0$ 的 BPBO）的室温斜方晶系结构具有 Ibmm 空间群，其 Ibmm 结构能够维持低至 4.2 K[24]。当温度在 573 K 以上，斜方晶系结构变为四方晶系，空间群变为 I4/mcm[24]。当温度高于 673 K 时，结构最终转变为立方 Pm-3m 对称性[24]。对于金属母体化合物 $BaPbO_3$ 和具有 $0<x_{Bi}\leq 0.15$、$0.35<x_{Bi}<0.9$ 的 $BaPb_{1-x}Bi_xO_3$ 钙钛矿，其空间群是正交（O）的 Ibmm（见图 18-1）[25-27]。然而，当 $0.15<x_{Bi}<0.35$，对应于 $BaPb_{1-x}Bi_xO_3$ 为超导的组分范围，该材料是多晶的，其体积的一部分具有正交（O）的 Ibmm 对称性，其余部分具有四方（T）晶系的 I4/mcm 对称性（见图 18-1）。超导体积分数在四方（T）相与正交（O）相的比例最大时达到峰值，导致四方多晶型是该材料的超导体[25-26]。实验测量表明，x_{Bi} 为 0.15~0.35 的超导四方（T）相是亚稳定的，它可以一直存在到发生超导的温度[26]。

$Ba_{1-x}K_xBiO_3$ 的相图也已经通过实验进行了研究[23,28-29]。当 $x=1$ 时，$KBiO_3$ 没有表现出钙钛矿结构[30]，并且观察到钙钛矿结构的 x_K 的最大值约为 0.5。对于化合物 $BaBiO_3$ 而言，当 $0\leq x_K\leq 0.1$ 时，空间群为单斜晶胞 I2/m，见图 18-1(d)；然而，当 $0.1<x_K<0.3$ 时，$Ba_{1-x}K_xBiO_3$ 的空间群是正交的 Ibmm。当 $0.3<x_K<0.5$ 时，观察到 $Ba_{1-x}K_xBiO_3$ 的超导电性[28]。$Ba_{1-x}K_xBiO_3$ 的室温结构是立方体，因此最初假定超导电性发生在立方 $Ba_{1-x}K_xBiO_3$ 相中[28]。然而，后来确定 $Ba_{1-x}K_xBiO_3$ 超导体的对称性实际上是四方相（I4/mcm），这与 $BaPb_{1-x}Bi_xO_3$ 超导相是相同的空间群[29]。

本章采用第一性原理计算 $BaPb_{1-x}Bi_xO_3$ 和 $Ba_{1-x}K_xBiO_3$ 的晶体结构、相变、电子结构和超导性质，其中 Bi(K) 浓度为 $0 \leqslant x_{Bi(K)} \leqslant 0.5$，并得出了超导转变温度（$T_c$）和平带总长度（$L_{FB}$）之间的正相关联系。18.3 节描述了研究使用的计算方法、结构模型以及虚晶近似方法。18.4 节介绍并讨论了理论结果。最后总结了从计算中得到的主要结论。

18.1　计算方法与模型

第一性原理计算是基于密度泛函理论、虚晶近似、赝势方法和平面波基组[31-33]。研究结果使用剑桥系列总能量包获得[34]。在超软赝势中使用的基态 Ba、Pb、K、Bi 和 O 原子的电子组态分别为 $[Kr]4d^{10}5s^25p^26s^2$、$[Xe]4f^{14}5d^{10}6s^26p^2$、$[Ne]3s^23p^64s^1$、$[Xe]4f^{14}5d^{10}6s^26p^3$ 和 $[1s^2]2s^22p^4$。交换关联效应采用局部密度近似处理[35-36]。对 $0 \leqslant x_{Bi(K)} \leqslant 0.5$ 范围内的 $BaPb_{1-x}Bi_xO_3$ 和 $Ba_{1-x}K_xBiO_3$ 固溶体的建模采用虚晶近似方法，保持与三元化合物如 $BaPbO_3$（$BaBiO_3$）相同的晶胞结构，并用虚拟 Bi(K) 原子替代一部分 Pb(Bi) 原子[37]。在计算中使用 400 eV 的平面波截断能量，确保总能量收敛为 10^{-6} eV/atom。布里渊区采样设置为等同的 $8 \times 8 \times 8$ Monkhorst-Pack 的 k 点网格[38]。所有原子允许被完全优化，直到每个原子上的力小于 0.1 eV/nm 为止。立方（C）、四方（T）、正交（O）和单斜（M）$BaPb_{1-x}Bi_xO_3$ 和 $Ba_{1-x}K_xBiO_3$ 相的晶体结构如图 18-1 所示。

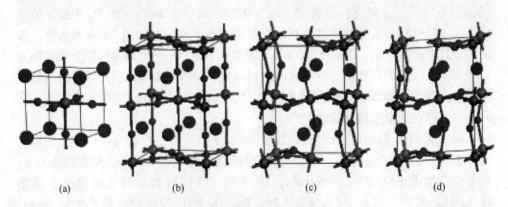

图 18-1　$BaPb_{1-x}Bi_xO_3$ 和 $Ba_{1-x}K_xBiO_3$ 晶体结构
(a) 立方（Pm3m）；(b) 四方（I4/mcm）；
(c) 正交（Ibmm）；(d) 单斜（I2/m）
（红色小球为氧原子；灰色中球为 Bi(Pb) 原子；
绿色大球为 Ba(K) 原子）

彩图二维码

18.2 研究结果及讨论

18.2.1 能量与相稳定性

图 18-2(a) 显示了 $0 \leq x_{Bi} \leq 0.5$，随着 Bi 浓度变化的 $BaPb_{1-x}Bi_xO_3$ 的正交 (O)、四方 (T) 和立方 (C) 相的总能量差。对于纯相 $BaPbO_3$ 母体化合物，计算表明稳定性顺序为 C < T < O，与从高温到低温的 C-T-O 相变实验观察结果相一致[24]。在超导区域（SCR）中，$BaPb_{1-x}Bi_xO_3$ 的稳定性顺序也为 C < T < O，表明四方（T）超导相是亚稳态的，这与实验结果一致[25-26]。此外，对于 $x_{Bi}=0.1$ 的 Bi 掺杂 $BaPbO_3$，正交（O）相和四方（T）相的总能量差异远大于纯相 $BaPbO_3$ 化合物。随着 Bi 浓度进一步增加，中间超导区域中总能量差异变小，这与四方相和正交相的两相共存的混合物的实验观察一致[25-26]。需要注意的是，尽管根据朗道理论立方相到四方相的转变是连续且二阶的，但是四方到正交的转变是不连续且一阶的，这是因为涉及从围绕氧八面体的一个四轴线（a^0, a^0, c^-）倾斜到氧八面体的二轴线（a^0, b^-, b^-）的结构突变[39-42]。因此，在超导区域中，四方相和正交相之间小的总能量差以及 $BaPb_{1-x}Bi_xO_3$ 的一阶不连续的四方相到正交相转变，可以解释实验观察到的四方相和正交相的两相共存[25-26]。对于 $x_{Bi}=0.4$ 和 $x_{Bi}=0.5$ 的较高 Bi 浓度，$BaPb_{1-x}Bi_xO_3$ 的稳定性顺序为 C < O < T。此外，当 $x_{Bi}=0.4$、0.5 时，O 和 T 相之间的大的总能量差和 $BaPb_{1-x}Bi_xO_3$ 的一阶不连续的正交相到四方相转变可抑制四方相的形成。这与实验结果是一致的，即在具有较高 x_{Bi} 值的样品中只观察到正交相[25]。

图 18-2(b) 显示了在 $0 \leq x_K \leq 0.5$ 范围内，随着 K 浓度变化的 $Ba_{1-x}K_xBiO_3$ 单斜（M）、正交（O）、四方（T）和立方（C）相的总能量差。当 K 浓度增加时，总体上，单斜相和正交相之间的总能量差减小，而四方和正交/立方相之间的能量差增加。纯相 $BaBiO_3$ 母体化合物和少量 K 掺杂 $BaBiO_3$（$x_K=0.1$）的单斜相是最稳定的结构，这与实验结果一致[23,28]。在 $0.1 \leq x_K \leq 0.3$ 的范围内，正交相逐渐变得比单斜相更稳定，这与实验观察结果一致[23,28]。在 $0.3 \leq x_K \leq 0.5$ 范围内，$Ba_{1-x}K_xBiO_3$ 的稳定性顺序也是 O > T > C，表明超导四方相是亚稳态的[23]。如上所述，立方相到四方相转换是二阶连续的，而四方相到正交相的转变是一阶不连续的[39-42]。如果四方相到正交相转变的平衡温度太低，则该相变可能根本不会发生[23]。超导性只会发生在亚稳态的四方相，这类似于 $BaPb_{1-x}Bi_xO_3$ 的情况。因此，在超导区域中，四方相和正交相之间大的总能量差以及 $Ba_{1-x}K_xBiO_3$ 的一阶不连续的四方相到正交相的转变，可以解释实验观察到四方相的 $Ba_{1-x}K_xBiO_3$ 可以一直保持到低温的情况[23,29]。

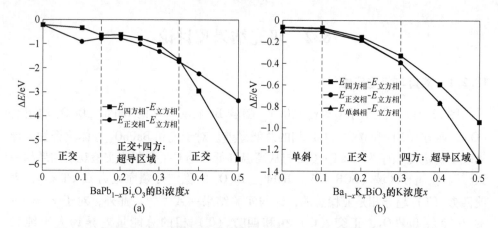

图 18-2 随着 Bi(K) 浓度变化的 $BaPb_{1-x}Bi_xO_3$（a）和 $Ba_{1-x}K_xBiO_3$（b）的四方相、正交相（单斜相）和立方相之间的总能量差

18.2.2 几何结构

图 18-3(a) ~ (b) 显示了在 $0 \leq x_{Bi} \leq 0.5$ 范围内，随 Bi 掺杂浓度变化 $BaPb_{1-x}Bi_xO_3$ 的立方相、四方相和正交相的体积和晶格常数。为了便于比较 $BaPb_{1-x}Bi_xO_3$ 立方相、四方相和正交相的晶格常数，我们把四方相和正交相的晶格常数 (a, b, c) 折合成与立方相的晶胞一样的大小，即四方相和正交相 $BaPb_{1-x}Bi_xO_3$ 的折合晶格常数 (a'、b' 和 c') 定义为 $a/\sqrt{2}$、$b/\sqrt{2}$ 和 $c/2$。四方相和正交相的折合体积和折合晶格常数总是随 Bi 掺杂浓度 x_{Bi} 的增加而增加，这与实验结果一致[25-26]。对于图 18-3(a) 所示的纯相 $BaPbO_3$ 母体化合物，立方相、四方相和正交相的折合体积在数值上非常接近。然而，对于 $x_{Bi} = 0.1$ 的 Bi 掺杂的 $BaPbO_3$，其正交相和四方相之间的体积差远大于纯相 $BaPbO_3$ 的体积差。随着 Bi 掺杂浓度进一步增加，正交相和四方相之间的体积差异在 $0.15 < x_{Bi} < 0.25$ 超导区域中变小，在 $0.25 < x_{Bi} < 0.35$ 超导区域中变大。因此，正交相和四方相之间体积差的转变点在 $x_{Bi} = 0.25$ 处，这也是对应于最大超导转变温度 T_C 的 Bi 掺杂浓度。对于较高的 Bi 掺杂浓度 ($x_{Bi} = 0.4$、0.5)，体积由大到小顺序为立方 (C) 相 > 正交 (O) 相 > 四方 (T) 相，正交相和四方相之间的体积差甚至更大，表明四方相是最不利的。然而，立方相和正交相的体积差相对较小，则立方—正交 (C-O) 相转变会容易发生，这与实验观察的结果一致[25]。

图 18-3(c) ~ (d) 显示了 $Ba_{1-x}K_xBiO_3$ 的立方相、四方相、正交相和单斜相的体积和晶格参数随 K 浓度的变化而变化，K 浓度范围为 $0 \leq x_K \leq 0.5$。四方相和正交相的体积和晶格常数总是随 x_K 的增加而减小，这与实验结果一致[28]。在 K 浓度的整个范围内，四方相、正交相和单斜相的体积在数量上非常接近（图 18-3(c)）。

立方、正交和单斜相的所有晶格常数的大小都在四方相的折合晶格常数 a' 和 c' 之间。在低 K 浓度的情况下，$Ba_{1-x}K_xBiO_3$ 的正交相和单斜相的晶格常数的量级非常接近，这与在低 K 掺杂条件下的单斜-正交（M-O）相变的实验观察一致[28]。在 K 浓度的中间范围内，正交相的折合晶格常数的顺序为 $a'>b'\geq c'$（或 $c>a>b$），四方相的折合晶格常数顺序为 $c'>a'=b'$（或 $c>a=b$）。这个事实可能有益于冷却时四方到正交的相变。在超导区域中 K 浓度较高的范围内，然而，正交（O）相折合晶格常数的顺序为 $b'>a'>c'(x_K=0.3)$ 或 $b'>c'>a'(x_K=0.5)$，与具有四方（T）相的 $c'>a'=b'$ 不同。这种差异可能妨碍冷却时四方到正交的相变，这与实验测量结果一致，即在超导区域中将四方 $Ba_{1-x}K_xBiO_3$ 相保持到低温[23,29]。因此，类似于 $BaPb_{1-x}Bi_xO_3$，在超导区域中 $Ba_{1-x}K_xBiO_3$ 的四方（T）和正交（O）相之间晶格参数的巨大差异（不连续性）表明四方—正交（T-O）相变是一阶（不连续的），尽管单胞体积四方和正交相的尺度非常接近。超导区域中 $Ba_{1-x}K_xBiO_3$ 的一阶不连续四方—正交（T-O）相转变有助于解释为什么实验上不能观察到正交（O）晶相[23]。

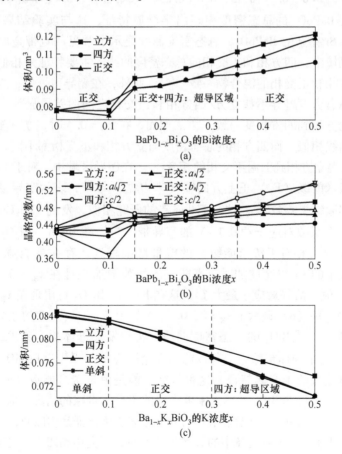

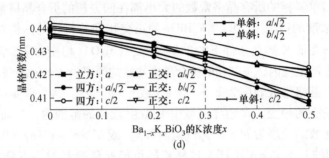

图 18-3 随 Bi(K) 浓度变化的立方、四方和正交（单斜）结构的 $BaPb_{1-x}Bi_xO_3$ 的折合体积（a）、折合晶格常数（b）以及 $Ba_{1-x}K_xBiO_3$ 的折合体积（c）和折合晶格常数（d）

18.2.3 电子态密度

图 18-4(a)～(i) 显示出了 $BaPb_{1-x}Bi_xO_3$ 的立方相、四方相和正交相的总态密度，其中 $x_{Bi}=0$、0.1、0.15、0.2、0.25、0.3、0.35、0.4、0.5。如图 18-4(a) 所示，纯相 $BaPbO_3$ 的总态密度表现出半金属特征，这与实验结果一致[43]。而 $x_{Bi}=0.1$ 的 Bi 掺杂的 $BaPbO_3$，总态密度曲线显示了常见的宽带金属特性。在中间的超导区域中，四方相和正交相的总态密度曲线的主要特征是相似的，与实验观察的四方相和正交相的混合物一致[25-26]。此外，在超导区域中，立方相和四方相之间的总态密度差异不如立方/四方相和正交相之间的差异显著。这一结果与冷却时的立方相到四方相变一致[25-26]。然而，在 $x_{Bi}=0.4$ 时，立方相和正交相的总态密度曲线相似，而四方相的总态密度与立方相和正交相都不同，这表明很容易发生从高温立方相到低温正交相的相变[25]。在超导区域中，对于 $BaPb_{1-x}Bi_xO_3$，存在位于费米能级（E_F）正上方的窄（未占据）导带，表示窄导带导体，与低载流子的实验结果一致[44]。这与 Fisher 等的研究相似，发现 $YBa_2Cu_3O_{7-\delta}$ 铜酸盐超导体的输运系数对应于约 0.1 eV 的窄导带[45-48]。在 $BaPb_{1-x}Bi_xO_3$ 的超导区域中，约 0.5 eV（相对于费米能级）的能量范围附近还存在高能隙。有趣的是，当超导区域中的 Bi 浓度增加时，高能量的间隙增加并且在 $x_{Bi}=0.25$ 时达到约 3 eV 的最大值，恰好对应于最大 T_C，这在 $BaPb_{1-x}Bi_xO_3$ 也出现在 $x_{Bi}=0.25$。

图 18-4(j)～(o) 显示了 $x_K=0$、0.1、0.2、0.3、0.4、0.5 的立方、四方、正交和单斜相 $Ba_{1-x}K_xBiO_3$ 的总态密度曲线。实验发现母体化合物 $BaBiO_3$（BBO）具有 0.2 eV 的半导体带隙[1]。与以前的理论研究相似[49-51]，$BaBiO_3$ 的总态密度曲线表现出轻微的半金属特征，这种特征可能是由于费米能级（E_F）处的拖尾效应造成的，导致 $BaBiO_3$ 的总态密度中小的半导体带隙的消失。对于 $x_K=0.1$ 和 0.2 的 K 掺杂的 $BaBiO_3$，正交相和四方相的总态密度特征是相似的，但是它们不同于立方相。然而，当超导区域中的 K 浓度增加时，正交相和四方相之间总态密度的

差异逐渐显著。另外,在超导区域中,四方相和立方相的总态密度是可比较的,但与正交相不同。这些结果与能量和几何结构的计算以及实验观察结果一致[23,29]。

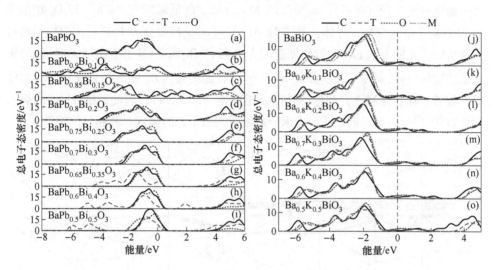

图 18-4 $BaPb_{1-x}Bi_xO_3$ 以及 $Ba_{1-x}K_xBiO_3$ 的立方、四方、正交(单斜晶系)总电子态密度
(a) $x_{Bi}=0$; (b) $x_{Bi}=0.1$; (c) $x_{Bi}=0.5$; (d) $x_{Bi}=0.2$; (e) $x_{Bi}=0.25$; (f) $x_{Bi}=0.3$;
(g) $x_{Bi}=0.35$; (h) $x_{Bi}=0.4$; (i) $x_{Bi}=0.5$; (j) $x_K=0$; (k) $x_K=0.1$;
(l) $x_K=0.2$; (m) $x_K=0.3$; (n) $x_K=0.4$; (o) $x_K=0.5$
(费米能级在 0 eV)

18.2.4 电子能带结构

非常规超导的微观理论需要理解费米能级 E_F 附近的能带结构。至于平带(FB)与高 T_c 的相关性,费米能级附近的平带的存在增强了低能量单粒子激发的密度,这涉及到通过大部分 k 空间形成超导凝聚[52]。图 18-5 显示了正交 $BaPbO_3$ 母体化合物和四方超导 $BaPb_{0.75}Bi_{0.25}O_3$ 和 $BaPb_{0.7}Bi_{0.3}$ 的能带结构以及它们的高温立方相。如图 18-5(a) 所示,母体化合物正交相 $BaPbO_3$ 是半金属态,与实验数据一致[43]。在超导区域中,四方超导 $BaPb_{0.75}Bi_{0.25}O_3$ 和 $BaPb_{0.7}Bi_{0.3}$ 是具有平带的窄导带导体,这里的平带(FB)是指以费米能级为中心的窄能窗内的一个区段,其中电子的群速度接近零。对于超导 $BaPb_{0.75}Bi_{0.25}O_3$,能带结构显示沿着 G-X 和 N 点附近的平带(FB),以及在 X 点(左边)和 P 点(右边)附近穿过费米能级的两个陡带。同样,对于 $BaPb_{0.7}Bi_{0.3}$[见图 18-5(c)],两个陡峭的电子带和沿 G-X 和 N-G 方向的费米能级交叉,而平带的特征显示在 X(X-G) 和 N 点附近。这些电子能带特征显然满足了"平带-陡带"的准则,被认为是超导性发生的有利条件[53-54]。在平带上方出现高能隙可能是非常规高温超导体的关

键特征。相反，$x_{Bi}=0.25$ 和 $x_{Bi}=0.3$ 的高温立方 $BaPb_{1-x}Bi_xO_3$ 相的能带结构在费米能级处不涉及平带，见图 18-5(d)～(e)。相反，它们只是显示了一个远高于费米能级的赝平带（M-G）。$x_{Bi}=0.25$ 和 $x_{Bi}=0.3$ 的低温四方 $BaPb_{1-x}Bi_xO_3$ 相是在 E_F 处具有平带的窄导带导体，见图 18-5(b)～(c)。高温立方 $BaPb_{1-x}Bi_xO_3$ 相没有任何旋转，见图 18-1(a)，但是低温四方 $BaPb_{1-x}Bi_xO_3$ 相显示围绕［001］轴的氧八面体旋转（a^0, a^0, c^-），见图 18-1(b)。在连续的立方-四方相转变中，八面体局部旋转，在从高温立方相冷却时形成四方相（I4/mcm）。因此，Bi/PbO$_6$ 的氧八面体旋转（I4/mcm）可以诱导费米能级附近的平带，即呈现一种超导的特性。

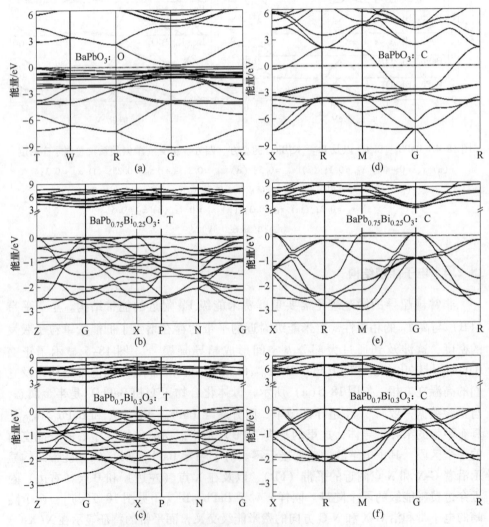

图 18-5　$BaPbO_3$ 母体化合物的正交相的电子能带结构（a）、$BaPb_{0.7}Bi_{0.3}O_3$ 四方相（b）、$BaPb_{0.75}Bi_{0.25}O_3$ 超导体（c）以及 $BaPb_{1-x}Bi_xO_3$ 超导体 $x_{Bi}=0$（d）、0.25（e）、0.3（f）

图 18-6 显示了单斜 BaBiO$_3$ 母体化合物和 K 掺杂浓度 x_K = 0.3、0.4、0.5 的四方 Ba$_{1-x}$K$_x$BiO$_3$ 超导体以及它们的高温立方 Ba$_{1-x}$K$_x$BiO$_3$ 相（x_K = 0、0.3、0.4、0.5）的电子能带结构。实验发现母体化合物 BaBiO$_3$（BBO）具有 0.2 eV

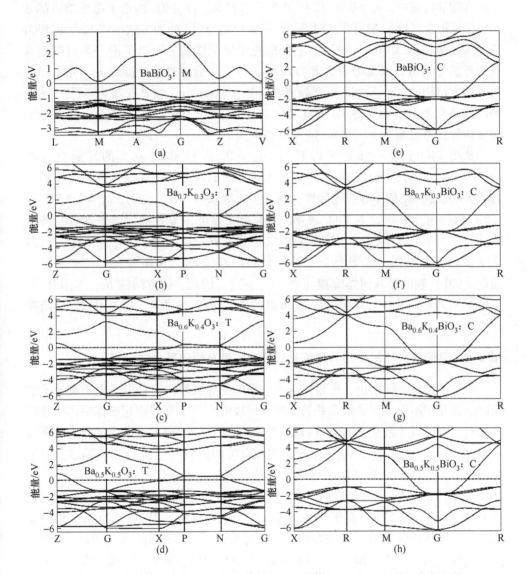

图 18-6 半导体化合物 BaBiO$_3$ 的单斜相和超导体 Ba$_{1-x}$K$_x$BiO$_3$ 的四方相以及 Ba$_{1-x}$K$_x$BiO$_3$ 的立方相电子能带结构

(a) BaBiO$_3$ 单斜相；(b) x_K = 0.3；(c) x_K = 0.4；(d) x_K = 0.5；(e) x_K = 0；
(f) x_K = 0.3；(g) x_K = 0.4；(h) x_K = 0.5

（费米能级在 0 eV）

的半导体带隙[1]。从图18-6(a)可以看出，母体化合物单斜相 $BaBiO_3$ 在 A 点和 M 点之间具有 0.212 eV 的间接带隙，而 M 点的直接间隙约为 1 eV，这与实验确定的 0.2 eV 的半导体带隙是一致的[25]。

在超导区域中，$x_K = 0.3$、0.4、0.5 的四方 $Ba_{1-x}K_xBiO_3$ 的电子能带结构都显示出了平坦带（FB）的特征。对于 $x_K = 0.3$ 和 $x_K = 0.4$ 的四方结构的 $Ba_{1-x}K_xBiO_3$ 超导体[见图18-6(b)~(c)]，它们的电子能带结构显示出了沿 P-N 方向和 X 点附近的平坦带，以及沿着 X-P 方向和在 N 点附近穿过费米能级 E_F 的陡峭带。对于四方结构的 $Ba_{0.5}K_{0.5}BiO_3$ 超导体（见图18-6(e)），它具有靠近 X 点的平带和沿 X-P 和 N-G 方向穿过 E_F 的陡峭的电子带。与 $BaPb_{1-x}Bi_xO_3$ 类似，这些电子能带特征显然也满足了"平带-陡带"的准则。

从图18-6(f)~(h)可以看出，$x_K = 0$、0.3、0.4、0.5 的高温立方相 $Ba_{1-x}K_xBiO_3$ 化合物显示出没有平带的宽带金属的特征，即在该掺杂浓度下的立方相 $Ba_{1-x}K_xBiO_3$ 都不存在超导性，这与实验结果相一致。然而，$x_K = 0.3$、0.4、0.5 的低温四方相 $Ba_{1-x}K_xBiO_3$ 超导体是具有平带的中等导带（未占据带）的导体[见图18-6(b)~(d)]，这与实验结果相一致。与 $BaPb_{1-x}Bi_xO_3$ 类似，高温立方相 $Ba_{1-x}K_xBiO_3$ 没有任何旋转，而低温四方相 $Ba_{1-x}K_xBiO_3$ 超导体显示出了围绕 [001] 轴的氧八面体旋转（a^0, a^0, c^-）。因此，四方结构 $Ba_{1-x}K_xBiO_3$ 中 BiO_6 的氧八面体旋转（I4/mcm）也可以诱导 E_F 附近的平带，即这可以诱导超导特性。

18.2.5 平带超导体的平带长度和超导转变温度及朗道热力学分析

对于平带超导体来说，平带对应于电子的超导凝聚，这是由于电子费米子之间的强相互作用而由于能级合并的影响而形成的[55-56]。在平带超导体中，平带的高态密度值可以导致高 T_C 值。因此，T_C 与库珀（Cooper）通道中的耦合常数 g 成正比：$T_C \sim gV_{FB}$，其中 V_{FB} 是动量空间中平带的体积[55]。需要说明的是，对于 $BaPb_{1-x}Bi_xO_3$ 或 $Ba_{1-x}K_xBiO_3$ 等平带超导体，平带段的总长度越大，T_C 越高。例如，$BaPb_{0.75}Bi_{0.25}O_3$ 的平带段的总长度大于 $BaPb_{0.7}Bi_{0.3}O_3$ 的平带段的总长度，表明 $BaPb_{0.75}Bi_{0.25}O_3$ 的 T_C 高于 $BaPb_{0.7}Bi_{0.3}O_3$ 的 T_C。$Ba_{1-x}K_xBiO_3$ 的 $x_K = 0.3$ 和 $x_K = 0.4$（沿着 PN 并且在 X 点附近）的平带段的总长度比 $Ba_{0.5}K_{0.5}BiO_3$（靠近 X 点）更长，为 $x_K = 0.3$ 和 $x_K = 0.4$ 的 $Ba_{1-x}K_xBiO_3$ 的 T_C 高于 $Ba_{0.5}K_{0.5}BiO_3$ 的实验结果的提供解释[28]。因此，平带长度的预估可能有助于发现和设计具有最大 T_C 的最佳掺杂浓度，即平带越长，超导转变温度 T_C 越高。平带材料对于获得非常规的高温超导性有很好的前景。

根据朗道热力学二级相变理论，在超导转变温度的条件下，序参量从零开始连续增加。由于有序参量在相变附近很小，所以系统的自由能可以近似地用泰勒

(Taylor)展开的几个项来表示[57]:

$$f_s(T) = f_n(T) + \frac{1}{2}a(T-T_c)\phi^2 + \frac{1}{4}b\phi^4 \tag{18-1}$$

式中,$f_s(T)$、$f_n(T)$分别为超导状态和正常状态下与温度有关的自由能,a、b为超导电子的有效波函数ϕ的系数($a>0$,$b>0$)。假设$b>0$,对于序参量的有限值,自由能有一个极小值。

图18-7(a)是自由能$f_s(T) - f_n(T)$随序参量ϕ变化的图像。从图中能够观察到,在$T>T_c$时,$f_s(T) - f_n(T)$只有一个最小值,表明正常态在$\phi=0$时是稳定的。在超导状态下,即$T<T_c$,$f_s(T) - f_n(T)$有两个最小值。为了使超导相稳定,自由能对序参量ϕ的一阶导数必须为零,即$df_s(T)/d\phi = 0$。由此,我们得到库珀对数n_s与温度的线性关系:$|\phi|^2 = n_s = a(T_c - T)/b$,如图18-7(b)所示。从图18-7(b)可以看出,库珀对数随温度场的增加呈线性下降,并且,当$T>T_c$时,$n_s = 0$。因此,在$T=T_c$时发生超导相变(SPT)。

第一性原理计算结果表明,在$\vec{k}$空间,铋酸盐超导体的超导转变温度T_c与平带(FB)的长度成正比,即$T_c \sim L_i^{FB}$,L_i^{FB}为平带的长度。L_i^{FB}与平带里的库珀电子对数量成正比例关系,$L_i^{FB} \sim n_{total}^{Cooper\,pairs}$,则$T_c \sim n_{total}^{Cooper\,pairs}$。库珀电子对的总数目越大,库珀电子对的总能量越大,因此从能量的观点可以得出$T_c \sim E_{total}^{Cooper\,pairs}$,$E_{total}^{Cooper\,pairs}$表示平带的库珀电子对的总能量。

从正常态到超导态,最低点的超导相变能量差ΔE_{SPT},$\Delta E_{SPT} = f_s(T) - f_n(T)$是由所有库珀对形成或凝结的总能引起的,即$\Delta E_{SPT} = E_{total}^{Cooper\,pairs}$。换句话说,从超导态到正常态的相变涉及温度场$T \geq T_c$破坏库珀对,如图18-7(b)所示。因此,超导转变温度与断裂(或破坏)总库珀对的能量成正比,即$T_c \sim E_{total}^{Cooper\,pairs}$。此外,由于所有库珀对的超导凝聚能与库珀对的总数成正比,所以超导转变温度也与库珀对总数成正比例关系:$T_c \sim n_{total}^{Cooper\,pairs}$,并且库珀对总数与平带的长度成

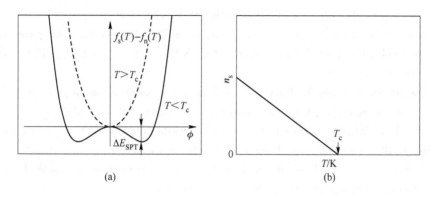

图18-7 自由能随序参量ϕ的变化图(a)及n_s与温度T的线性关系(b)

正比，则超导转变温度与平带长度也成正比关系。因此，我们能得到以下关系：$T_c \sim \Delta E_{SPT} \sim E_{total}^{Cooper\ pairs} \sim n_{total}^{Cooper\ pairs} \sim L_i^{FB} \sim T_c$。可以看出，由第一性原理计算得到的超导转变温度与平带总长度之间的关系与朗道热力学相变理论是一致的。

18.3 本章小结

本章利用第一性原理和朗道热力学分析了随着 Bi 浓度变化的 $BaPb_{1-x}Bi_xO_3$ 和随着 K 浓度变化的 $Ba_{1-x}K_xBiO_3$ 钙钛矿的结构和电子性质以及超导性能。研究结果表明，在超导区域中，$BaPb_{1-x}Bi_xO_3$ 和 $Ba_{1-x}K_xBiO_3$ 的稳定性顺序是 O > T > C，表明超导四方相是亚稳态的。在 $BaPb_{1-x}Bi_xO_3$ 的超导区域中，T 相和 O 相之间小的总能量差和一阶不连续的 T 相到 O 相的转变可以解释实验观察到的两相共存现象。在 $Ba_{1-x}K_xBiO_3$ 的超导区域中，T 相和 O 相之间大的总能量差和一阶不连续的 T 相到 O 相转变可能涉及低的平衡温度。$BaPb_{1-x}Bi_xO_3$ 和 $Ba_{1-x}K_xBiO_3$ 超导体的电子结构表明，两者都是具有平带的窄导带和中导带，这对于超导性是有利的条件。另外，$BaPb_{1-x}Bi_xO_3$ 和 $Ba_{1-x}K_xBiO_3$ 超导体的电子结构的特定性质是费米级附近的平带，这是由于氧八面体的旋转和平带上方高能隙的出现引起的。这种性质可能是非常规高温超导体的关键特征。这些结果为解释 $BaPb_{1-x}Bi_xO_3$ 和 $Ba_{1-x}K_xBiO_3$ 钙钛矿超导电性提供了理论基础。特别是根据第一性原理计算的结果，我们提出了一个新的理论框架，即平带段的总长度越长，铋酸盐超导体的超导转变温度越高，这与朗道热力学相变理论相一致。因此，作为基于平带概念来比较和确定非常规超导体的超导转变温度的简单方式，可以使用平带片段的总长度。该结果有助于预测和设计新型非常规超导体的最佳超导转变温度值。

参 考 文 献

[1] Sleight A W, Gillson J L, Bierstedt P E. High-temperature superconductivity in the $BaPb_{1-x}Bi_xO_3$ system [J]. Solid State Communication, 1975, 17: 27-28.

[2] Huang Q, Zasadzinski J F, Tralshawala N, et al. Tunnelling evidence for predominantly electron-phonon coupling in superconducting $Ba_{1-x}K_xBiO_3$ and $Nd_{2-x}Ce_xCuO_{4-y}$ [J]. Nature, 1990, 347: 369-372.

[3] Giraldo-Gallo P, Zhang Y, Parra C, et al. Stripe-like nanoscale structural phase separation in superconducting $BaPb_{1-x}Bi_xO_3$ [J]. Nature Communication, 2015, 6: 8231.

[4] Cava R J, Batlogg B, Krajewski J J, et al. Superconductivity near 30 K without copper: the $Ba_{0.6}K_{0.4}BiO_3$ perovskite [J]. Nature, 1988, 332: 814-816.

[5] Mattheiss L F, Gyorgy E M, Johnson D W Jr. Superconductivity above 20 K in the Ba-K-Bi-O system [J]. Physical Review B, 1988, 37: 3745-3746.

[6] Batlogg B, Cava R J, Rupp L W Jr, et al. Density of states and isotope effect in BiO

superconductors: evidence for nonphonon mechanism [J]. Physical Review Letters, 1988, 61: 1670-1673.

[7] Luna K, Giraldo-Gallo P, Geballe T H, et al. Disorder driven metal-insulator transition in $BaPb_{1-x}Bi_xO_3$ and inference of disorder-free critical temperature [J]. Physical Review Letters, 2014, 113: 177004.

[8] Giraldo-Gallo P, Lee H O, Beasley M R, et al. Inhomogeneous superconductivity in $BaPb_{1-x}Bi_xO_3$ [J]. Journal of Superconductivity and Novel Magnetism, 2013, 26: 2675-2678.

[9] Sleight A W, Cox D E. Symmetry of superconducting compositions in the $BaPb_{1-x}Bi_xO_3$ system [J]. Solid State Communication, 1986, 58: 347-350.

[10] Boyce J B, Bridges F G, Claeson T, et al. Local structure of $BaBi_xPb_{1-x}O_3$ determined by X-ray-absorption spectroscopy [J]. Physical Review B, 1991, 44: 6961-6972.

[11] Flavell W R, Mian M, Roberts A J, et al. EXAFS studies of $SrSn_{1-x}Sb_xO_3$ and $BaPb_{1-x}Bi_xO_3$ [J]. Journal of Materials Chemistry, 1997, 7: 357-364.

[12] Tranquada J M, Sternlieb B J, Axe J D, et al. Evidence for stripe correlations of spins and holes in copper oxide superconductors [J]. Nature. 1995, 375: 561-563.

[13] Howald C, Eisaki H, Kaneko N, et al. Coexistence of periodic modulation of quasiparticle states and superconductivity in $Bi_2Sr_2CaCu_2O_{8+\delta}$ [J]. Proceedings of the National Academy of Sciences USA, 2003, 100: 9705-9709.

[14] Howald C, Eisaki H, Kaneko N, et al. Periodic density of states modulations in superconducting $Bi_2Sr_2CaCu_2O_{8+\delta}$ [J]. Physical Review B, 2003, 67: 014533.

[15] Bianconi A, Lusignoli M, Saini N L, et al. Stripe structure of the CuO_2 plane in $Bi_2Sr_2CaCu_2O_{8+\delta}$ by anomalous X-ray diffraction [J]. Physical Review B, 1996, 54: 4310-4314.

[16] Bianconi A, Saini N L, Lanzara A, et al. Determination of the local lattice distortions in the CuO_2 plane of $La_{1.85}Sr_{0.15}CuO_4$ [J]. Physical Review Letters, 1996, 76: 3412-3415.

[17] Bianconi A. On the possibility of new high T_c superconductors by producing metal heterostructures as in the cuprate perovskites [J]. Solid State Communication, 1994, 89: 933-936.

[18] Bianconi A, Missori M, Oyanagi H, et al. The measurement of the polaron size in the metallic phase of cuprate superconductors [J]. Europhys Letters, 1995, 31: 411-415.

[19] Poccia N, Ricci A, Campi G, et al. Optimum inhomogeneity of local lattice distortions in La_2CuO_{4+y} [J]. Proceedings of the National Academy of Sciences USA, 2012, 109: 15685-15690.

[20] Fratini M, Poccia N, Ricci A, et al. Scale-free structural organization of oxygen interstitials in La_2CuO_{4+y} [J]. Nature, 2010, 466: 841-844.

[21] Ricci A, Poccia N, Campi G, et al. Multiscale distribution of oxygen puddles in 1/8 doped $YBa_2Cu_3O_{6.67}$ [J]. Scientific Reports, 2013, 3: 2383.

[22] Ricci A, Poccia N, Campi G, et al. Networks of superconducting nano-puddles in 1/8 doped $YBa_2Cu_3O_{6.5+y}$ controlled by thermal manipulation [J]. New Journal of Physics, 2014,

16: 053030.

[23] Sleight A W. Bismuthates: BaBiO$_3$ and related superconducting phases [J]. Physica C, 2015, 514: 152-165.

[24] Fu W T, Visser D, I J do D J W. High-resolution neutron powder diffraction study on the structure of BaPbO$_3$ [J]. Solid State Communication, 2005, 134: 647-652.

[25] Climent-Pascual E, Ni N, Jia S, et al. Polymorphism in BaPb$_{1-x}$Bi$_x$O$_3$ at the superconducting composition [J]. Physical Review B, 2011, 83: 174512.

[26] Marx D T, Radaelli P G, Jorgensen J D, et al. Metastable behavior of the superconducting phase in the BaBi$_{1-x}$Pb$_x$O$_3$ system [J]. Physical Review B, 1992, 46: 1144-1156.

[27] Giraldo-Gallo P, Lee H, Zhang Y, et al. Field-tuned superconductor-insulator transition in BaPb$_{1-x}$Bi$_x$O$_3$ [J]. Physical Review B, 2012, 85: 174503.

[28] Pei S, Jorgensen J D, Dabrowski B, et al. Structural phase diagram of the Ba$_{1-x}$K$_x$BiO$_3$ system [J]. Physical Review B, 1990, 41: 4126-4141.

[29] Braden M, Reichardt W, Elkaim E, et al. Structural distortion in superconducting Ba$_{1-x}$K$_x$BiO$_3$ [J]. Physical Review B, 2000, 62: 6708-6715.

[30] Kodialam S, Korthius V C, Hoffmann R D, et al. Electrode-position of potassium bismuthate: KBiO$_3$ [J]. Materials Research Bulletin, 1992, 27: 1379-1384.

[31] Hohenberg P, Kohn W. Inhomogeneous electron gas [J]. Physical Review, 1964, 136: B864-871.

[32] Kohn W, Sham L J. Self-consistent equations including exchange and correlation effects [J]. Physical Review, 1965, 140: A1133-1138.

[33] Vanderbilt D. Soft self-consistent pseudopotentials in a generalized eigenvalue formalism [J]. Physical Review B, 1990, 41: 7892-7895.

[34] Segall M D, Lindan P L D, Probert M J, et al. First-principles simulation: ideas, illustrations and the CASTEP code [J]. Journal of Physics: Condensed Matter, 2002, 14: 2717-2744.

[35] Ceperley D M, Alder B J. Ground state of the electron gas by a stochastic method [J]. Physical Review Letters, 1980, 45: 566-569.

[36] Perdew J P, Zunger A. Self-interaction correction to density functional approximations for many-electron systems [J]. Physical Review B, 1981, 23: 5048-5079.

[37] Liu S Y, Liu S, Li D J, et al. Structure, phase transition, and electronic properties of K$_{1-x}$Na$_x$NbO$_3$ solid solutions from first-principles theory [J]. Journal of the American Ceramic Society, 2014, 97: 4019-4023.

[38] Monkhorst H J, Pack J D. Special points for Brillouin-zone integrations [J]. Physical Review B, 1976, 13: 5188-5192.

[39] Chakoumakos B C, Nagler S E, Misture S T, et al. High-temperature structural behavior of SrRuO$_3$ [J]. Physica B: Condensed Matter, 1997, 241: 358-360.

[40] Kennedy B J, Hunter B A. High-temperature phases of SrRuO$_3$ [J]. Physical Review B, 1998, 58: 653-658.

[41] Kennedy B J, Hunter B A, Hester J R. Synchrotron X-ray diffraction reexamination of the

sequence of high-temperature phases in SrRuO$_3$ [J]. Physical Review B, 2002, 65: 224103.

[42] Fu W T, Visser D, Knight K S, et al. Temperature-induced phase transitions in BaTbO$_3$ [J]. Journal of Solid State Chemistry, 2004, 177: 1667-1671.

[43] Yasukawa M, Kadota A, Maruta M, et al. Thermoelectric properties of the solid solutions BaPb$_{1-x}$Sb$_x$O$_3$ ($x = 0 \sim 0.4$) [J]. Solid State Communication, 2002, 124: 49-52.

[44] Micnas R, Ranninger J, Robaszkiewicz S. Superconductivity in narrow-band systems with local nonretarded attractive interactions [J]. Reviews of Modern Physics, 1990, 62: 113-171.

[45] Fisher B, Genossar J, Lelong I O, et al. Thermoelectric power measurements of YBa$_2$Cu$_3$O$_{7-\delta}$ up to 950 ℃ and their application to test the band structure near E_F [J]. Journal of Superconductivity, 1988, 1: 53-61.

[46] Fisher B, Genossar J, Lelong I O, et al. Resistivity and thermoelectric power of YBa$_2$Cu$_3$O$_{7-\delta}$ up to 950 ℃ [J]. Physica C, 1988, 153: 1349-1350.

[47] Bar-Ad S, Fisher B, Ashkenazi J, et al. Two models for the transport properties of YBa$_2$Cu$_3$O$_{7-\delta}$ in its normal state [J]. Physica C, 1988, 156: 741-749.

[48] Genossar J, Fisher B, Lelong I O, et al. On the normal state resistivity and thermoelectric power of YBa$_2$Cu$_3$O$_x$: experiments and interpretation [J]. Physica C, 1989, 157: 320-324.

[49] Mattheiss L F, Hamann D R. Electronic structure of the high-T_c superconductor Ba$_{1-x}$K$_x$BiO$_3$ [J]. Physical Review Letters, 1988, 60: 2681-2684.

[50] Liechtenstein A I, Mazin I I, Rodriguez C O, et al. Structural phase diagram and electron-phonon interaction in Ba$_{1-x}$K$_x$BiO$_3$ [J]. Physical Review B, 1991, 44: 5388-5391.

[51] Franchini C, Sanna A, Marsman M, et al. Structural, vibrational, and quasiparticle properties of the Peierls semiconductor BaBiO$_3$: A hybrid functional and self-consistent GW + vertex-corrections study [J]. Physical Review B, 2010, 81: 085213.

[52] Markiewicz R S. A survey of the Van Hove scenario for high-T_c superconductivity with special emphasis on pseudogaps and striped phases [J]. Journal of Physics and Chemistry of Solids, 1997, 58: 1179-1310.

[53] Simon A. Superconductivity and chemistry [J]. Angewandte Chemie International Edition in English, 1997, 36: 1788-1806.

[54] Deng S, Kohler J, Simon A. A chemist's approach to superconductivity [J]. Journal of Superconductivity, 2002, 15: 635-638.

[55] Khodel V A, Shaginyan V R. Superfluidity in system with fermion condensate [J]. JETP Letters, 1990, 51: 553-555.

[56] Volovik G E. A new class of normal Fermi liquids [J]. JETP Letters, 1991, 53: 222-225.

[57] Landau L D, Lifshitz E M. Statistical physics [M]. Part 2. Oxford: Pergamon Press, 1980.

19 铜氧化物超导体的第一性原理和朗道热力学研究

铜氧化物高温超导体（HTSC）超导电性的发现为其潜在的技术应用开辟了许多可能性，但微观机理仍不明确[1-20]。汞基 $HgBa_2Ca_{n-1}Cu_nO_{2n+2+\delta}$[$Hg-12(n-1)n$，($n=1、2、3、4、\cdots$)]铜氧化物因其较高的超导转变温度和简单的四方晶体结构引起了人们的广泛关注[14-22]。$HgBa_2CuO_{4+\delta}$（$n=1$）（Hg-1201）在 $0<\delta<0.2$ 的条件下单胞内有单层 CuO_2，并且在报道过的单层 CuO_2 超导体中，Hg-1201（$n=1$）的转变温度最高（97 K）[19,21-22]。$HgBa_2CaCu_2O_{6+\delta}$（$n=2$）（Hg-1212）在 $0.05<\delta<0.35$ 条件下单胞中有双层 CuO_2，并且在所有双层 CuO_2 超导体中具有最高的转变温度（127 K）[20]。具有三层 CuO_2 的超导体 $HgBa_2Ca_2Cu_3O_{8+\delta}$（$n=3$）（Hg-1223）在 $0.16<\delta<0.41$ 时，常压和高压下的超导转变温度分别为 134 K 和 164 K[20,23]，并且 Hg-1234 的超导转变温度低于 Hg-1223[24-25]。对于 $Hg-12(n-1)n$，当 $\delta=0$ 时 Hg—O 平面中的氧原子几乎不存在，这是消除铜氧化物空穴掺杂机制的关键。因此，$HgBa_2Ca_{n-1}Cu_nO_{2n+2}$ 具有微弱的超导电性。然而，在氧气气氛中退火后，δ 增加到50%以下，$Hg-12(n-1)n$ 成为良好的高温超导体材料。

铊基铜氧化物因具有高超导转变温度、高传输临界电流密度 J_c 以及低各向异性成为优良的超导体[10-13]。Tl-Ba-Ca-Cu-O（TBCCO）和 Tl-Sr-Ca-Cu-O（TSCCO）是其中两种铊基铜氧化物超导体，TBCCO 的一般形式是 $TlBa_2Ca_{n-1}Cu_nO_{2n+3}$ [$TlBa-12(n-1)n$]，其中 TlBa-1201（$n=1$）、TlBa-1212（$n=12$）、TlBa-1223（$n=3$）以及 TlBa-1234（$n=4$）的超导转变温度分别是 15 K、105 K、133.5 K 和 127 K[26-33]。目前已经研究到 $n=5$ 的铊基铜氧化物超导体，研究发现，$n \leq 3$ 时 $TlBa-12(n-1)n$ 超导体的超导转变温度逐渐增加，但 $n>3$ 时逐渐减小[34-36]。对于另一种铊基铜氧化物超导体 $TlSr_2Ca_{n-1}Cu_nO_{2n+3}$ [$TlSr-12(n-1)n$]，人们发现它的超导转变温度具有类似的特征，但 $TlSr-12(n-1)n$ 的超导转变温度低于 $TlBa-12(n-1)n$ 的超导转变温度[37-41]，并且与单个 Tl-O 层的 TBCCO 是等结构的[37]。在 TSCCO 体系中，$TlSr_2CaCu_2O_7$（$n=2$）和 $TlSr_2Ca_2Cu_3O_9$（$n=3$）的 T_c 分别是 70 K 和 97 K[38-41]。有趣的是，Subramanian 等发现 Pb 替代 Tl 可使晶体结构稳定，$(Tl_{0.5}Pb_{0.5})Sr_2CaCu_2O_7$ 和 $(Tl_{0.5}Pb_{0.5})Sr_2Ca_2Cu_3O_9$ 的 T_c 有所提高，分别为 80~85 K 和 115~122 K[12]。此外，在钙钛矿层中 Ba 取代 Sr 创建了钉扎中心，从

而改善了 (Tl, Pb)(Sr, Ba)Ca$_2$Cu$_3$O$_9$ 的超导性能[42-44]。Lee 最近发现, 常压下, Ba 部分替代 Sr 以及 Pb 部分替代 Tl, 对形成单相的 (Tl$_{1-x}$Pb$_x$)(Sr$_{1-y}$Ba$_y$)-Ca$_3$Cu$_4$O$_1$1[(Tl, Pb) - 1234] 是非常有效的,并且在样品中观察到 T_c 为 106 K[45]。

最近, Bozovic 等发现了过掺杂 La$_{2-x}$Sr$_x$CuO$_4$(LSCO) 的转变温度与零温相位刚度 ρ_{s0} (或超流密度) 成正比例关系, 这是局部配对理论而不是传统的 BCS 理论[3]。在低掺杂领域里也发现了相似的规律(标度定律)。随着高温铜氧化物超导体中掺杂载流子的增加, T_c 和 n_s/m^* 之间存在普遍的线性关系[46]。随后, 在高温超导体中发现转变温度和超流密度之间存在相似的普适性标度关系[47]。母系化合物 La$_2$CuO$_4$(LCO) 在低温下具有正交反铁磁(O-AFM)钙钛矿结构, 当奈尔温度 T_N 大于 325 K 时变成四方结构[48]。因此, La$_2$CuO$_4$(LCO) 在冷却时会发生结构相变和磁相变。类似的, 高温下的 La$_{2-x}$Sr$_x$CuO$_4$ 四方相到低温下的正交相发生位移型结构相变[49-51]。当 Sr 的掺杂浓度增加到 0.22 时, 由低掺杂浓度下的正交结构到高掺杂浓度下的四方结构呈现出一种组分相变[52]。因此, La$_{2-x}$Sr$_x$CuO$_4$(LSCO) 铜氧化物从高温四方相到低温正交相呈现结构相变[53-54]。随着 Sr 掺杂浓度的增加, 在低温时, La$_{2-x}$Sr$_x$CuO$_4$ 在 $0.06 \leq x_{Sr} \leq 0.25$ 的范围内显示出超导电性; 而且在 $x_{Sr} = 0.15$ 时超导转变温度 T_c 最高, 大约是 40 K, 即此浓度是掺杂 Sr 的最佳浓度[53-54]。

30 多年来解决高温非常规超导电性的问题一直是材料物理学的研究热点。本章利用第一性原理研究了非常规超导体 BaPb$_{1-x}$Bi$_x$O$_3$ 和 Ba$_{1-x}$K$_x$BiO$_3$ 的结构相、电子性质以及超导特性, 并得出了超导转变温度 T_c 和平带总长度 L_{FB} 之间的关系[55]。通过第一性原理进一步研究了在 CuO$_2$ 层数增长的情况下, (Tl, Pb)(Ba, Sr)$_2$Ca$_{n-1}$Cu$_n$O$_{2n+3}$[(T, Pb)(Ba, Sr) - 12(n-1)n] 和 HgBa$_2$Ca$_{n-1}$-Cu$_n$O$_{2n+2+\delta}$ [Hg - 12(n-1)n] (n = 1、2、3、4) 的几何结构和超导电性, 以及 Sr 浓度在 $0 \leq x_{Sr} \leq 0.4$ 范围内变化时 La$_{2-x}$Sr$_x$CuO$_4$ 的几何结构和超导电性。该研究可以为 (Tl, Pb)(Ba, Sr) - 12(n-1)n、Hg - 12(n-1)n 和 LSCO 的高温超导性质提供理论解释。特别是本章基于第一性原理计算和朗道理论得到超导转变温度 T_c 与平带(FB)的总长度成正比例关系: $T_c \sim \sum_i L_i^{FB}$, 该结论与最近得出的超导转变温度与超流密度的正比例关系的实验结果一致, 这是局部配对理论而不是传统的 BCS 理论[3]。

19.1　计算方法与模型

本节使用了基于密度泛函理论的第一性原理计算的剑桥系列总能量包(CASTEP), PBE 方案中实现的广义梯度近似, 赝势方法和平面波基组[56-65]。Tl、Pb、Hg、La、Ba、Sr、Ca、Cu 以及 O 原子在基态中的电子组态依次是

$[X_e]4f^{14}5d^{10}6s^26p^1$、$[X_e]4f^{14}5d^{10}6s^26p^2$、$[X_e]4f^{14}5d^{10}6s^2$、$[K_r]4d^{10}5s^25p^65d^16s^2$、$[K_r]4d^{10}5s^25p^66s^2$、$[A_r]3d^{10}4s^24p^65s^2$、$[N_e]3s^23p^64s^2$、$[N_e]3s^23p^63d^{10}4s^1$ 和 $[1s^2]2s^22p^4$。计算中的平面波截断能量设置为 400 eV, 确保总能量收敛为 10^{-6} eV/atom。

采用虚晶近似法[55,66-68]对 $(Tl, Pb)(Ba, Sr)_2Ca_{n-1}Cu_nO_{2n+3}$ [$(Tl, Pb)(Ba, Sr)-12(n-1)n$] 和 $La_{2-x}Sr_xCuO_4$ (LSCO) 进行了建模,保持同 $TlSr_2Ca_{n-1}Cu_nO_{2n+3}$ 和 La_2CuO_4 一样的晶体结构,并用虚拟的 Pb(Sr) 原子取代金属 Tl(La)。同样地,$HgBa_2Ca_{n-1}Cu_nO_{2n+2+\delta}$ ($n=1$、2、3、4) 保持与 $HgBa_2Ca_{n-1}Cu_nO_{2n+3}$ 相同的晶体结构,在 (0, 5, 0.5, 0) 原子位置的中心氧原子取代为浓度 δ 的氧原子。该方法可以方便调整 $La_{2-x}Sr_xCuO_4$ 中的 La、Sr 等原子比,从而改变 Sr 浓度。利用该方法还可以在 $HgBa_2Ca_{n-1}Cu_nO_{2n+2+\delta}$ 体系中加入分数原子,如 $O_\delta(0<\delta<1)$。图 19-1 是 $(Tl, Pb)(Ba, Sr)-12(n-1)n$ 和 $Hg-12(n-1)n$ ($n=1$、2、3、4) 的四方晶体结构以及 LSCO 的四方和正交晶体结构。当每个原子上的力小于 0.1 eV/nm 时,体系的结构优化才算完成。布里渊区采样设置为等同的 $8\times8\times4$ Monkhorst-Pack 的 k 点网格[69]。

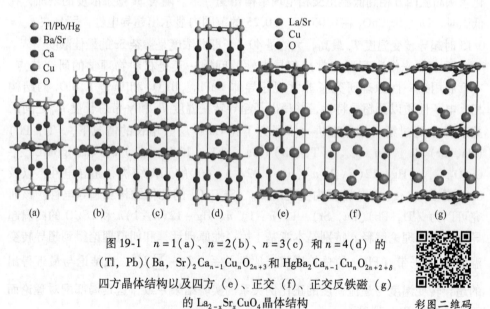

图 19-1 $n=1(a)$、$n=2(b)$、$n=3(c)$ 和 $n=4(d)$ 的 $(Tl, Pb)(Ba, Sr)_2Ca_{n-1}Cu_nO_{2n+3}$ 和 $HgBa_2Ca_{n-1}Cu_nO_{2n+2+\delta}$ 四方晶体结构以及四方 (e)、正交 (f)、正交反铁磁 (g) 的 $La_{2-x}Sr_xCuO_4$ 晶体结构

彩图二维码

19.2 研究结果及讨论

19.2.1 $La_{2-x}Sr_xCuO_4$ 铜氧化物的能量和磁性

图 19-2(a) 显示了在 Sr 浓度为 $0\leq x_{Sr}\leq 0.4$ 范围内,随着 Sr 浓度变化的

$La_{2-x}Sr_xCuO_4$（LSCO）铜氧化物的正交反铁磁相（O-AFM）、正交相和四方相的总能量差。比较图中数据可以发现，La_2CuO_4 母体化合物（$x_{Sr}=0$）的 O-AFM 相，O 相和 T 相的总能量大小关系为 $E_{O-AFM} < E_O < E_T$，与实验中观察到的冷却后的结构相变和磁相变的结果一致[48]。此外，掺杂 Sr 后的 $La_{2-x}Sr_xCuO_4$ 的总能量差比纯 La_2CuO_4 的能量差要小得多，并且随着 Sr 浓度的增加，$La_{2-x}Sr_xCuO_4$ 的总能量差逐渐减小。总之，当 $0 \leq x_{Sr} < 0.22$ 时，$La_{2-x}Sr_xCuO_4$ 的正交反铁磁相和正交相是更加稳定的；而四方相在高 Sr 浓度条件下，即 $0.22 \leq x_{Sr} \leq 0.4$ 更稳定[52]。

图 19-2(b) 显示了 Sr 浓度在 $0 \leq x_{Sr} \leq 0.4$ 范围内时，随着 Sr 浓度变化的 $La_{2-x}Sr_xCuO_4$ 的正交反铁磁相中的铜原子磁矩。由图中数据可以发现，正交反铁磁相 La_2CuO_4 的铜原子磁矩是 $0.65\mu_B$，与 $0.5\mu_B$ 的实验结果相当[54]。随着 Sr 浓度的增加，铜原子的磁矩逐渐减小，当 $x_{Sr}=0.08$ 时磁矩变为 0，即无磁性，这说明从反铁磁性（AFM）状态到无磁性（NM）状态发生了组分的磁相变。综上所述，随着 Sr 浓度的增加，$La_{2-x}Sr_xCuO_4$ 铜氧化物经历了 O(AFM)-O-T 的组分导致的磁性和结构相变，表明 Sr 掺杂可以有效地抑制 La_2CuO_4 母体化合物的反铁磁序，在高 Sr 浓度的条件下诱导出超导电性，这与实验结果一致[48-54]。

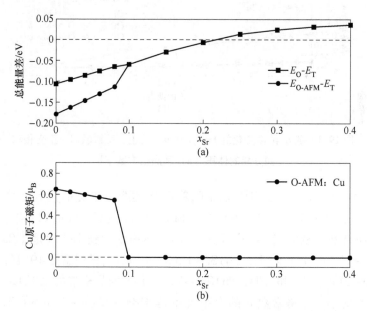

图 19-2　随 Sr 浓度变化的 $La_{2-x}Sr_xCuO_4$ 正交反铁磁相、正交相和四方相的总能量差（a）以及 $La_{2-x}Sr_xCuO_4$ 正交反铁磁相中的铜原子磁矩（b）

19.2.2　几何结构

图 19-3 显示了在 Sr 浓度为 $0 \leq x_{Sr} \leq 0.4$ 范围内，随着 Sr 浓度变化的

$La_{2-x}Sr_xCuO_4$（LSCO）铜氧化物正交反铁磁相、四方相和正交相的体积和晶格常数。比较图19-3(a)中数据的大小不难发现，随着Sr浓度的增加，T相、O相和O-AFM相的体积在逐渐减小，并且O-AFM相的体积总是比四方相的体积更大一些。$La_{2-x}Sr_xCuO_4$的T相、O相和O-AFM相的晶格常数也随着Sr浓度的增加而减小，如图19-3(b)所示。此外，当Sr浓度增加时，$La_{2-x}Sr_xCuO_4$的三种相结构的体积以及晶格常数之间的差距都在逐渐变小。这些结果与实验数据一致[48-54]。

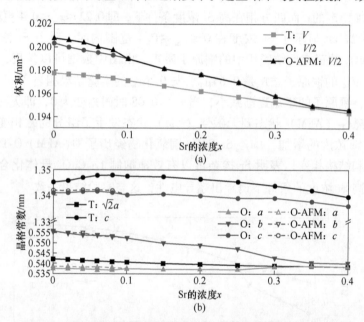

图19-3 随Sr浓度变化的$La_{2-x}Sr_xCuO_4$的正交反铁磁相、正交相和四方相的体积（a）和晶格常数（b）

图19-4(a)和(b)分别显示了随着CuO_2层数n变化的铜氧化物（Tl，Pb）$(Ba, Sr)_2Ca_{n-1}Cu_nO_{2n+3}$[(Tl,Pb)(Ba, Sr)-12($n$-1)$n$]（$n$=1，2，3，4）的体积和晶格常数。从图19-4(a)可以看出，体积由大到小依次是TlBa-12(n-1)n > TlSr-12(n-1)n > (Tl, Pb)Sr-12(n-1)n。同样观察图19-4(b)也可以发现，TlSr-12(n-1)n和(Tl, Pb)Sr-12(n-1)n的晶格常数比TlBa-12(n-1)n的晶格常数更小。晶格常数a的大小关系是TlBa-12(n-1)n > (Tl, Pb)Sr-12(n-1)n > TlSr-12(n-1)n，晶格常数c的大小关系是TlBa-12(n-1)n > TlSr-12(n-1)n > (Tl, Pb)Sr-12(n-1)n，这些结果与实验测量结果一致[39]。

图19-4(c)~(d)分别为$HgBa_2Ca_{n-1}Cu_nO_{2n+2}$和$HgBa_2Ca_{n-1}Cu_nO_{2n+2+\delta}$（$n$=1，2，3，4）的体积和晶格常数随$CuO_2$层数的变化图像。在最佳掺杂条件下，当$n$=1、2、3时，$HgBa_2Ca_{n-1}Cu_nO_{2n+2+\delta}$（$n$=1、2、3、4）的体积和晶格常数要小于

$HgBa_2Ca_{n-1}Cu_nO_{2n+2}$ 的体积和晶格常数。相反，当 $n=4$ 时，$HgBa_2Ca_{n-1}Cu_nO_{2n+2}$ 的体积和晶格常数比 $HgBa_2Ca_{n-1}Cu_nO_{2n+2+\delta}$ ($n=1, 2, 3, 4$) 的要小，这可能是 δ_0 值较大导致的，这与实验结果一致[19-25]。

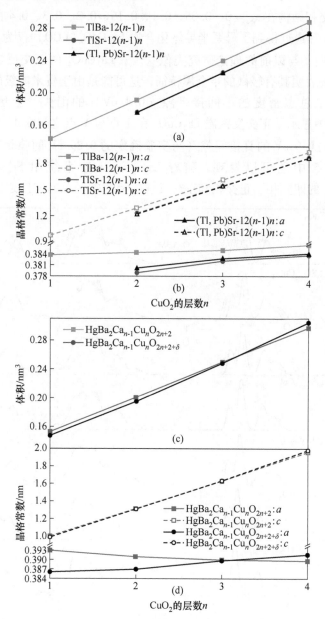

图 19-4 随 CuO_2 层数 n 变化的 $TlBa_2Ca_{n-1}Cu_nO_{2n+3}$ ($n=1, 2, 3, 4$)、$TlSr_2Ca_{n-1}Cu_nO_{2n+3}$、$(Tl_{0.5}Pb_{0.5})Sr_2Ca_{n-1}Cu_nO_{2n+3}$ ($n=2, 3, 4$) 的体积 (a)、晶格常数 (b) 以及 $HgBa_2Ca_{n-1}Cu_nO_{2n+2}$、$HgBa_2Ca_{n-1}Cu_nO_{2n+2+\delta}$ ($n=1, 2, 3, 4$) 的体积 (c) 和晶格常数 (d)

19.2.3 电子态密度

图 19-5(a)~(g) 分别是 $La_{2-x}Sr_xCuO_4$(LSCO) 铜氧化物的正交反铁磁相、四方相和正交相结构在 $x_{Sr}=0$、0.05、0.1、0.15、0.2、0.3、0.4 的电子总态密度曲线。Ono 等最近得到了母系半导体化合物 La_2CuO_4(LCO) 仅为 0.89 eV 的能带隙[70]。然而，与以前的理论研究类似[55,71]，La_2CuO_4 的正交反铁磁相的电子总态密度似乎表明其有轻微的半金属特征，这可能是由于费米能级的拖尾效应导致了 La_2CuO_4 总态密度的小间接带隙 (0.4 eV) 的消失[55]。因此，在能带图 19-7(a) 中显示了正交反铁磁 La_2CuO_4 在 T 点与 Y 点之间 0.4 eV 的间接带隙以及 T 点大约 0.9 eV 的直接间隙 (与实验确定的 0.89 eV 间隙相一致)[70]。此外，从图 19-5 中还可以发现，随着 $La_{2-x}Sr_xCuO_4$ 系统中 Sr 浓度的增加，$La_{2-x}Sr_xCuO_4$ 的四方相、正交相和正交反铁磁相的电子总态密度之间的差异变得

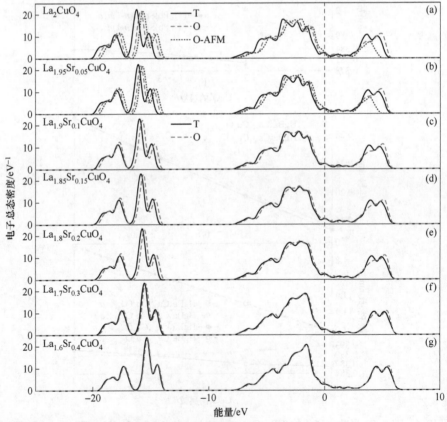

图 19-5 $La_{2-x}Sr_xCuO_4$ 四方相、正交相以及正交反铁磁相在不同 Sr 浓度的电子总态密度图
(a) $x_{Sr}=0$; (b) $x_{Sr}=0.05$; (c) $x_{Sr}=0.1$; (d) $x_{Sr}=0.15$; (e) $x_{Sr}=0.2$; (f) $x_{Sr}=0.3$; (g) $x_{Sr}=0.4$
(费米能级在 0 eV)

更小,这与几何结构的结果是一致的。

图 19-6 是 $TlBa_2Ca_{n-1}Cu_nO_{2n+3}$ ($n=1$、2、3、4)和 $TlSr_2Ca_{n-1}Cu_nO_{2n+3}$、$(Tl_{0.5}Pb_{0.5})Sr_2Ca_{n-1}Cu_nO_{2n+3}$ ($n=2$、3、4)以及 $HgBa_2Ca_{n-1}Cu_nO_{2n+2}$、

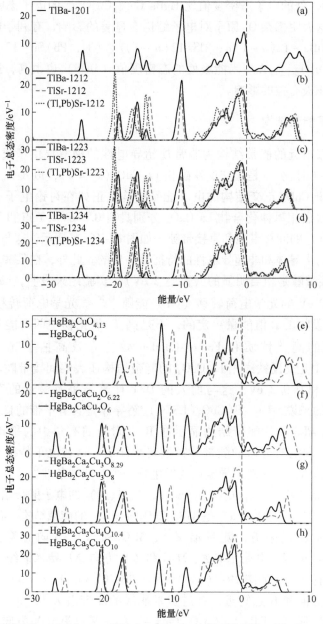

图 19-6　$TlBa_2Ca_{n-1}Cu_nO_{2n+3}$、$TlSr_2Ca_{n-1}Cu_nO_{2n+3}$ 和 $(Tl_{0.5}Pb_{0.5})Sr_2Ca_{n-1}Cu_nO_{2n+3}$ 在 $n=1$ (a)、$n=2$ (b)、$n=3$ (c)、$n=4$ (d) 时的电子总态密度图以及 $HgBa_2Ca_{n-1}Cu_nO_{2n+2}$ 和 $HgBa_2Ca_{n-1}Cu_nO_{2n+2+\delta}$ 在 $n=1$ (e)、$n=2$ (f)、$n=3$ (g)、$n=4$ (h) 时的电子总态密度图

$HgBa_2Ca_{n-1}Cu_nO_{2n+2+\delta}$ ($n = 1$、2、3、4) 超导体的电子总态密度曲线。电子总态密度曲线表明，$TlBa-12(n-1)n$、$TlSr-12(n-1)n$、$(Tl, Pb)Sr-12(n-1)n$ 以及 $Hg-12(n-1)n$ 都是良好的导体。此外，在最佳掺杂条件下，$HgBa_2Ca_{n-1}Cu_nO_{2n+2+\delta}$ 在费米能级 E_F 处的电子态密度值比 $HgBa_2Ca_{n-1}Cu_nO_{2n+2}$ 的电子态密度值 $N(E_F)$ 更大一些，这表明掺杂 O_δ 原子对电子结构有显著的影响，有利于超导电性的发生。同样，$TlBa-12(n-1)n$、$TlSr-12(n-1)n$、$(Tl, Pb)Sr-12(n-1)n$ 以及 $HgBa_2Ca_{n-1}Cu_nO_{2n+2+\delta}$ 在费米能级处的态密度值（DOS）也很高，这对它们的超导电性具有积极有益的影响。

19.2.4 电子能带结构

费米能级附近的能带结构为非常规超导电性的理解提供了重要的信息[72]。图 19-7(a) ~ (d) 分别是正交反铁磁相 La_2CuO_4 ($x_{Sr} = 0$)，以及 $x_{Sr} = 0.1$、0.15、0.2 时 $La_{2-x}Sr_xCuO_4$ 正交结构的电子能带结构。正如在讨论电子态密度时提到的，正交反铁磁相母体化合物 La_2CuO_4 分别具有 0.4 eV（T 点和 Y 点之间）和 0.9 eV（T 点）的间接带隙和直接带隙，如图 19-7(a) 所示，这与实验中由于反铁磁序造成的半导体和非超导电性的特征是一致的。此外，在某些对称点（X 或 G）上的直接带隙是相当明显的（高达 2 eV）。实验结果表明，La_2CuO_4 母体化合物具有约 2 eV 的光学电荷转移（CT）能隙[73-74]。光学电荷转移（CT）能隙通常是由光吸收的峰值能量决定的，不是高 T_c 氧化物中两个能带间的真正间隙[75]。带隙的间接性质和 Franck-Condon 效应导致高估了光学的带隙[75]。图 19-7(a) 中正交反铁磁相 La_2CuO_4 的能带结构还表明间接带隙和直接带隙分别为 0.4 eV 和 0.9/2 eV，这与前人的 DFT 计算结果及最近的实验结果相一致[70-74]。总的来说，$La_{2-x}Sr_xCuO_4$（LSCO）超导体是具有平带的良好导体。所有 $La_{2-x}Sr_xCuO_4$ 超导体的能带结构显示在 R 点附近的有集中的平坦带，沿 G-Z、T-Y 和 G-S 方向的有分散的陡带并穿过费米能级。这些电子特征显然满足"平带—陡带"的情况，这对超导电性的发生是一个有利的条件[76]。

图 19-8 是 $TlBa_2Ca_{n-1}Cu_nO_{2n+3}$（$n = 1$、2、3、4）的电子能带结构图，从图中可以观察到平带。图 19-8(a) 是 $TlBa_2CuO_5$（$n = 1$）的能带结构，我们可以看到，平带在 A 和 R 点附近，陡带沿 Z-A、M-G 和 X-G 方向并穿过费米能级。$TlBa_2CaCu_2O_7$（$n = 2$）陡带沿 Z-A、M-G 和 Z-R 方向穿过费米能级，而 A-M 方向和 X 点附近有平带，如图 19-8(b) 所示。$TlBa_2Ca_2Cu_3O_9$（$n = 3$）能带结构显示平带在 A-M 方向和 R 点附近，穿过费米能级的陡带沿 Z-A、M-G 和 X-G 方向，如图 19-8(c) 所示。$TlBa_2Ca_3Cu_4O_{11}$（$n = 4$）的平带仅沿 R-X 方向，陡带穿过费米能级沿 Z-A 和 M-G 方向，如图 19-8(d) 所示。这些电子特征显然也满足"平带—陡带"的情况。

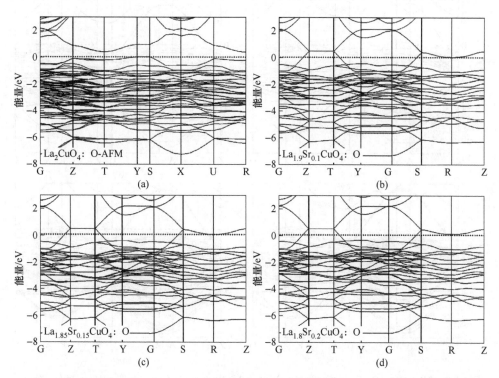

图 19-7 母体化合物 La_2CuO_4 正交反铁磁相的电子能带结构 (a), 以及 $La_{2-x}Sr_xCuO_4$ 正交相在 $x_{Sr}=0.1$ (b)、$x_{Sr}=0.15$ (c)、$x_{Sr}=0.2$ (d) 时的电子能带结构

(费米能级在 0 eV)

图 19-9(a)~(f) 依次是 $TlBa_2CaCu_2O_7$、$TlSr_2CaCu_2O_7$、$Tl_{0.5}Pb_{0.5}Sr_2CaCu_2O_7$、$TlBa_2Ca_2Cu_3O_9$、$TlSr_2Ca_2Cu_3O_9$ 和 $Tl_{0.5}Pb_{0.5}Sr_2Ca_2Cu_3O_9$ 的能带结构, 图中都显示了平带。$TlBa_2CaCu_2O_7$ 和 $TlSr_2CaCu_2O_7$ 的平带都沿 A-M 方向, 穿过费米能级的陡带沿 Z-A、M-G 和 Z-R 方向, 如图 19-9(a)~(b) 所示。$Tl_{0.5}Pb_{0.5}Sr_2CaCu_2O_7$ 的平带靠近 M 点和沿 G-Z 方向, 其陡带沿 Z-A 和 M-G 方向, 如图 19-9(c) 所示。在图 19-9(e) 中可以观察到 $TlSr_2Ca_2Cu_3O_9$ 的平带在 R 点附近, 陡带穿过费米能级沿着 Z-A、M-G 和 X-G 方向。$Tl_{0.5}Pb_{0.5}Sr_2Ca_2Cu_3O_9$ 的平带出现在 A 点附近和 G-Z 方向, 陡带穿过费米能级沿 Z-A 和 M-G 方向, 如图 19-9(f) 所示。这些电子能带结构特征均满足"平带—陡带"的准则。

同样地, 我们观察图 19-10 中 $TlBa_2Ca_3Cu_4O_{11}$、$TlSr_2Ca_3Cu_4O_{11}$、$Tl_{0.5}Pb_{0.5}Sr_2Ca_3Cu_4O_{11}$ 和 $Tl_{0.7}Pb_{0.3}SrBaCa_3Cu_4O_{11}$ 以及图 19-11 中 $HgBa_2CuO_{4.13}$、$HgBa_2CaCu_2O_{6.22}$、$HgBa_2Ca_2Cu_3O_{8.29}$ 和 $HgBa_2Ca_3Cu_4O_{10.4}$ 的电子能带结构图也能找到它们各自平带和陡带出现的位置, 详细位置列于表 19-1。这些电子能带特征显然满足了"平带—陡带"的特征, 这有利于超导电性的发生[76]。

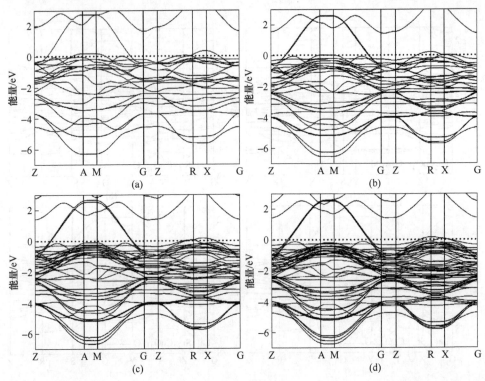

图 19-8　$TlBa_2Ca_{n-1}Cu_nO_{2n+3}$ 在 $n=1$ (a)、$n=2$ (b)、$n=3$ (c)、$n=4$ (d) 时的能带结构
(费米能级在 0 eV)

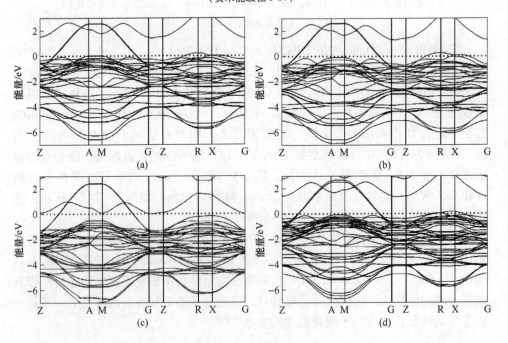

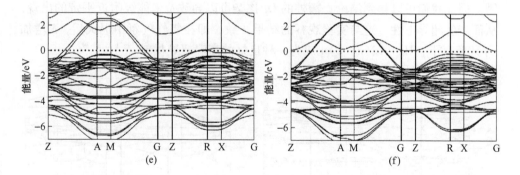

图 19-9 TlBa$_2$CaCu$_2$O$_7$（a）、TlSr$_2$CaCu$_2$O$_7$（b）、Tl$_{0.5}$Pb$_{0.5}$Sr$_2$CaCu$_2$O$_7$（c）、TlBa$_2$Ca$_2$Cu$_3$O$_9$（d）、TlSr$_2$Ca$_2$Cu$_3$O$_9$（e）和 Tl$_{0.5}$Pb$_{0.5}$Sr$_2$Ca$_2$Cu$_3$O$_9$（f）的电子能带结构

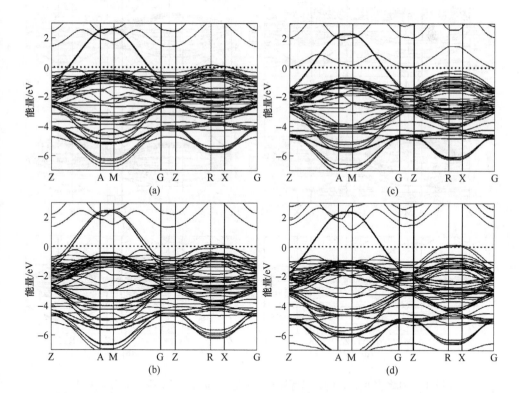

图 19-10 TlBa$_2$Ca$_3$Cu$_4$O$_{11}$（a）、TlSr$_2$Ca$_3$Cu$_4$O$_{11}$（b）、Tl$_{0.5}$Pb$_{0.5}$Sr$_2$Ca$_3$Cu$_4$O$_{11}$（c）以及 Tl$_{0.7}$Pb$_{0.3}$SrBaCa$_3$Cu$_4$O$_{11}$（d）的电子能带结构（费米能级在 0 eV）

然而，HgBa$_2$Ca$_{n-1}$Cu$_n$O$_{2n+2}$（$n=1$、2、3、4）的能带结构显示，在费米能级处没出现平带，如图 19-11(e)~(h) 所示。这与 Hg-12($n-1$)n 结构中不存在氧原子在 Hg-O 面内的事实相一致，这是消除铜氧化物的空穴-掺杂机制的关

键。因此我们可以得到结论：额外的 O_δ 掺杂可以导致费米能级附近平带的出现，从而产生超导电性。这与实验观察的结果一致，即在氧气气氛中退火后，δ 增加到 50% 以下，Hg-12$(n-1)n$ 成为一种良好的高温超导材料[19,21-25,38-39]。

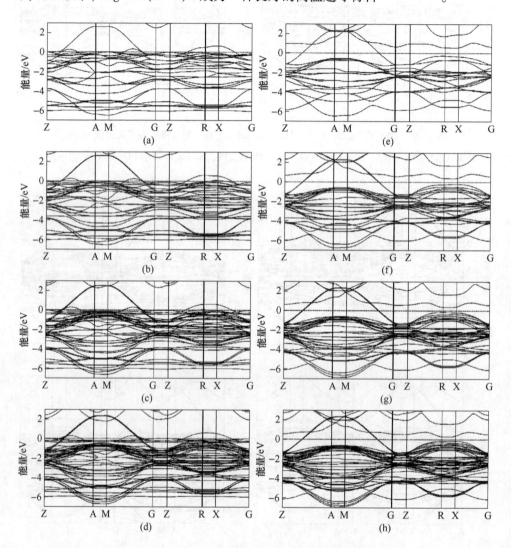

图 19-11 $HgBa_2CuO_{4.13}$（a）、$HgBa_2CaCu_2O_{6.22}$（b）、$HgBa_2Ca_2Cu_3O_{8.29}$（c）和 $HgBa_2Ca_3Cu_4O_{10.4}$（d）的电子能带结构以及 $HgBa_2Ca_{n-1}Cu_nO_{2n+2}$ 在 $n=1$（e）、$n=2$（f）、$n=3$（g）、$n=4$（h）的电子能带结构

此外，分析图 19-7～图 19-11 以及表 19-1 可以发现，铜氧化物超导体总是存在没有色散的平坦带和具有最强色散的陡带，这反映了化学键的各向异性，这种各向异性与图 19-1 中所示的结构各向异性紧密相关。铜氧化物超导体具有多

个块的分层结构：一个活跃的 CuO_2 层和一个电荷库层。超导电性发生在 CuO_2 活性层，它的电荷载流子来源于电荷库层。因此，平带和陡带可能分别起源于超导 CuO_2 层和电荷库层。

表 19-1 非常规铜氧化物超导体的平带和陡带位置

铜氧化物超导体	平 带	陡 带
$TlBa_2Ca_3Cu_4O_{11}$	X 附近	Z-A, M-G, Z-R
$TlSr_2Ca_3Cu_4O_{11}$	X 附近	Z-A, M-G, Z-R
$Tl_{0.5}Pb_{0.5}Sr_2Ca_3Cu_4O_{11}$	G-Z	Z-A, M-G
$Tl_{0.7}Pb_{0.3}SrBaCa_3Cu_4O_{11}$	R-X	Z-A, M-G
$HgBa_2CuO_{4.13}$	M, Z, R 附近	Z-A, M-G, Z-R, X-G
$HgBa_2CaCu_2O_{6.22}$	A-M	Z-A, M-G, Z-R, X-G
$HgBa_2Ca_2Cu_3O_{8.29}$	G-Z 以及 R 附近	Z-A, M-G, Z-R, X-G
$HgBa_2Ca_3Cu_4O_{10.4}$	G-Z	Z-A, M-G, Z-R, X-G

19.2.5 平带超导体转变温度和平带长度的关系

当大量的玻色子占据一个系统的最低能量状态时，微观量子行为被放大到宏观尺度，这可能导致超导电性的出现[5]。虽然电子是费米子，但它们的库珀对是有效的玻色子，并且可以发生玻色凝聚。平带超导体的平带（FB）相当于电子的超导凝聚，它是受电子之间的强相互作用引起的能级合并的影响而形成的[77-78]。正如 Khodel 和 Shaginyan 的发现[77]，这种相互作用可能导致不同费米能级的合并，从而形成一个无色散的平带[78-79]。这一论点是基于 Landau 理论对 $T=0$ 的分布函数 n_p 的推导所提出的[80]。$E[n(p)]$ 是准粒子分布函数 n_p 的泛函（p 表示动量），其变分导数是准粒子能量 ε_p，得到 n_p 和 ε_p 的关系：$\delta E|n(p)| = \int \varepsilon_p \delta n_p d^d p = 0$。由于准粒子分布函数 n_p 受到泡利原理的约束，当 $0 \leq n_p \leq 1$，变分问题有两种解：(1) $\varepsilon_p = 0 (0 < n_p < 1)$；(2) $\delta n_p = 0 (n_p = 0$ 或 $1)$，如图 19-12(a) 所示。图 19-12(b) 表示了平带中的情况，我们可以发现，高温超导的起源可能与费米液体的不常见状态有关。在费米子凝聚中，费米液体显示出费米带（平带），如图 19-12(b) 所示，即在转变为费米子凝聚时，费米面扩散为费米带（平带）。在平带超导体中，在平带处较高的态密度值导致了高的 T_c。因此，T_c 与库珀通道中耦合常数 g 成正比例关系：$T_c \sim gV_{FB}$，其中 V_{FB} 是动量空间中的平带的体积[77]。

我们已经比较了 $(Tl, Pb)(Ba, Sr)_2Ca_{n-1}Cu_nO_{2n+3}[(Tl, Pb)(Ba, Sr)-$

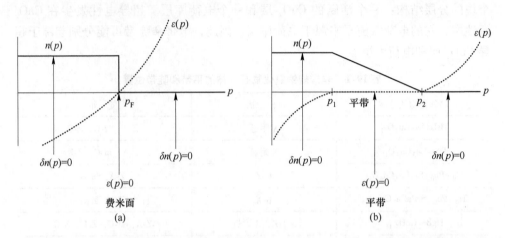

图 19-12 费米面和统一费米液体中准粒子 [$n(p)$] 的分布（a）以及平带情况（b）

$12(n-1)n$]、HgBa$_2$Ca$_{n-1}$Cu$_n$O$_{2n+2+\delta}$[Hg $-12(n-1)n$]($n=1$, 2, 3, 4) 和 La$_{2-x}$Sr$_x$CuO$_4$(LSCO) 铜氧化物的平带，La$_{2-x}$Sr$_x$CuO$_4$ 在 $x_{Sr}=0.15$（靠近 R 点）时平带段的总长度要比 $x_{Sr}=0.1$ 和 $x_{Sr}=0.2$ 时更长（见图 19-7），这为 La$_{2-x}$Sr$_x$CuO$_4$ 中 Sr 掺杂的最佳浓度是 $x_{Sr}=0.15$ 的实验结果提供了解释[53]。TlBa$_2$Ca$_2$Cu$_3$O$_9$ 平带的总长度（沿 A-M 方向和 R 点附近）在 TlBa$_2$Ca$_{n-1}$Cu$_n$O$_{2n+3}$ ($n=1$, 2, 3, 4) 里是最长的，因此 TlBa$_2$Ca$_2$Cu$_3$O$_9$ 的转变温度 T_c 最高[34-35]（见图 19-8）。TlBa$_2$Ca$_{n-1}$Cu$_n$O$_{2n+3}$ ($n=2$, 3, 4) 平带段的总长度比 TlSr$_2$Ca$_{n-1}$Cu$_n$O$_{2n+3}$ ($n=2$, 3, 4) 的平带要长（见图 19-9~图 19-10），这为 TlBa$_2$Ca$_{n-1}$Cu$_n$O$_{2n+3}$ 的 T_c 高于 TlSr$_2$Ca$_{n-1}$Cu$_n$O$_{2n+3}$ 的实验结果提供了解释。此外，(Tl$_{0.5}$Pb$_{0.5}$)Sr$_2$Ca$_{n-1}$Cu$_n$O$_{2n+3}$ ($n=2$, 3, 4) 平带段的总长度（沿 G-Z 方向）比 TlSr$_2$Ca$_{n-1}$Cu$_n$O$_{2n+3}$ ($n=2$、3、4) 长，说明掺杂 Pb 可提高 TlSr$_2$Ca$_{n-1}$Cu$_n$O$_{2n+3}$ 的 T_c[12]。图 19-11(a)~(d) 显示了 HgBa$_2$Ca$_2$Cu$_3$O$_{8.29}$ 平带段的总长度（沿 G-Z 方向和 R 点附近）最长，因此 HgBa$_2$Ca$_2$Cu$_3$O$_{8.29}$ 的 T_c 高于其他汞基铜氧化物，这与实验结果相一致[19-25]。

由此，我们得出结论：(Tl, Pb)(Ba, Sr)$_2$Ca$_{n-1}$Cu$_n$O$_{2n+3}$[(Tl, Pb)(Ba, Sr)$-12(n-1)n$]、HgBa$_2$Ca$_{n-1}$Cu$_n$O$_{2n+2+\delta}$[Hg$-12(n-1)n$]($n=1$、2、3、4) 和 La$_{2-x}$Sr$_x$CuO$_4$(LSCO) 铜氧化物的平带总长度决定其超导转变温度，这一结论与实验结果一致[46-47]。特别是最近的一项实验发现，超导转变温度 T_c 正比于零温相位刚度（或超流密度、电子对密度、晶胞内的超导电子数目），这体现了局域电子对（FB），而不是传统的 BCS 理论[3]。

19.2.6　超导转变温度与平带长度的关系式和朗道热力学相变理论

根据朗道热力学二级相变理论，在超导转变温度的条件下，序参量从零开始连续增加[80]。由于有序参量在相变附近很小，所以系统的自由能可以近似地用泰勒（Taylor）展开的几个项来表示，如下所示[67-68,80]

$$F_s(T) = F_N(T) + \alpha_0(T - T_c)\psi^2 + \frac{1}{2}\beta\psi^4 \qquad (19\text{-}1)$$

式中，$F_s(T)$ 和 $F_N(T)$ 分别为超导状态和正常状态下与温度有关的自由能，α_0、β 为超导电子的有效波函数 ψ 的系数（$\alpha_0 > 0$，$\beta > 0$）。假设 $\beta > 0$，对于序参量的有限值，自由能有一个极小值。

图 19-13(a) 是自由能 $F_s(T) - F_N(T)$ 随序参量 ψ 变化的图像，从图中能够观察到，在超导状态下，也就是 $T < T_c$ 时，$F_s(T) - F_N(T)$ 有两个最小值。为了使超导相稳定，自由能对序参量 ψ 的一阶导数必须为零，即 $dF_s(T)/d\psi = 0$。因此，我们得到库珀对数 n_s 与温度的线性关系，$|\psi|^2 = n_s = \alpha_0(T_c - T)/\beta$，如图 19-13(b) 所示。由图可知，库珀对数随温度场的增加呈线性下降，并且，当 $T > T_c$ 时，$n_s = 0$。总之，当 $T = T_c$ 时，材料发生了超导相变（SPT）。

19.2.5 节的结果表明，在 $\vec{k}$ 空间，铜酸盐的超导转变温度与平带的总带长成正比，即 $T_c \sim \sum_i L_i^{FB}$，其中 L_i^{FB} 为局部平带的长度。$|\vec{k}_i^{FB}|$ 为能带结构中沿水平 $\vec{k}$ 轴平带的向量模长，并且 $L_i^{FB} = |\vec{k}_i^{FB}|$，因此超导转变温度 T_c 与向量模长也成正比关系：$T_c \sim \sum_i |\vec{k}_i^{FB}|$。以 Hg-1234 超导体为例[见图 19-11(d)]，由上述关系可以得到 $L_{GZ}^{FB} = |\vec{k}_{GZ}^{FB}|$，即在布里渊区内，沿 GZ 方向平带的长度与 GZ 向量模长相等。一个准确地描述超导转变温度与平带总长度的关系式是：$T_c = s\sum_i L_i^{FB} = s\sum_i |\vec{k}_i^{FB}|$，其中 s 为比例系数。以 Hg-1234 的超导转变温度 $T_c = 125$ K 为例，我们来计算超导体的比例系数 s：$s = T_c/L_{GZ}^{FB} = T_c/|\vec{k}_{GZ}^{FB}| \approx 789$。因此，这个大的比例系数可能是铜氧化物超导体具有最高超导转变温度 T_c 的原因之一。L_i^{FB} 与平带的局域电子对的数量成正比例关系，$L_i^{FB} \sim n_{i,FB}^{local\ pairs}$，则 $T_c \sim \sum_i n_{i,FB}^{local\ pairs}$。局域电子对的总数目越大，局域电子对的总能量越大，因此从能量的观点可以得到 $T_c \sim \sum_i E_{i,FB}^{local\ pairs}$，其中 $E_{i,FB}^{local\ pairs}$ 为平带的局域电子对的总能量。

从正常态到超导态，在最低点的超导相变能量差 ΔE_{SPT}，$\Delta E_{SPT} = [F_S(T) - F_N(T)]$ 是由所有库珀对形成或凝聚的总能引起的，即 $\Delta E_{SPT} = E_{total}^{Cooper\ pairs}$。换句话说，从超导态到正常态的相变（SPT）是温度场 $T \geq T_c$ 破坏了局域电子对，如图 19-13(b) 所示。因此，超导转变温度与断裂（或破坏）总局域电子对的能量成正比，即 $T_c \sim E_{total}^{Cooper\ pairs} = \sum_i E_i^{local\ pairs}$。此外，由于所有库珀对的超导凝聚能与库珀对的总数成正比，所以超导转变温度也与库珀对总数成正比例关系：$T_c \sim$

$n_{\text{total}}^{\text{Cooper pairs}} = \sum_i n_i^{\text{local pairs}}$,并且库珀对总数与平带段总长度成正比,则超导转变温度 T_c 与平带段总长度也成正比关系。因此,我们能得到以下关系:$T_c \sim \Delta E_{\text{SPT}} \sim E_{\text{total}}^{\text{Cooper pairs}} \sim \sum_i E_i^{\text{local pairs}} \sim \sum_i n_i^{\text{local pairs}} \sim \sum_i L_i^{\text{FB}} \sim T_c$。综上所述,由第一性原理计算得到的超导转变温度 T_c 与平带总长度之间的关系与朗道热力学相变理论是一致的。

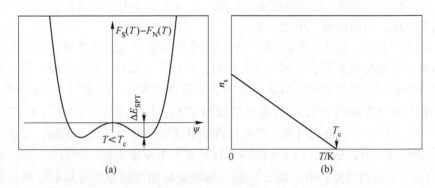

图 19-13 自由能 $[F_s(T) - F_N(T)]$ 随序参量 ψ 变化的图像 (a) 以及 n_s 与温度 T 的线性关系 (b)

19.3 本章小结

本章利用第一性原理和朗道热力学分析了铜氧化物 (Tl, Pb)(Ba, Sr)$_2$Ca$_{n-1}$Cu$_n$O$_{2n+3}$[(Tl, Pb)(Ba, Sr)-12$(n-1)n$]、HgBa$_2$Ca$_{n-1}$Cu$_n$O$_{2n+2+\delta}$ [Hg-12$(n-1)n$](n = 1、2、3、4) 和 La$_{2-x}$Sr$_x$CuO$_4$ (LSCO) 高温超导体的原子、电子结构以及超导性质。研究结果表明,(Tl, Pb)(Ba, Sr)-12$(n-1)n$、Hg-12$(n-1)n$ 和 LSCO 的能带结构在费米能级 E_F 附近出现平带。此外,我们提出了一种用于比较超导转变温度的微观机制,即平带的总长度对 (Tl, Pb)(Ba, Sr)-12$(n-1)n$、Hg-12$(n-1)n$ 以及 LSCO 的超导转变温度 T_c 有影响,此机制为 (Tl, Pb)(Ba, Sr)-12$(n-1)n$ 和 LSCO 铜氧化物的超导电性提供了解释。超导转变温度与平带总长度成正比例关系:$T_c \sim \Delta E_{\text{SPT}} \sim E_{\text{total}}^{\text{Cooper pairs}} \sim \sum_i E_i^{\text{local pairs}} \sim \sum_i n_i^{\text{local pairs}} \sim \sum_i L_i^{\text{FB}} \sim T_c$),这与朗道相变理论一致。$T_c = s \sum_i L_i^{\text{FB}} = s \sum_i |\vec{k}_i^{\text{FB}}|$ 能够更加准确地描述超导转变温度与平带总长度的关系,比例系数 s 的值可以由该式计算。很大的比例系数 s 值可能是铜氧化物超导体具有最高的超导转变温度记录的原因之一。T_c-FB 关系式可用于预测和设计新的非常规高温超导体。

参 考 文 献

[1] Bednorz J G, Müller K A. Possible high T_c superconductivity in the Ba-La-Cu-O system [J]. Zeitschrift für Physik B Condensed Matter, 1986, 64: 189-193.

[2] Wu M K, Ashburn J R, Torng C J, et al. Superconductivity at 93 K in a new mixed-phase Y-Ba-Cu-O compound system at ambient pressure [J]. Physical Review Letters, 1987, 58 (9): 908-910.

[3] Božović I, He X, Wu J, et al. Dependence of the critical temperature in overdoped copper oxides on superfluid density [J]. Nature, 2016, 536 (7616): 309-311.

[4] Bozovic I. High-temperature superconductivity: A conventional conundrum [J]. Nature Physics, 2016, 12 (1): 22-24.

[5] Zaanen J. Condensed-matter physics: Superconducting electrons go missing [J]. Nature, 2016, 536 (7616): 282-283.

[6] Keimer B, Kivelson S A, Norman M R, et al. From quantum matter to high-temperature superconductivity in copperoxides [J]. Nature, 2015, 518 (7538): 179-186.

[7] Bollinger A T, Dubuis G, Yoon J, et al. Superconductor-insulator transition in $La_{2-x}Sr_xCuO_4$ at the pair quantum resistance [J]. Nature, 2011, 472 (7344): 458-460.

[8] Leggett A J. What do we know about high T_c? [J]. Nature Physics, 2006, 2 (3): 134-136.

[9] Rybicki D, Jurkutat M, Reichardt S, et al. Perspective on the phase diagram of cuprate high-temperature superconductors [J]. Nature Communications, 2016, 7: 11413.

[10] Sheng Z Z, Hermann A M. Bulk superconductivity at 120 K in the Tl-Ca/Ba/Cu-O system [J]. Nature, 1988, 332 (6160): 138-139.

[11] Ihara H, Sugise R, Hirabayashi M, et al. A new high-T_c $TlBa_2Ca_3Cu_4O_{11}$ superconductor with $T_c > 120$ K [J]. Nature, 1988, 334 (6182): 510-511.

[12] Subramanian M A, Torardi C C, Gopalakrishnan J, et al. Bulk superconductivity up to 122 K in the Tl-Pb-Sr-Ca-Cu-O system [J]. Science, 1988, 242 (4876): 249-252.

[13] Maignan A, Martin C, Huve M, et al. Role of isovalent substitution of strontium for barium in the superconducting properties of cuprates with thallium monolayers [J]. Chemistry of Materials, 1993, 5 (4): 571-575.

[14] Campi G, Bianconi A, Poccia N, et al. Inhomogeneity of charge-density wave order and quenched disorder in a high-T_c superconductor [J]. Nature, 2015, 525 (7569): 359-362.

[15] Yamamoto A, Takeshita N, Terakura C, et al. High pressure effects revisited for the cuprate superconductor family with highest critical temperature [J]. Nature Communications, 2015, 6: 8990.

[16] Tabis W, Li Y, Tacon M L, et al. Charge order and its connection with Fermi-liquid charge transport in a pristine high-T_c cuprate [J]. Nature Communications, 2014, 5: 5875.

[17] Vishik I M, Barisic N, Chan M, et al. Angle-resolved photoemission spectroscopy study of $HgBa_2CuO_{4+\delta}$ [J]. Physical Review B, 2014, 89: 195141.

[18] Chu C W, Gao L, Chen F, et al. Superconductivity above 150 K in $HgBa_2Ca_2Cu_3O_{8+\delta}$ at high

pressure [J]. Nature, 1993, 365 (6444): 323-325.

[19] Putilin S N, Antipov E V, Chmaissem O, et al. Superconductivity at 94 K in $HgBa_2CuO_{4+\delta}$ [J]. Nature, 1993, 362 (6417): 226-228.

[20] Schilling A, Cantoni M, Guo J D, et al. Superconductivity above 130 K in the Hg-Ba-Ca-Cu-O system [J]. Nature, 1993, 363 (6424): 56-58.

[21] Fukuoka A, Tokowa-Yamamoto A, Itoh M, et al. Dependence of superconducting properties on the Cu-valence determined by iodometry in $HgBa_2CuO_{4+\delta}$ [J]. Physica C: Superconductivity, 1996, 265 (1/2): 13-18.

[22] Balagurov A M, Sheptyakov D V, Aksenov V L, et al. Structure of $HgBa_2CuO_{4+\delta}$ ($0.06 < \delta < 0.19$) at ambient and high pressure [J]. Physical Review B, 1999, 59 (10): 7209-7215.

[23] Gao L, Xue Y Y, Chen F, et al. Superconductivity up to 164 K in $HgBa_2Ca_{m-1}Cu_mO_{2m+2+\delta}$ ($m = 1, 2, 3$) under quasihydrostatic pressures [J]. Physical Review B Condensed Matter, 1994, 50 (6): 4260-4263.

[24] Antipov E V, Loureiro S M, Chaillout C, et al. The synthesis and characterization of the $HgBa_2Ca_2Cu_3O_{8+\delta}$, $HgBa_2Ca_2Cu_4O_{10+\delta}$ phases [J]. Physica C Superconductivity, 1993, 215 (1/2): 1-10.

[25] Usami R, Adachi S, Itoh M, et al. Synthesis of $HgBa_2Ca_2Cu_4O_y$ under ambient pressure [J]. Physica C, 1996, 262: 21-26.

[26] Shi J B, Shieh M J, Lin T Y, et al. Superconductivity enhancement in the $(Tl, Pb)(A, R)_2CuO_5$ system (A = Sr, Ba; R = La, Pr, Nd) [J]. Physica C Superconductivity, 1989, 162: 721-722.

[27] Parkin S S P, Lee V Y, Nazzal A I, et al. $Tl_1Ca_{n-1}Ba_2Cu_nO_{2n+3}$ ($n = 1, 2, 3$): A new class of crystal structures exhibiting volume superconductivity at up to 110 K [J]. Physical Review Letters, 1988, 61 (6): 750-753.

[28] Parkin S S P, Lee V Y, Nazzal A I, et al. Model family of high-temperature superconductors: $Tl_mCa_{n-1}Ba_2Cu_nO_{2(n+1)+m}$ ($m = 1, 2; n = 1, 2, 3$) [J]. Physical Review B Condensed Matter, 1988, 38 (10): 6531-6537.

[29] Ganguli A K, Subbanna G N, Rao C N R. $TlCaBa_2Cu_2O_7$: the 1122 (90 K) superconductor in the new $Tl(Ca, Ba)_{n+1}Cu_nO_{2n+3}$ series [J]. Physica C Superconductivity, 1988, 156 (1): 116-118.

[30] Fijalkowski K, Grochala W. The "magic" electronic state of high-T_c cuprate superconductors [J]. Dalton Transactions, 2008, (40): 5447-5453.

[31] Shipra R, Idrobo J C, Sefat A S. Structural and superconducting features of Tl-1223 prepared at ambient pressure [J]. Superconductor Science and Technology, 2015, 28 (11): 115006.

[32] Iyo A, Aizawa Y, Tanaka Y, et al. High-pressure synthesis of $TlBa_2Ca_{n-1}Cu_nO_y$ ($n = 3, 4$) with $T_c = 133.5$ K ($n = 3$), 127 K ($n = 4$) [J]. Physica C: Superconductivity and its Applications, 2001, 357: 324-328.

[33] Iyo A, Tanaka Y, Ishiura Y, et al. Study on enhancement of T_c (130 K) in $TlBaCa_2Cu_2O_{3y}$ superconductors [J]. Superconductor Science and Technology, 2001, 14 (7): 504-510.

[34] Kim K H, Kim H J, Lee S I, et al. Enhanced two-dimensional properties of the four-layered cuprate high-T_c superconductor $TlBa_2Ca_3Cu_4O_y$ [J]. Physical Review B, 2004, 70 (9): 92501.

[35] Iyo A, Tanaka Y, Kito H, et al. T_c vs n Relationship for Multilayered High-T_c Superconductors [J]. Journal of the Physical Society of Japan, 2007, 76 (9): 2007-2025.

[36] Geballe T H, Mayzhes B Y, Dickinson P H. Optimal T_c of cuprates: role of screening and reservoir layers [J]. Physical Review B, 2012, 86 (9): 2757-2764.

[37] Hazen R M, Finger L W, Angel R J, et al. 100 K superconducting phases in the Tl-Ca-Ba-Cu-O system [J]. Physical Review Letters, 1988, 60 (16): 1657-1660.

[38] Sheng Z Z, Xin Y, Gu D X, et al. Semiconducting $TlSr_2RCu_2O_7$ (R = rare earth) and its superconducting derivatives [J]. Zeitschrift für Physik B Condensed Matter, 1991, 84 (3): 349-352.

[39] Martin C, Provost J, Bourgault D, et al. Structural peculiarities of the "1212" superconductor $Tl_{0.5}Pb_{0.5}Sr_2CaCu_2O_7$ [J]. Physica C Superconductivity, 1989, 157 (3): 460-468.

[40] Morgan P, Doi T, Housley R. Thallous-ion-rich-liquid-phase synthesis of $TlSr_2Ca_2Cu_3O_x$ [J]. Physica C: Superconductivity, 1993, 213 (213): 438-444.

[41] Ohshima E, Atou T, Kikuchi M, et al. Stabilization of Tl-Sr 1223 phase by high-pressure synthesis and Mo-and Re-substitution for Tl [J]. Physica C: Superconductivity, 1997, 282 (97): 827-828.

[42] Doi T. Flux pinning in single Tl-layer 1223 superconductors [J]. Physica C-Superconductivity and Its Applications, 1991, 183 (1/2/3): 67-72.

[43] Doi T, Nabatame T, Kamo T, et al. Introduction of pinning centres in Tl-based 1212 and 1223 superconductors: bulk and thin films [J]. Superconductor Science and Technology, 1991, 4 (9): 488-490.

[44] Kamo T, Doi T, Soeta A, et al. Introduction of pinning centers into Tl- (1223) phase of Tl-Sr-Ca-Cu-O systems [J]. Applied Physics Letters, 1991, 59: 3186-3188.

[45] Lee H K. Preparation, superconducting properties of (Tl, Pb) -Based compounds with 1234-type structure [J]. Journal of Superconductivity and Novel Magnetism, 2010, 23: 539-549.

[46] Uemura Y J, Luke G M, Sternlieb B J, et al. Universal correlations between T_c and n_s/m^* (Carrier density over effective mass) in high-T_c cuprate superconductors [J]. Physical Review Letters, 1989, 62: 2317-2320.

[47] Homes C C, Dordevic S V, Strongin M, et al. A universal scaling relation in high temperature superconductors [J]. Nature, 2004, 430 (6999): 539-541.

[48] Vaknin D, Sinha S K, Moneton D E, et al. Antiferromagnetism in La_2CuO_{4-y} [J]. Physical Review Letters, 1987, 58 (26): 2802-2805.

[49] Birgeneau R J, Chen C Y, Gabbe D R, et al. Soft-phonon behavior and transport in single-crystal La_2CuO_4 [J]. Physical Review Letters, 1987, 59 (12): 1329-1332.

[50] Boni P, Axe J D, Shirane G, et al. Lattice instability and soft phonons in single-crystal La_2CuO_4 [J]. Physical Review B, 1988, 38: 185-194.

[51] Thurston T R, Birgeneau R J, Gabbe D R, et al. Neutron scattering study of soft optical phonons in $La_{2-x}Sr_xCuO_{4-y}$ [J]. Physical Review B, 1989, 39 (7): 4327-4333.

[52] Keimer B, Belk N, Birgeneau R J, et al. Magnetic excitations in pure, lightly doped, and weakly metallic La_2CuO_4 [J]. Physical Review B Condensed Matter, 1992, 46 (21): 14034-14053.

[53] Wells B O, Lee Y S, Kastner M A, et al. Incommensurate Spin Fluctuations in High-Transition Temperature Superconductors [J]. Science, 1997, 277 (5329): 1067-1071.

[54] Radaelli P G, Hinks D G, Mitchell A W, et al. Structural and superconducting properties of $La_{2-x}Sr_xCuO_4$, as a function of Sr content [J]. Physical Review B, 1994, 49 (6): 4163-4175.

[55] Liu S Y, Meng Y, Liu S, et al. Phase Stability, Electronic Structures, and Superconductivity Properties of the $BaPb_{1-x}Bi_xO_3$ and $Ba_{1-x}K_xBiO_3$ Perovskites [J]. Journal of the American Ceramic Society, 2017, 100 (3): 1221-1230.

[56] Hohenberg P, Kohn W. Inhomogeneous electron gas [J]. Physical Review, 1964, 136 (B): 864-871.

[57] Kohn W, Sham L J. Self-Consistent Equations Including Exchange and Correlation Effects [J]. Physical Review, 1965, 140 (4A): 1133-1138.

[58] Vanderbilt D. Soft self-consistent pseudopotentials in a generalized eigen alue formalism [J]. Physical Review B, 1990, 41: 7892-7895.

[59] Segall M D, Lindan P J D, Probert M J, et al. First-principles simulation: Ideas, illustrations and the CASTEP code [J]. Journal of Physics: Condensed Matter, 2002, 14 (11): 2717-2744.

[60] Perdew J P, Burke K, Ernzerhof M. Generalized Gradient Approximation Made Simple [J]. Physical Review Letters, 1996, 77 (18): 3865-3868.

[61] Bozkurt P, Oleynik I I, Batzill M, et al. An extended defect in graphene as a metallic wire [J]. Nature Nanotechnology, 2010, 5 (5): 326-329.

[62] Ugeda M M, Brihuega I, Guinea F, et al. Missing atom as a source of carbon magnetism [J]. Physical Review Letters, 2010, 104 (9): 096840.

[63] Feng L, Lin X, Meng L, et al. Flat Bands near Fermi Level of Topological Line Defects on Graphite [J]. Applied Physics Letters, 2012, 101 (11): 113113.

[64] Oliveira L H, Ramírez M A, Ponce M A, et al. Optical and gas-sensing properties, and electronic structure of the mixed-phase $CaCu_3Ti_4O_{12}/CaTiO_3$ composites [J]. Materials Research Bulletin, 2017, 93: 47-55.

[65] Piasecki M, Brik MG, Barchiy IE, et al. Band structure, electronic and optical features of Tl_4SnX_3 (X = S, Te) ternary compounds for optoelectronic applications [J]. Journal of Alloys and Compounds, 2017, 710: 600-607.

[66] Liu S Y, Liu S, Li D J, et al. Structure, phase transition, and electronic properties of $K_{1-x}Na_xNbO_3$ solid solutions from firstprinciples theory [J]. Journal of the American Ceramic Society, 2014, 97: 4019-4023.

[67] Liu S Y, Zhang E, Liu S, et al. Composition-and pressure-induced relaxor ferroelectrics: first-principles calculations and Landau-Devonshire theory [J]. Journal of the American Ceramic Society, 2016, 99: 3336-3342.

[68] Liu S Y, Meng Y, Liu S, et al. Compositional phase diagram and microscopic mechanism of $Ba_{1-x}Ca_xZr_yTi_{1-y}O_3$ relaxor ferroelectrics [J]. Physical Chemistry Chemical Physics, 2017, 19 (33): 22190-22196.

[69] Pack J D, Monkhorst H J. Special points for Brillouin-zone integrations [J]. Physical Review B, 1976, 13: 5188-5192.

[70] Ono S, Komiya S, Ando Y. Strong charge fluctuations manifested in the high-temperature Hall coefficient of high-T_c cuprates [J]. Physical Review B, 2006, 75 (2): 024515.

[71] Shiraishi K, Oshiyama A, Shima N, et al. Spin-polarized electronic structures of La_2CuO_4 [J]. Solid State Communications, 1988, 66 (6): 629-632.

[72] Markiewicz R S. A survey of the Van Hove scenario for high-T_c superconductivity with special emphasis on pseudogaps, striped phases [J]. Journal of Physics and Chemistry of Solids, 1997, 58 (8): 1179-1310.

[73] Ginder J M, Roe M G, Song Y, et al. Photoexcitations in La_2CuO_4: 2-eV energy gap and long-lived defect states [J]. Physical Review. B, Condensed matter, 1988, 37 (13): 7506-7509.

[74] Enhessari M, Shaterian M, Esfahani M J, et al. Synthesis, characterization and optical band gap of La_2CuO_4 nanoparticles [J]. Materials Science in Semiconductor Processing, 2013, 16: 1517-1520.

[75] Yeh N C, Chen C T. Non-Universal Pairing Symmetry and Pseudogap Phenomena in Hole-and Electron-Doped Cuprate Superconductors [J]. International Journal of Modern Physics B, 2003, 17 (18): 3575-3581.

[76] Simon A. Superconductivity and Chemistry [J]. Angewandte Chemie International Edition, 1997, 36 (17): 1788-1806.

[77] Bailin D, Love A. Superfluidity and superconductivity in relativistic fermion systems [J]. Physics Reports, 1984, 107 (6): 325-385.

[78] Volovik G E. A new class of normal Fermi liquids [J]. Soviet Journal of Experimental and Theoretical Physics Letters, 1991, 53 (4): 208-211.

[79] Nozieres P. Properties of Fermi liquids with a finite range interaction [J]. Journal De Physique I, 1992, 2 (4): 443-458.

[80] Landau L D, Lifshitz E M. Statistical physics [M]. Part 2. Oxford: Pergamon Press, 1980.

20 铁基超导体的第一性原理和朗道热力学研究

自 1986 年在铜氧化物族中首次发现高温超导性以来[1-2]，铁基高温超导体（HTSCs）的发现为非常规超导体物理学打开了一扇新窗[3-10]。$LaFeAsO_{1-x}F_x$ 的母体化合物 LaFeAsO 在室温下呈四方相 ZrCuSiAs 型（1111 型）结构，并在 138 K 时经历四方相—正交反铁磁相变[3,11]。当用 F 取代一部分 O 时，磁序被抑制，母体 LaFeAsO 就变成了超导性。随着 F 浓度的变化，$LaFeAsO_{1-x}F_x$ 的超导转变温度形成圆顶形状，在 $x=0.11$ 时超导转变温度达到最高值 26 K。有研究表明 F 的浓度（x）不能超过 $0.2^{[3,11]}$。然而当使用高压合成时，F 浓度最高可达 0.75，此时超导圆顶中心 $x=0.55$，$LaFeAsO_{1-x}F_x$ 超导转变温度达到 30 K[12-15]。

在铁基高温超导体中，$BaFe_2As_2$（122 型）族因其高单晶质量和良好的化学替代适应性而备受关注[16-25]。室温条件下，$BaFe_2As_2$ 具有无限 Fe-As 层的四方 $ThCr_2Si_2$ 型结构[26]。$BaFe_2As_2$ 在 135 K 时经历了从四方结构到正交反铁磁结构的结构和磁性相变[24,27]。发现的第一个铁基 122 型化学计量超导体是 $Ba_{1-x}K_xFe_2As_2$，其中超导转变温度 $T_c=38$ K，是 122 族中超导转变温度最高的[16]。K 掺杂时，磁相变和结构相变被抑制，直到在 K 浓度 x 约为 0.28 附近消失[24]。当 $T<T_c(x)$，$x \geqslant 0.15$ 时，体系变得超导[24,27]。$T_c(x)$ 在 x_{opt} 约 0.4 处达到最大值[16,24,28]，并在进一步 K 掺杂后下降[29]。同样，$Ba_{1-x}Na_xFe_2As_2$ 的超导性在 $x=0.4$ 时出现，其最大超导转变温度为 34 K[30]；在 $x=0.3$ 处完全抑制了反铁磁相，最初的超导电性发生在接近 $x=0.15$ 的临界浓度处[31]。

La 在 $Ca_{1-x}La_xFeAsH$（1111 型）的 Ca 位点上的电子掺杂在反铁磁序被抑制时也会产生超导性[32]，这令人印象深刻。同样，在室温条件下，母体化合物 CaFeAsH 具有四方结构，常压下 113 K 时发生了四方—正交反铁磁相变[33-34]。此外，在 $Ca_{0.77}La_{0.23}FeAsH$ 中发现了最高超导转变温度为 47.4 K 的最佳的超导性[32]。

高温铁基非常规超导体的一个重要问题是如何通过它们的电子结构理解其超导性能。此外，铁基超导体的非常规超导性的一个重要难题是超导性（SC）与反铁磁序（AFM）之间的关系和相互作用[35-37]。为了解决这些问题，本章利用第一性原理研究了在 $0 \leqslant x \leqslant 1$ 范围内，随着 K/Na/F/La 浓度（x）变化的 $Ba_{1-x}(K,Na)_xFe_2As_2$、$LaFeAsO_{1-x}F_x$ 和 $Ca_{1-x}La_xFeAsH$ 铁基超导体的结构和磁性相变、电子结构和超导性能。我们发现，当 K/Na/F/La 浓度增加时，这些铁基超导体发生正交反铁磁—四方相变，说明 K/Na/F/La 掺杂可以抑制 $BaFe_2As_2$、LaFeAsO、CaFeAsH 的反铁磁性，并在富含 K/Na/F/La 条件下诱导超导性，与实验观察结果一致。此外，我们发现超导转变温度随超导体的平带（FB）段的长度而变化，这与之前关于铜氧化物超导的发现是一致的[38]。此外，基于朗道热力学和弦理论进一步了解铁基超导体的微观机理。

20.1　计算方法与模型

本章采用 CASTEP 程序包，利用 PBE 形式的广义梯度近似进行电子交换和关联的第一性原理密度泛函理论计算[39-41]。在所有的计算中，平面波基组的能量截止被设置为 500 eV。$Ba_{1-x}(K, Na)_xFe_2As_2$、$LaFeAsO_{1-x}F_x$ 和 $Ca_{1-x}La_xFeAsH$ 化合物与不同浓度的掺杂用虚晶近似建模[38]。四方和正交反铁磁结构 $Ba_{1-x}(K, Na)_xFe_2As_2$、$LaFeAsO_{1-x}F_x$ 和 $Ca_{1-x}La_xFeAsH$ 化合物的晶体结构（超原胞）如图 20-1 所示。这 4 种结构的布里渊区的 k 点采样分别采用 $9\times9\times3$、$6\times6\times3$、$8\times8\times4$ 和 $6\times6\times2$ Monkhorst-Pack 的 k 点网格[42]。

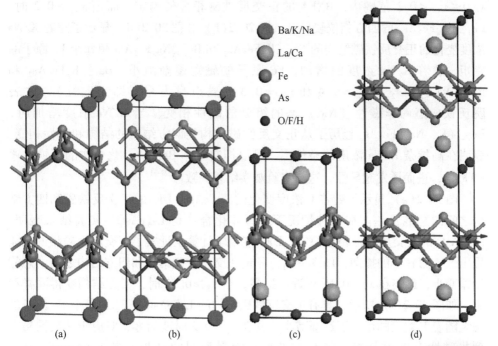

图 20-1　四方（a）和正交反铁磁（b）122 型 $Ba_{1-x}(K, Na)_xFe_2As_2$ 的晶体结构以及四方（c）和正交反铁磁 1111 型（d）$LaFeAsO_{1-x}F_x$ 和 $Ca_{1-x}La_xFeAsH$ 化合物的晶体结构

（其中，红色箭头表示条状反铁磁序状态下 Fe 原子的有序磁矩方向）

彩图二维码

20.2 研究结果及讨论

20.2.1 结构与磁性相变

图 20-2(a) ~ (d) 显示了 $Ba_{1-x}K_xFe_2As_2$（BKFA，$0 \leqslant x_K \leqslant 1$）和 $Ba_{1-x}Na_xFe_2As_2$（BNFA，$0 \leqslant x_{Na} \leqslant 1$）的正交反铁磁结构和四方结构的对比情况，包括总能量差和 Fe 原子的磁矩。当 $x=0$ 时，BKFA 和 BNFA 均成为 $BaFe_2As_2$（BFA）母体化合物。如图 20-2(a) 和图 20-2(c) 所示，正交反铁磁相的总能量低于四方相的总能量，这解释了冷却后从四方相到正交反铁磁相的结构和磁性相变的实验观察[24,27]。随着 K 的掺杂，当 K 浓度较小时（$x_K = 0.1$），$Ba_{1-x}K_xFe_2As_2$ 的正交反铁磁相和四方相的总能差远大于纯 $BaFe_2As_2$（BFA）化合物。随着 x_K 的增大，总能差逐渐变小。总体而言，在低 K 浓度（$0 \leqslant x_K < 0.3$）条件下，$Ba_{1-x}K_xFe_2As_2$ 的正交反铁磁相更稳定，而在 K 浓度较高（$0.3 \leqslant x_K \leqslant 1$）的条件下，四方相更加稳定[24]。同样，$Ba_{1-x}Na_xFe_2As_2$ 的总能差随着 Na 浓度的增加先增大后减小。在 $0 \leqslant x_{Na} < 0.2$ 范围内，BNFA 的正交反铁磁相位较稳定，而当 $x_{Na} \geqslant 0.2$ 时，$Ba_{1-x}Na_xFe_2As_2$ 的四方相位较稳定。图 20-2(b) 和图 20-2(d) 显示了随着 K/Na 浓度变化的正交反铁磁结构的 $Ba_{1-x}K_xFe_2As_2$ 和 $Ba_{1-x}Na_xFe_2As_2$ 里每个 Fe 原子的磁矩。随着 K/Na 浓度的增加，Fe 原子的磁矩逐渐减小，$Ba_{1-x}K_xFe_2As_2$ 和 $Ba_{1-x}Na_xFe_2As_2$ 在 $x_K = 0.4$ 和 $x_{Na} = 0.3$ 处磁矩减为零（即无磁性），这表明反铁磁态向非磁性（NM）态的组分的磁性相变。当 K/Na 浓度增加时，$Ba_{1-x}(K,Na)_xFe_2As_2$ 经历了从正交反铁磁结构到四方结构的结构和磁性相变，表明在高掺杂 K/Na 浓度的条件下，可以抑制母体 $BaFe_2As_2$ 化合物的反铁磁序（AFM），进而诱发超导性，这与实验观察结果一致[24,27-31]。

图 20-2(e) 显示了随着 F 浓度变化的 $LaFeAsO_{1-x}F_x$ 的正交反铁磁和四方结构之间的总能量差。在这种情况下，母体化合物是 LaFeAsO。实验结果表明，LaFeAsO 的正交反铁磁相更稳定，DFT 能量学计算也证实了正交反铁磁相的总能量更低。随着 F 的掺杂，$LaFeAsO_{1-x}F_x$ 的正交反铁磁结构和四方结构之间的总能量差变小，最终在 $x_F = 0.15$ 附近达到零，当 $x_F \geqslant 0.15$ 时，四方结构变得同样稳定。如图 20-2(f) 所示，具有正交反铁磁结构的 $LaFeAsO_{1-x}F_x$ 的每个 Fe 原子的磁矩随着 F 浓度的增加而逐渐减小，并在 $x_F = 0.2$ 时变为零，对应于从反铁磁态到非磁性态的磁相变。因此，如实验所观察到的结果，当 F 浓度增加时，$LaFeAsO_{1-x}F_x$ 经历正交反铁磁相—四方相的组分诱导的结构和磁性相变，表明 F 掺杂可能在富 F 条件下诱导超导[3,11,14-15]。同样，如图 20-2(g) 所示，纯 CaFeAsH 的正交反铁磁相比四方相更稳定[33-34]。然而，通过 La 掺杂，$Ca_{1-x}La_xFeAsH$ 的四方

结构在 $x_{La}=0.15$ 附近变得更稳定。如图 20-2(h) 所示,具有正交反铁磁结构的 $Ca_{1-x}La_xFeAsH$ 的每个 Fe 原子的磁矩随 La 浓度的增加而略有增加,并在 $x_{La}=0.2$ 时变为零。总体而言,随着 La 浓度的增加,$Ca_{1-x}La_xFeAsH$ 经历了正交反铁磁相—四方相的结构和磁性相变,该结果也与实验观察结果一致[32]。

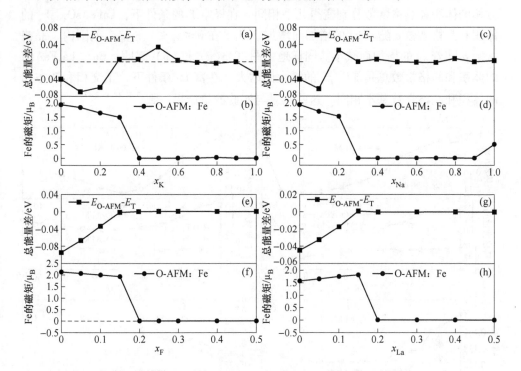

图 20-2 随 K/Na/F/La 浓度 x 变化的正交反铁磁结构和四方结构 $Ba_{1-x}K_xFe_2As_2$ (a)、$Ba_{1-x}Na_xFe_2As_2$ (c)、$LaFeAsO_{1-x}F_x$ (e) 和 $Ca_{1-x}La_xFeAsH$ (g) 的总能量差以及正交反铁磁结构 $Ba_{1-x}K_xFe_2As_2$ (b)、$Ba_{1-x}Na_xFe_2As_2$ (d)、$LaFeAsO_{1-x}F_x$ (f) 和 $Ca_{1-x}La_xFeAsH$ (h) 的每个 Fe 原子磁矩

20.2.2 几何结构

图 20-3(a)~(d) 显示了随着 K/Na 浓度变化的正交反铁磁结构和四方结构的 $Ba_{1-x}(K,Na)_xFe_2As_2$ 的体积和晶格常数。当 K/Na 杂质掺入时,$Ba_{1-x}K_xFe_2As_2$ 和 $Ba_{1-x}Na_xFe_2As_2$ 的体积均显著减小,而当 K/Na 浓度较高时,$Ba_{1-x}K_xFe_2As_2$ 和 $Ba_{1-x}Na_xFe_2As_2$ 的体积均增大。在 K/Na 贫乏条件下,正交反铁磁相的体积大于四方相的体积。在富含 K/Na 条件下,由于反铁磁序的消失或抑制,正交相和四方相的体积和晶格常数几乎相同。这些结果与可用的实验测量结果一致[29-31]。同样,$Ba_{1-x}(K,Na)_xFe_2As_2$ 的晶格常数 c 和 $Ba_{1-x}Na_xFe_2As_2$ 的晶

格常数 a 随着 K/Na 浓度的增大而先减小后增大,而 $Ba_{1-x}K_xFe_2As_2$ 的晶格常数 a 随 K 浓度的增大而减小。

图 20-3(e) 和 (f) 表明,随着 x_F 的增加,$LaFeAsO_{1-x}F_x$ 的体积和晶格常数减小。在 F 贫乏条件下,正交反铁磁相的体积更大。在富 F 条件下,正交相和四方相的体积和晶格常数分别变得几乎相同。在极富 F 的条件下,$LaFeAsO_{1-x}F_x$ 的体积和晶格常数 c 随着 x_F 的增加而增加。几乎在 $0 \leq x_F \leq 1$ 的整个范围内,晶格常数 a 随着 x_F 的增加而减小。同样地,图 20-3(g) 和 (h) 表明,$Ca_{1-x}La_xFeAsH$ 的体积和晶格常数总是随着 x_{La} 的增大而增大,在富 La 条件下,正交相和四方相的体积和晶格常数基本相同。这些结果与实验测量结果一致[3,11,14-15,29-32]。

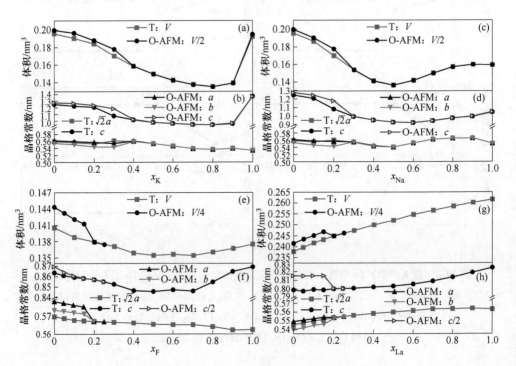

图 20-3 随 K/Na/F/La 浓度 x 变化的四方结构和正交反铁磁结构的 $Ba_{1-x}K_xFe_2As_2$、$Ba_{1-x}Na_xFe_2As_2$、$LaFeAsO_{1-x}F_x$ 和 $Ca_{1-x}La_xFeAsH$ 的体积和晶格常数
(a),(b) $Ba_{1-x}K_xFe_2As_2$;(c),(d) $Ba_{1-x}Na_xFe_2As_2$;(e),(f) $LaFeAsO_{1-x}F_x$;
(g),(h) $Ca_{1-x}La_xFeAsH$

20.2.3 电子态密度

图 20-4 显示了 $x_{K/Na} = 0$、0.1、0.3、0.4、0.5、0.6、0.8、1 时,四方相和正交反铁磁相 $Ba_{1-x}(K,Na)_xFe_2As_2$ 的总态密度。对于母体化合物($BaFe_2As_2$)

在 $-2.5 \sim -1.1$ eV 的深层能量范围内,正交反铁磁相的总态密度值高于四方相的总态密度值。在 $x_{K/Na} = 0.1$ 的 K/Na 贫乏条件下,$Ba_{1-x}(K, Na)_xFe_2As_2$ 的正交反铁磁相的总态密度值在相同范围内(在 $-2.5 \sim -1.1$ eV 之间)比相应的四方相更大。在富含 K/Na 的条件下,四方相和正交反铁磁相的总态密度几乎相同,这与前面的能量和几何结构的结果相一致。

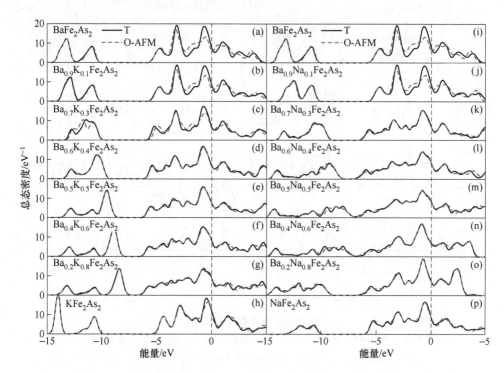

图 20-4 不同 $x_{K/Na}$ 下四方相和正交反铁磁相的 $Ba_{1-x}(K, Na)_xFe_2As_2$ 的总态密度图
(a) $x_K=0$; (b) $x_K=0.1$; (c) $x_K=0.3$; (d) $x_K=0.4$; (e) $x_K=0.5$; (f) $x_K=0.6$; (g) $x_K=0.8$;
(h) $x_K=1$; (i) $x_{Na}=0$; (j) $x_{Na}=0.1$; (k) $x_{Na}=0.3$; (l) $x_{Na}=0.4$;
(m) $x_{Na}=0.5$; (n) $x_{Na}=0.6$; (o) $x_{Na}=0.8$; (p) $x_{Na}=1$

图 20-5(a) ~ (e) 显示了不同 F 浓度的 $LaFeAsO_{1-x}F_x$ 两种结构的总态密度。母体化合物 LaFeAsO 的正交反铁磁相在 $-4 \sim -3$ eV、$-2.1 \sim 1.0$ eV 的深层能量范围内的总态密度值高于四方相,说明正交反铁磁相更加稳定。在 $x_F = 0.05$ 的 F 贫乏条件下,$LaFeAsO_{1-x}F_x$ 的正交反铁磁相在 $-2.1 \sim -1.0$ eV 深层能量范围的总态密度值大于四方相。同样,从图 20-5(f) ~ (j) 可以看出,母体化合物 CaFeAsH 的正交反铁磁结构在 $-4.8 \sim -4.3$ eV 和 $-2.4 \sim -1.0$ eV 深层能量范围的总态密度值高于四方结构。在 $x_{La} = 0.05$ 的 La 贫乏的条件下,$Ca_{1-x}La_xFeAsH$ 的正交反铁磁相在 $-4.2 \sim 3.3$ eV、$-2.4 \sim 1.0$ eV 之间的总态密度值大于对应的四

方相,说明正交反铁磁相更加稳定。

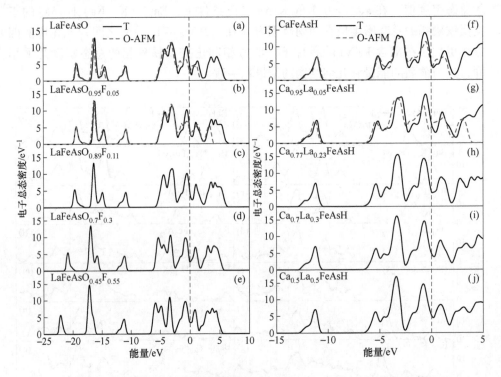

图 20-5 四方相和正交反铁磁相的 $LaFeAsO_{1-x}F_x$ 和 $Ca_{1-x}La_xFeAsH$ 的电子总态密度图（费米能级在 0 eV）

(a) $x_F=0$; (b) $x_F=0.05$; (c) $x_F=0.11$; (d) $x_F=0.3$; (e) $x_F=0.55$;
(f) $x_{La}=0$; (g) $x_{La}=0.05$; (h) $x_{La}=0.23$; (i) $x_{La}=0.3$; (j) $x_{La}=0.5$

图 20-6 显示了随 K/Na/F/La 浓度变化的 4 种铁基超导体在费米能级上的态密度值 $[N(E_F)]$。四方结构的铁基超导体在费米能级处的电子态密度值 $N(E_F)$ 相对于其他能量范围上的电子态密度值较高,这是超导性的一个有益特性。根据 K/Na/F/La 浓度的不同,$Ba_{1-x}K_xFe_2As_2$、$Ba_{1-x}Na_xFe_2As_2$、$LaFeAsO_{1-x}F_x$ 和 $Ca_{1-x}La_xFeAsH$ 超导体的 $N(E_F)$ 分别在 6~12、6~8.5、2.5~5.3 和 3.5~4.7 States/eV 范围内。对于 BCS 理论框架下的常规超导体[43],费米能级处的电子态密度值与超导转变温度直接相关。例如,较大的 $N(E_F)$ 值通常对应较高的超导转变温度 T_c。然而,BCS 理论可能不适用于铜氧化物[38]和铁基超导体等非常规超导体。下节将显示铁基超导体在费米能级附近的平带,发现铁基超导体的超导转变温度是由其平带长度决定的,而不是由在费米能级上的电子态密度值决定。因此,尽管费米能级处的高态密度值是超导性的有益特征,但对不同超导体的 $N(E_F)$ 进行比较并不一定能提供关于非常规超导体的相对超导转变温度的直接信息。

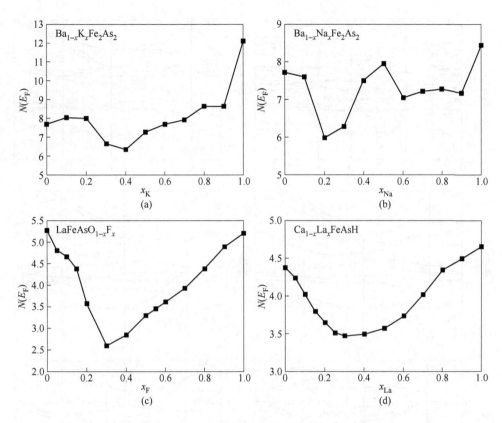

图 20-6 随着 K/Na/F/La 浓度 x 变化的四方结构 $Ba_{1-x}K_xFe_2As_2$ (a)、
$Ba_{1-x}Na_xFe_2As_2$ (b)、$LaFeAsO_{1-x}F_x$ (c) 和 $Ca_{1-x}La_xFeAsH$ (d)
在费米能级处的态密度数值

20.2.4 平带和陡带

图 20-7(a) 和图 20-7(b) 显示了正交反铁磁相和四方相 $BaFe_2As_2$ 母体化合物的能带结构。与实验结果相同，$BaFe_2As_2$ 母体化合物没有平带的金属特性意味着非超导性（由于存在反铁磁序）[3,11]。图 20-7(c)~(f) 显示了 x_K 分别为 0.3、0.4、0.5、0.6 的四方相超导体 $Ba_{1-x}K_xFe_2As_2$ 的能带结构。所有的情况下都观察到沿 G-X 和 P-N 方向跨越费米能级的陡峭电子带（陡带）。$Ba_{0.7}K_{0.3}Fe_2As_2$（靠近 G 点）、$Ba_{0.5}K_{0.5}Fe_2As_2$（靠近 Z 与 G 中间）、$Ba_{0.4}K_{0.6}Fe_2As_2$（靠近 N 点）存在平带，$Ba_{0.6}K_{0.4}Fe_2As_2$ 在 Z-G 方向存在较明显的平带。对于四方 $Ba_{1-x}K_xFe_2As_2$ 超导体，这些电子特征满足平带—陡带的情况，这是超导性的有利条件之一[38,44]。

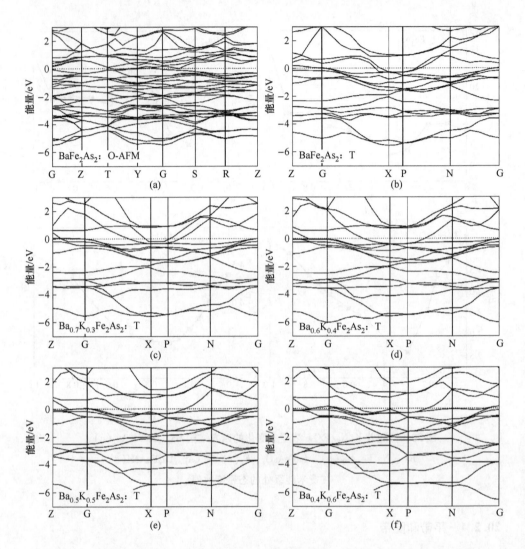

图 20-7 正交反铁磁（a）和四方 $BaFe_2As_2$ 化合物（b），以及 $x_K = 0.3$（c）、0.4（d）、0.5（e）和 0.6（f）的四方 $Ba_{1-x}K_xFe_2As_2$ 超导体的电子能带结构费米能级在 0 eV

图 20-8 显示出浓度 $x_{Na} = 0.3$、0.4、0.5、0.6 的 $Ba_{1-x}Na_xFe_2As_2$ 的能带结构，它与相应的 $Ba_{1-x}K_xFe_2As_2$ 的能带结构非常相似。值得注意的是，对于所有四方 $Ba_{1-x}Na_xFe_2As_2$ 超导体，其电子特征也满足平坦—陡带的准则。

图 20-9（a）和图 20-9（b）显示了 LaFeAsO（$LaFeAsO_{1-x}F_x$ 的母体化合物）具有不含平带的类金属性质，这与非超导性的实验观察结果一致[3,11,14-15]。然而，$LaFeAsO_{0.89}F_{0.11}$ 超导体在 Z 点（Z-R 和 Z-A）附近存在平带，且有沿 G-X 和 P-N 方向跨越费米能级的陡带，见图 20-9（c）。$LaFeAsO_{0.45}F_{0.55}$ 超导体也有平带（沿

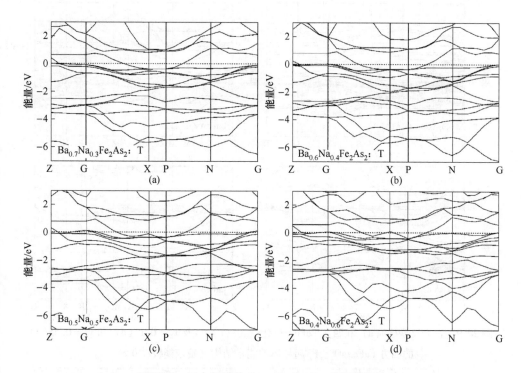

图 20-8 四方超导体 $Ba_{1-x}Na_xFe_2As_2$ 的能带结构

(a) $x_{Na}=0.3$; (b) $x_{Na}=0.4$; (c) $x_{Na}=0.5$; (d) $x_{Na}=0.6$

(费米能级在 0 eV)

G-Z 方向) 和陡带 (沿 Z-A 和 M-G 方向), 见图 20-9(d)。这些电子特征也满足平带—陡带的准则。

图 20-10 显示了没有平带的 CaFeAsH 和 $Ca_{0.5}La_{0.5}FeAsH$ 化合物具有类金属特征 (非超导[32-34])。然而, $Ca_{0.77}La_{0.23}FeAsH$ 超导体在 G-Z 方向上具有平带, 在 Z-A 和 M-G 方向上具有陡带, 见图 20-10(c)。这些电子特征也满足平带—陡带的准则。

20.2.5 平带超导体的最佳超导转变温度

现在, 我们比较各种铁基超导体的平带[38]。图 20-7 和图 20-8 显示 $Ba_{0.6}(K, Na)_{0.4}Fe_2As_2$ (沿 Z-G 方向) 的平带段长度是 $Ba_{1-x}(K, Na)_xFe_2As_2$ 中最大的, 这与实验上 $Ba_{0.6}(K, Na)_{0.4}Fe_2As_2$ 的超导转变温度是最高的事实相对应[16,30]。同时, $Ba_{0.6}K_{0.4}Fe_2As_2$ 平带段的长度大于 $Ba_{0.6}Na_{0.4}Fe_2As_2$ 的平带段长度, 这与实验观察到前者的超导转变温度高于后者相对应[16,30]。从图 20-9 可以看出, $LaFeAsO_{0.45}F_{0.55}$ 的平带段总长度大于 $LaFeAsO_{0.89}F_{0.11}$ (靠近 Z 点), 说明前

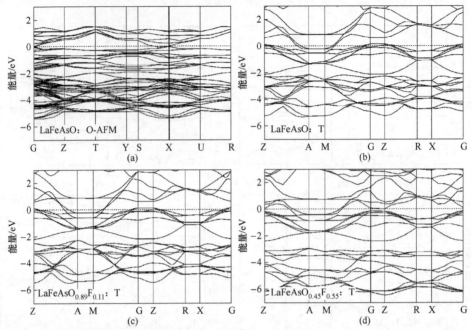

图 20-9 正交反铁磁 (a) 和四方 LaFeAsO 化合物 (b) 以及 $x_K=0.11$ (c) 和 $x_K=0.55$ (d) 的四方 $LaFeAsO_{1-x}F_x$ 超导体的能带结构（费米能级在 0 eV）

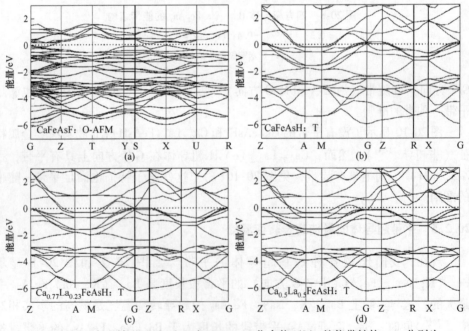

图 20-10 正交反铁磁 (a) 和四方 CaFeAsH 化合物 (b) 的能带结构，x_{La} 分别为 0.23 (c) 和 0.5 (d) 的四方 $Ca_{1-x}La_xFeAsH$

（费米能级为 0 eV）

者的超导转变温度更高[3,11,14-15]。图 20-10 显示了所有铁基超导体中 $Ca_{0.77}La_{0.23}$ FeAsH 的平带段长度最大,这对应于 $Ca_{0.77}La_{0.23}$ FeAsH 超导体的超导转变温度最高[32]。

因此,我们得出结论,平带段的长度 L_i^{FB} 决定了铁基超导体的超导转变温度 T_c,较长的平带对应较高的 T_c,即 $T_c \sim L_i^{FB} \sim |\vec{k}_i^{FB}|$,其中 $|\vec{k}_i^{FB}|$ 为平带段在能带结构水平 $\vec{k}$ 轴上的模长,这与铜氧化物超导体的研究结果相一致[38]。为研究超导转变温度与平带长度的定量关系,我们以 $LaFeAsO_{0.45}F_{0.55}$ 超导体为例[见图 20-9(d)]。在图 20-9(d)中,$LaFeAsO_{0.45}F_{0.55}$ 超导体的平带沿 GZ 方向的长度等于布里渊区中 GZ 向量的模长,即 $L_{GZ}^{FB} = |\vec{k}_{GZ}^{FB}|$。由于平带的高对称点是 G(0, 0, 0) 和 Z(0, 0, 0.5),我们可以得到沿 GZ 的平带的长度,$|\vec{k}_{GZ}^{FB}| = |GZ| = |0.5 \times b_3| = 0.5 \times 2\pi/c = \pi/c = \pi/8.468 = 0.37$,其中 b_3 和 c 分别为倒易晶格($|b_3| = 2\pi/c$)和晶格常数($c = 0.8468$ nm),如图 20-3(f)所示。由此可以推断,晶格常数 c 越小,平带的长度越大,表明通过杂质(或压力)适当降低晶格常数 c 有助于提高铁基超导体的 T_c,即为 $T_c \sim L_i^{FB}$。因此,$T_c = sL_i^{FB} = s|\vec{k}_i^{FB}|$,其中 s 为比例系数(或比例因子)。对于 $LaFeAsO_{0.45}F_{0.55}$ 超导体,$T_c = 30$ K,平带长度 $L_{GZ}^{FB} = |\vec{k}_{GZ}^{FB}| = 0.37$,比例系数 $s = T_c/L_{GZ}^{FB} = T_c/|\vec{k}_{GZ}^{FB}| = 8.1$(K·nm),该比例系数小于 Hg-1234 铜氧化物超导体(s 约为 78.9 K·nm),这一结果对应于铁基超导体的超导转变温度低于铜氧化物超导体的超导转变温度的事实。

20.2.6 平带超导体微观机理的朗道热力学和弦理论分析

根据朗道热力学二级相变理论,在超导转变温度的条件下,序参量从零开始连续增加。由于有序参量在相变附近很小,所以系统的自由能可以近似地用泰勒(Taylor)展开的几个项来表示[38]:

$$f_s(T) = f_n(T) + \frac{1}{2}a(T - T_c)\phi^2 + \frac{1}{4}b\phi^4 \quad (a>0, b>0) \quad (20-1)$$

式中,$f_s(T)$ 和 $f_n(T)$ 分别为超导状态和正常状态下与温度有关的自由能,a、b 为超导电子的有效波函数 ϕ 的系数。假设 $b>0$,对于序参量 ϕ 的有限值,自由能有一个极小值。

图 20-11(a)是自由能 $f_s(T) - f_n(T)$ 随序参量 ϕ 变化的图像。从图中能够观察到,在 $T > T_c$ 时,$f_s(T) - f_n(T)$ 只有一个最小值,这表明正常态在 $\phi = 0$ 时是稳定的。在超导状态下,也就是 $T < T_c$ 时,$f_s(T) - f_n(T)$ 有两个最小值。为了使超导相稳定,自由能对序参量 ϕ 的一阶导数必须为零,即 $df_s(T)/d\phi = 0$。因此,我们得到库珀对数 n_s 与温度的线性关系,$|\phi|^2 = n_s = a(T_c - T)/b$,如图 20-11(b)所示。结果表明,$n_s$ 随温度场的增加呈线性下降,并且当 $T > T_c$ 时,$n_s = 0$。因此,在 $T = T_c$ 时发生超导相变(SPT)。

第一性原理计算结果表明，在 $\vec{k}$ 空间，铁基超导体的超导转变温度与平带的长度成正比，即 $T_c \sim L_i^{FB}$。平带的长度与平带里的库珀电子对数量成正比例关系，$L_i^{FB} \sim n_{\text{total}}^{\text{Cooper pairs}}$，则 $T_c \sim n_{\text{total}}^{\text{Cooper pairs}}$。库珀电子对的总数目越大，库珀电子对的总能量越大，因此从能量的观点可以得到 $T_c \sim E_{\text{total}}^{\text{Cooper pairs}}$，其中 $E_{\text{total}}^{\text{Cooper pairs}}$ 表示平带的库珀电子对的总能量。

从正常态到超导态，在最低点的超导相变能量差 $[\Delta E_{\text{SPT}} = f_s(T) - f_n(T)]$ 是由所有库珀电子对形成或凝结的总能引起的，即 $\Delta E_{\text{SPT}} = E_{\text{total}}^{\text{Cooper pairs}}$。换句话说，从超导态到正常态的相变涉及温度场 $T \geqslant T_c$ 打破所有库珀电子对，如图 20-11(b) 所示。因此，超导转变温度与打破（或破坏）总库珀电子对的能量成正比，即 $T_c \sim E_{\text{total}}^{\text{Cooper pairs}}$。此外，由于所有库珀对的超导凝聚能与库珀对的总数成正比，所以转变温度也与库珀对总数成正比例关系：$T_c \sim n_{\text{total}}^{\text{Cooper pairs}}$，并且库珀对总数与平带长度成正比，则超导转变温度与平带段长度也成正比关系。因此，我们能得到以下关系：$T_c \sim \Delta E_{\text{SPT}} \sim E_{\text{total}}^{\text{Cooper pairs}} \sim n_{\text{total}}^{\text{Cooper pairs}} \sim L_i^{FB} \sim T_c$。综上所述，由第一性原理计算得到的超导转变温度与平带长度之间的关系与朗道相变理论是一致的。

图 20-11(c) 显示了在 $T > T_c$ 条件下正常状态的示意图。作为比较，图 20-11(d) 为 $T < T_c$ 条件下具有库珀对超导态的示意图。有趣的是，库珀配对背后的关键机制可以从弦理论中理解。弦理论的基本对象是非常小的弦[45-46]，包括有端点的开弦（图 20-11(e)）和没有端点的闭弦（图 20-11(f)）两种弦。正常导体中的电子表现为布洛赫（Bloch）波，但是超导体中的电子形成库珀对（玻色子）。从弦理论的角度来看，我们认为在正常导体中形成布洛赫波的电子

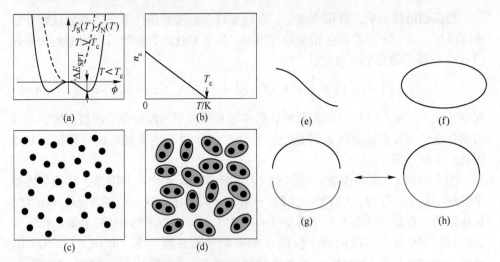

图 20-11 自由能随着序参量 ϕ 变化的图像 (a)、n_s 与 T 的线性关系 (b)、具有单个粒子的正常状态 (c)、具有库珀对的超导状态 (d)、带有端点的开弦 (e)、没有端点的闭弦 (f)、两个开弦的简单的作用 (g) 和一个闭弦的示意图 (h)

是开弦，而在超导体中形成的库珀电子对是闭弦。因此，从正常导体到超导体的超导相变对应于从开弦到闭弦的弦（拓扑）相变，如图20-11(g)~(h)所示。因为闭弦（Bose）是自由的，没有阻力[45-46]，所以它们通过闭弦凝聚诱导了超导体的超微观机制。

20.2.7 非常规超导体的超导相变

图20-12显示了$T=0$ K时第一性原理计算的平带态能带结构示意图（不含超导相变），超导体的超导态（$T<T_c$）和正常态（$T>T_c$）。注意，第一性原理的铁基超导体的能带结构既不是超导态（$T<T_c$）的能带结构，也不是正常态（$T>T_c$）的能带结构。但是，从图20-11(a)朗道热力学的超导相变可以看出，第一性原理的平带状态[图20-12(a)]会转变为具有超导能隙的超导状态[图20-12(b)][38]。玻色子凝聚和朗道二阶超导相变（SPT）的能量ΔE_{SPT}降低，这可以降低平带并因此打开超导能隙。换句话说，费米能级的平带会由于从正常态到超导态的自发对称性破缺（粒子数）而打开超导能隙[47-48]。破缺对称性为局域规范不变性（粒子数）[47-48]。正如20.4.5节和20.4.6节中所讨论的，平带越长，超导转变温度越高，因此超导间隙Δ_{SC}越宽（$T_c \sim L_i^{FB} \sim \Delta_{SC}$），这一结果与实验数据相一致[49-51]。当超导体在$T>T_c$处达到正常状态时，平带（库珀对）将消失，因为在$T>T_c$条件下库珀对将被破坏成单个电子，见图20-12(c)。

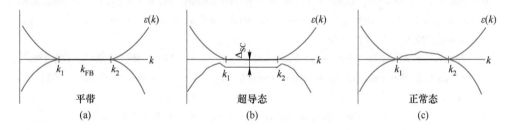

图20-12 第一性原理的平坦带态（a）、超导态（b）和超导体的正常态（c）的能带结构示意图

20.3 本章小结

本章利用基于密度泛函理论的第一性原理和朗道热力学方法分析了$Ba_{1-x}(K, Na)_xFe_2As_2$、$LaFeAsO_{1-x}F_x$和$Ca_{1-x}La_xFeAsH$铁基超导体的各种物理性质。研究结果表明，掺杂的K/Na/F/La可以有效抑制$BaFe_2As_2$，$LaFeAsO$和$CaFeAsH$母体化合物的反铁磁性（AFM）；然而在富含K/Na/F/La条件下则会导致超导性，这与实验观察一致。四方相$Ba_{1-x}(K, Na)_xFe_2As_2$、$LaFeAsO_{1-x}F_x$和

$Ca_{1-x}La_xFeAsH$ 超导体的电子能带结构在费米能级附近表现出平坦的能带，这有利于超导。此外，我们发现在铁基超导体中，超导转变温度随平带段的长度增加而变大，即 $T_c = sL_i^{FB}$。铁基超导体的比例系数较小，说明铁基超导体的超导转变温度低于铜氧化物超导体。铁基超导体的微观机理可以用朗道热力学理论和弦理论来理解。

参 考 文 献

[1] Bednorz J G, Müller K A. Possible high T_c superconductivity in the Ba-LaCu-O system [J]. Zeitschrift Fur Physik B, 1986, 64 (2)：189-193.

[2] Keimer B, Kivelson S A, Norman M R, et al. From quantum matter to high-temperature superconductivity in copper oxides [J]. Nature, 2015, 518 (7538)：179-186.

[3] Kamihara Y, Watanabe T, Hirano M, et al. Iron-based layered superconductor La[$O_{1-x}F_x$] FeAs($x = 0.05 - 0.12$) with $T_c = 26$ K [J]. Journal of the American Chemical Society, 2008, 130 (11)：3296-3297.

[4] Chen X H, Wu T, Liu R H, et al. Superconductivity at 43K in SmFeAsO$_{1-x}$F$_x$ [J]. Nature, 2008, 453：761-762.

[5] Chen G F, Li Z, Wu D, et al. Superconductivity at 41K and its competition with spin-density-wave instability in layered CeO$_{1-x}$F$_x$FeAs [J]. Physical Review Letters, 2008, 100 (24)：247002.

[6] Ren Z A, Che G C, Dong X L, et al. Superconductivity and phase diagram in iron-based arsenic-oxides ReFeAsO$_{1-\delta}$ (Re = rare-earth metal) without fluorine doping [J]. Europhysics Letters, 2008, 83 (1)：17002.

[7] Mazin I I. Superconductivity gets an iron boost [J]. Nature, 2010, 464 (7286)：183-186.

[8] Stewart G R. Superconductivity in iron compounds [J]. Reviews of Modern Physics, 2011, 83 (4)：1589.

[9] Wang F, Lee D H. The electron-pairing mechanism of iron-based superconductors [J]. Science, 2011, 332 (6026)：200-204.

[10] Chubukov A, Hirschfeld P J. Iron-based superconductors, seven years later [J]. Physics Today, 2015, 68 (6)：46-52.

[11] Luetkens H, Klauss H H, Kraken M, et al. The electronic phase diagram of the LaO$_{1-x}$F$_x$FeAs superconductor [J]. Nature Materials, 2009, 8 (4)：305-309.

[12] Lu W, Shen X, Yang J, et al. Superconductivity at 41.0K in the F-doped LaFeAsO$_{1-x}$F$_x$ [J]. Solid State Communications, 2008, 148 (3/4)：168-170.

[13] Yi W, Zhang C, Sun L, et al. High-pressure study on LaFeAs (O$_{1-x}$F$_x$) and LaFeAsO$_\delta$ with different T_c [J]. Europhysics Letters, 2009, 84 (6)：67009.

[14] Yang J, Zhou R, Wei L L, et al. New superconductivity dome in LaFeAsO$_{1-x}$F$_x$ accompanied by structural transition [J]. Chinese Physics Letters, 2018, 32 (10)：107401.

[15] Yang J, Oka T, Li Z, et al. Structural phase transition, antiferromagnetism and two

superconducting domes in LaFeAsO$_{1-x}$F$_x$ (0 < x ≤ 0.75) [J]. Science China Physics, Mechanics & Astronomy, 2018, 61 (11): 117411.

[16] Rotter M, Tegel M, Johrendt D, et al. Superconductivity at 38K in the iron arsenide (Ba$_{1-x}$K$_x$)Fe$_2$As$_2$ [J]. Physical Review Letters, 2008, 101 (10): 107006.

[17] Aswartham S, Abdel-Hafiez M, Bombor D, et al. Hole doping in BaFe$_2$As$_2$: The case of Ba$_{1-x}$Na$_x$Fe$_2$As$_2$ single crystals [J]. Physical Review B, 2012, 85 (22): 224520.

[18] Yuan H Q, Singleton J, Balakirev F F, et al. Nearly isotropic superconductivity in (Ba, K)Fe$_2$As$_2$ [J]. Nature, 2009, 457 (7229): 565-568.

[19] Liu R H, Wu T, Wu G, et al. A large iron isotope effect in SmFeAsO$_{1-x}$F$_x$ and Ba$_{1-x}$K$_x$Fe$_2$As$_2$ [J]. Nature, 2009, 459 (7243): 64-67.

[20] Xu Y M, Huang Y B, Cui X Y, et al. Observation of a ubiquitous three-dimensional superconducting gap function in optimally-doped Ba$_{0.6}$K$_{0.4}$Fe$_2$As$_2$ [J]. Nature Physics, 2011, 7 (3): 198-202.

[21] Blomberg E C, Tanatar M A, Fernandes R M, et al. Sign-reversal of the in-plane resistivity anisotropy in hole-doped iron pnictides [J]. Nature Communications, 2012, 4 (1): 1914.

[22] Zhou K J, Huang Y B, Monney C, et al. Persistent high-energy spin excitations in iron-pnictide superconductors [J]. Nature Communications, 2013, 4 (1): 1470.

[23] Avci S, Chmaissem O, Allred J, et al. Magnetically driven suppression of nematic order in an iron-based superconductor [J]. Nature Communications, 2014, 5 (1): 3845.

[24] Böhmer A E, Hardy F, Wang L, et al. Superconductivity-induced re-entrance of the orthorhombic distortion in Ba$_{1-x}$K$_x$Fe$_2$As$_2$ [J]. Nature Communications, 2015, 6 (1): 7911.

[25] Cho K, Konczykowski M, Teknowijoyo S, et al. Energy gap evolution across the superconductivity dome in single crystals of (Ba$_{1-x}$K$_x$)Fe$_2$As$_2$ [J]. Science Advances, 2016, 2 (9): 1600807.

[26] Rotter M, Tegel M, Schellenberg I, et al. Spin-density-wave anomaly at 140 K in the ternary iron arsenide BaFe$_2$As$_2$ [J]. Physical Review B, 2008, 78 (2): 1436-1446.

[27] Avci S, Chmaissem O, Goremychkin E A, et al. Magnetoelastic coupling in the phase diagram of Ba$_{1-x}$K$_x$Fe$_2$As$_2$ [J]. Physical Review B, 2011, 83 (17): 2501-2505.

[28] Reid J P, Tanatar M A, Luo X G, et al. Doping evolution of the superconducting gap structure in the underdoped iron arsenide Ba$_{1-x}$K$_x$Fe$_2$As$_2$ revealed by thermal conductivity. Physical Review B, 2016, 93 (21): 214519.

[29] Avci S, Chmaissem O, Chung D Y. Phase diagram of Ba$_{1-x}$K$_x$Fe$_2$As$_2$ [J]. Physical Review B, 2012, 85 (18): 2501-2505.

[30] Cortes-Gil R, Parker D R, Pitcher M J, et al. Indifference of superconductivity and magnetism to size-mismatched cations in the layered iron arsenides Ba$_{1-x}$Na$_x$Fe$_2$As$_2$ [J]. Chemistry of Materials, 2010, 22 (14): 4304-4311.

[31] Avci S, Allred J M, Chmaissem O, et al. Structural, magnetic, and superconducting properties of Ba$_{1-x}$Na$_x$Fe$_2$As$_2$ [J]. Physical Review B, 2013, 88 (9): 094510.

[32] Muraba Y, Matsuishi S, Hosono H. La-substituted CaFeAsH superconductor with T_c = 47 K [J]. Journal of the Physical Society of Japan, 2014, 83 (3): 2687-2688.

[33] Hanna T, Muraba Y, Matsuishi S, et al. Hydrogen in layered iron arsenide: Indirect electron doping to induce superconductivity [J]. Physical Review B, 2011, 84 (2): 024521.

[34] Hosono H, Matsuishi S. Superconductivity induced by hydrogen anion substitution in 1111-type iron arsenides [J]. Current Opinion in Solid State and Materials Science, 2013, 17 (2): 49-58.

[35] Scalapino D J. A common thread: The pairing interaction for unconventional superconductors [J]. Reviews of Modern Physics, 2012, 84 (4): 1383-1417.

[36] Dai P C. Antiferromagnetic order and spin dynamics in iron-based superconductors [J]. Reviews of Modern Physics, 2015, 87 (3): 855-896.

[37] Gu Y, Liu Z, Xie T, et al. Unified phase diagram for iron-based superconductors [J]. Physical Review Letters, 2017, 119 (15): 157001.

[38] Liu S Y, Chen Q Y, Liu S, et al. Electronic structures and transition temperatures of high-T_c cuprate superconductors from first-principles calculations and Landau theory [J]. Journal of Alloys and Compounds, 2018, 764: 869-880.

[39] Vanderbilt D. Soft self-consistent pseudopotentials in a generalized eigenvalue formalism [J]. Physical Review B, 1990, 41 (11): 7892-7895.

[40] Segall M D, Linadan P L D, Probert M J, et al. First-principles simulation: Ideas, illustrations and the CASTEP code [J]. Journal of Physics: Condensed Matter, 2002, 14 (11): 2717-2744.

[41] Perdew J P, Burke K, Ernzerhof M. Generalized gradient approximation made simple [J]. Physical Review Letters, 1996, 77 (18): 3865-3868.

[42] Monkhorst, H J, Pack J D. Special points for Brillouin-zone integrations [J]. Physical Review B, 1976, 13 (12): 5188-5192.

[43] Bardeen J, Copper L N, Schrieffer J R. Theory of superconductivity [J]. Physical Review, 1957, 24 (4301): 275-284.

[44] Simon A A. Superconductivity and chemistry [J]. Angewandte Chemie International Edition English, 1997, 36 (17): 1788-1806.

[45] Green M B, Schwarz J H, Witten E. Superstring theory [M]. Cambridge: Cambridge University Press, 1987.

[46] Polchinski J. String theory [M]. Cambridge: Cambridge University Press, 1998.

[47] Nambu Y. Quasi-particles and gauge invariance in the theory of superconductivity [M]. Broken Symmetry: Selected Papers of Y Nambu, 1960.

[48] Nambu Y. Spontaneous symmetry breaking in particle physics: A case of cross fertilization [J]. International Journal of Modern Physics A, 2009, 24 (13): 2371-2377.

[49] Panagopoulos C, Xiang T. Relationship between the superconducting energy gap and the critical temperature in High-T_c Superconductors [J]. Physical Review Letters, 1998, 81 (11): 2336-2339.

[50] Kuzmicheva T E, Kuzmichev S A, Mikheev M G, et al. Andreev spectroscopy of iron-based superconductors: Temperature dependence of the order parameters and scaling of ΔL, S with T_c [J]. Physics-Uspekhi, 2014, 57 (8): 819-827.

[51] Miao H, Brito W H, Yin Z P, et al. Universal $2\Delta_{max}/k_B T_c$ scaling decoupled from the electronic coherence in iron-based superconductors [J]. Physical Review B, 2018, 98 (2): 020502.

总结与展望

本书重点阐述了第一性原理和吉布斯/朗道热力学相结合的新方法在各种材料研究中的应用。本书主要利用第一性原理热力学方法分析了金属间化合物及合金表面氧化微观机理、金属化合物的表面碳化，以及合金化效应对金属间化合物及其复合材料表面氧化的影响机理、高熵陶瓷和太阳能电池材料的微观机理、弛豫铁电体和无铅压电陶瓷材料的微观机理和非常规超导体材料的微观机理。

（1）结合第一性原理和吉布斯热力学表面能理论构造了金属间化合物和合金复合材料的第一性原理热力学表面相图，揭示了金属间化合物和合金复合材料表面与界面氧化的微观机理。应用第一性原理热力学分析了金属化合物表面的碳化的微观机理。

（2）利用第一性原理和吉布斯混合熵热力学理论构造了高熵金属碳化物和高熵金属二硼化物的第一性原理热力学相图。根据热力学参数（Ω 和 ΔH_{mix}）和结构参数（δ）构建了三维相图，揭示了高熵陶瓷的相稳定性及其微观机理。同时应用第一性原理热力学分析了太阳能电池材料的热力学稳定性的微观机理。

（3）利用第一性原理和朗道热力学理论相结合构造出基于第一性原理的朗道热力学的自由能与极化矢量的三维相图，揭示了弛豫铁电体和无铅压电陶瓷材料的高压电性能的微观机理及其高性能化设计。而且，在组分和压力引起的弛豫铁电体增加了极化方向旋转自由度，导致了高的机电耦合系数。此外，该第一性原理朗道热力学方法还可以应用于铁电体和反铁电体等材料的储能的微观机理研究。书中的新观念和方法可以推广到弛豫铁磁体、弛豫铁弹体、自旋玻璃、应力玻璃、量子液体等新体系的科学研究。

（4）利用第一性原理和朗道相变热力学理论相结合研究了铋酸盐和铜氧化物以及铁基非常规超导体的超导转变温度的公式和微观机理。此外，我们发现平带段的总长度越长，非常规超导体的超导转变温度越高，这与朗道热力学理论相一致。基于第一性原理计算和朗道热力学理论，得到了非常规超导体的平带 FB 总长度与超导转变温度 T_c 成正比例关系：$T_c \sim \sum_i L_i^{FB}$，体现了局部配对理论而不是传统的 BCS 理论。因此，这对设计和寻找新的非常规超导体具有重要的意义。

后　　记

　　第一性原理与吉布斯/朗道热力学计算可以预测材料的物理性能和探索材料的微观本质，已经逐渐成为材料科学的一个重要研究方向。现代科学技术的飞速发展对材料的性能要求越来越高。其中，金属间化合物及合金、高熵陶瓷、太阳能电池、弛豫铁电体、压电陶瓷和非常规超导体等材料的高性能化设计受到人们的广泛重视。我在该领域经过多年潜心的理论研究，发现了许多有趣的现象，构建了新的研究模型与研究方法，取得了一系列创新的结果。十余年来，这些成果均陆续被发表在SCI学术期刊。

　　目前，国内还没有专门以第一性原理热力学为基础，从微观角度阐述材料设计的学术专著。为了填补该著作出版领域的空白，我把10多年累积的资料和研究成果整理成书，以便从事表面物理、表面化学、高熵陶瓷、铁电体、压电陶瓷、超导体等方面研究工作的研究生和科技工作者提供参考，同时也希望本书的出版能够吸引更多的科技工作者在第一性原理热力学方面展开更深入的研究。

　　在此，我特别感谢首都师范大学的王福合教授，北京航空航天大学的张跃教授、尚家香教授，浙江师范大学的刘士阳教授以及美国塔尔萨大学的汪三五教授等进行了交流和审阅。他们为提高本书的理论准确性和内容实用性提出了许多富有建设性的意见。

刘士余

2024年1月